Jan-Peter Meyn

Wärme und Energie. Physik für Lehramtsstudierende. Band 4

De Gruyter Studium

Weitere empfehlenswerte Titel

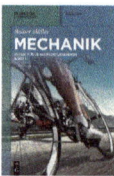

Mechanik. Physik für Lehramtsstudierende. Band 1
Rainer Müller, 2020
ISBN 978-3-11-048961-3, e-ISBN (PDF) 978-3-11-049581-2,
e-ISBN (EPUB) 978-3-11-049332-0

Elektrizität und Magnetismus. Physik für Lehramtsstudierende. Band 2
Roger Erb, 2021
ISBN 978-3-11-049558-4, e-ISBN (PDF) 978-3-11-049576-8,
e-ISBN (EPUB) 978-3-11-049337-5

Optik. Physik für Lehramtsstudierende. Band 3
Johannes Grebe-Ellis, 2021
ISBN 978-3-11-049561-4, e-ISBN (PDF) 978-3-11-049578-2,
e-ISBN (EPUB) 978-3-11-049333-7

Moderne Thermodynamik. Band 1: Physikalische Systeme und ihre Beschreibung
Christoph Strunk, 2017
ISBN 978-3-11-056018-3, e-ISBN (PDF) 978-3-11-056022-0,
e-ISBN (EPUB) 978-3-11-056034-3

Grundlegende Experimentiertechnik im Physikunterricht
Jan-Peter Meyn, 2013
ISBN 978-3-486-71624-5, e-ISBN (PDF) 978-3-486-72124-9

Jan-Peter Meyn

Wärme und Energie

———

Physik für Lehramtsstudierende. Band 4

DE GRUYTER

Autor
Prof. Dr. Jan-Peter Meyn
Friedrich-Alexander-Universität
Erlangen-Nürnberg
Department für Physik
Staudtstr. 7
91058 Erlangen
Deutschland
jan-peter.meyn@fau.de

ISBN 978-3-11-049560-7
e-ISBN (PDF) 978-3-11-049579-9
e-ISBN (EPUB) 978-3-11-049334-4

Library of Congress Control Number: 2020942739

Bibliografische Information der Deutschen Nationalbibliothek
Die Deutsche Nationalbibliothek verzeichnet diese Publikation in der Deutschen
Nationalbibliografie; detaillierte bibliografische Daten sind im Internet über
http://dnb.dnb.de abrufbar.

© 2021 Walter de Gruyter GmbH, Berlin/Boston
Coverabbildung: fredtamashiro / iStock / Getty Images Plus; Autorenporträt Rückseite: Glasow
Satz: VTeX UAB, Lithuania
Druck und Bindung: CPI books GmbH, Leck

www.degruyter.com

Inhalt

Vorwort

Die vorliegende Wärmelehre für Lehramtsstudierende unterscheidet sich von traditionellen Lehrbüchern in mehrfacher Hinsicht. Sie verzichtet auf das Teilchenmodell. Bekanntlich entwickeln Schülerinnen und Schüler problematische Fehlvorstellungen zum Teilchenmodell, und daher sollen angehende Lehrkräfte sehen, wie man die Gesetzmäßigkeiten der Wärme ohne Teilchen formulieren kann. Irreversible Vorgänge wie Reibung und Wärmeleitung werden von Beginn an behandelt, weil sie eine höhere praktische Bedeutung haben als reversible Vorgänge, die es in der Natur höchstens näherungsweise gibt. Wir belassen es nicht beim Sinnieren über die Carnot-Maschine und überlassen den Bau von Wärmemotoren den Ingenieuren, sondern sagen konkret, wie die Dinge funktionieren.

Mit der Größe Energie werden Prozesse aus den Fachgebieten Mechanik, Elektrizität, Thermodynamik und Chemie quantitativ miteinander verglichen. Der Erhaltungssatz ist Resultat der Bemühungen, beispielsweise die Stärke eines elektrischen und eines mechanischen Antriebs zu vergleichen. Der Alltagsbegriff Energieverbrauch wird nicht als widersprüchliche Einschränkung des Energieerhaltungssatzes diskreditiert, sondern als physikalischer Begriff übernommen. Energieverbrauch ist ein Synonym für die Erzeugung von Entropie bei irreversiblen Vorgängen.

Im Physikunterricht kommt das Kommunizieren und Bewerten oft zu kurz. Manchmal werden Rechnen und Reden gegeneinander ausgespielt – hier wird beides verbunden. Kapitel 10 soll anregen, die Kompetenzen Kommunikation und Bewerten im Kontext Klimawandel und Nachhaltigkeit zu fördern. Die holzschnittartigen Modelle zeigen Möglichkeiten auf, mit Energie elementar zu rechnen und sich nicht völlig abhängig von Expertenstudien zu machen.

Physikalische Begriffe sollen eindeutig, systematisch und mit Alltagsvorstellungen verträglich sein, was sich nicht immer gleichzeitig erfüllen lässt. *Fachbegriffe* und „Alltagsbegriffe" werden unterschiedlich hervorgehoben. An vielen Stellen werden Anschlüsse an die Literatur gesucht, um das vertiefte Studium zu erleichtern. In diesem Sinne ist auch das abschließende 11. Kapitel über Teilchen zu verstehen. Es ist eigentlich nicht notwendig, aber es stellt Verbindungen her.

Ein Lehrbuch basiert stets auf einer Lehrtradition und auf konkreten früheren Arbeiten, die in neuem Kontext unter eigenem Namen präsentiert werden. Allen, die ihre Ideen hier wiederfinden, danke ich für die Inspiration und die Freude, über Physik nachzudenken. Wikipedia hat mir geholfen, ungezählte Einzelfragen sprichwörtlich auf Knopfdruck zu beantworten und Originalquellen zu finden. Kolleginnen und Kollegen sowie Studierende haben auf vielfältige Weise zum Entstehen dieser Wärmelehre beigetragen. Allen danke ich herzlich.

https://doi.org/10.1515/9783110495799-201

Legende

Die Bücher der Reihe **Physik für Lehramtsstudierende – vom Phänomen zum Begriff** streben eine Darstellung der Physik aus physikdidaktischer Perspektive an. Sie enthalten zur besseren Lesbarkeit und Übersicht folgende Strukturelemente.

> Physikalische Gesetze, Regeln, grundlegende Erfahrungen und bedeutende Aussagen in kompakter Form sind blau unterlegt.

Sie bieten eine Orientierung bei der Prüfungsvorbereitung.

Didaktische Kommentare werden mit einem Pfeilsymbol gekennzeichnet. Dazu zählen u. a. Schülervorstellungen und Lernschwierigkeiten zum Thema, Unterschiede in Alltags- und Fachsprache, Anmerkungen zur Begriffsbildung und Fragen, mit denen man im Unterricht rechnen kann.

Der Text gibt einen Lösungsvorschlag zu dem jeweils aufgeworfenen Problem. Viele Lernschwierigkeiten lassen sich leichter bewältigen, wenn man sie kennt und auf ihr Auftreten im Unterricht vorbereitet ist.

Experimente werden im laufenden Text beschrieben oder separat mit dem Symbol Lupe bezeichnet.

Alle Experimente können prinzipiell mit Schulmitteln gezeigt werden.

Aufgaben und exemplarische **Rechnungen** sind mit dem Stiftsymbol gekennzeichnet. Die skizzenhafte Vorlage soll eine Kontrolle für die eigene Rechnung sein.

Für mathematische Grundlagen wird auf den ersten Band der Lehrbuchreihe verwiesen.

https://doi.org/10.1515/9783110495799-202

1 Temperatur

Wärme ist lebensnotwendig. Wir haben daher feste intuitive Vorstellungen über Wärmeangelegenheiten. Bereits kleine Kinder können kalt, warm und heiß unterscheiden, später kommen Begriffe wie lau und kühl hinzu. Diese Alltagsbegriffe beschreiben die Qualität von Wärme in eindeutig geordneter Weise. Jedes der folgenden Adjektive bedeutet „wärmer als das vorhergehende": Kalt, kühl, lau, warm, heiß. In der Alltagssprache hat sich ein physikalischer Fachbegriff etabliert, die *Temperatur*. Die Temperatur wird vom Thermometer angezeigt. Zwei gleiche Werte, die an verschiedenen Gegenständen gemessen wurden, bedeuten gleiche Temperaturen; man sagt, die Gegenstände sind „gleich warm".

⚡ Der alltägliche Temperaturbegriff, vor allem im Zusammenhang mit dem Thermometer, ist meist im Einklang mit dem Fachbegriff. Das ist die Basis für einen erfolgreichen Unterricht der Thermodynamik. Darüber hinaus kann man kaum an Vorwissen anknüpfen, sondern man muss mit einer Vielfalt von Fehlvorstellungen rechnen.

Die Temperatur hat großen Einfluss auf unser Wohlbefinden. Abgesehen von individuellen Unterschieden liegt der Bereich der angenehmen Lufttemperatur bei etwa 22 bis 27 °C. In diesem Temperaturbereich gedeiht das Leben besonders gut. Höhere Temperaturen über 40 °C oder besonders niedrige unterhalb 0 °C werden von Pflanzen und Tieren schlecht vertragen. Unterhalb 0 °C gefriert Wasser. Bei fortgesetzter Abkühlung werden alle Stoffe fest und spröde, alles erstarrt. Bei Erhitzung werden Stoffe weicher und beweglicher, sie werden flüssig und schließlich gasig. Chemische Prozesse werden intensiviert und steigern sich bei sehr hohen Temperaturen zum Zerfall chemischer Verbindungen.

1.1 Thermisches Gleichgewicht

Im Alltag haben wir es oft mit Körpern unterschiedlicher Temperatur zu tun. Wir wissen aus Erfahrung, dass sich heiße Dinge abkühlen und sehr kalte erwärmen. Der Klassiker: „Kommt Leute, das Essen wird kalt. Und das Bier wird warm".

> Bei ungestört ablaufenden Vorgängen gleichen sich die Temperaturen der beteiligten Körper einem gemeinsamen mittleren Wert an. Sie kommen ins *thermische Gleichgewicht*.

Das thermische Gleichgewicht bei einer mittleren Temperatur ist Urphänomen der Thermodynamik. In der Mechanik, in der alle bewegten Gegenstände durch Reibung zum Stillstand kommen, ist das anders: Die Geschwindigkeit ist am Ende Null. Entsprechend ist in der Elektrizitätslehre die Spannung am Ende eines Ausgleichs Null. Dieser fundamentale Unterschied macht es schwierig, Wärmeprozesse durch mechanische oder elektrische Analogien zu beschreiben. Ausgehend von der mittleren Gleichgewichtstemperatur gibt es höhere und niedrigere Temperaturen, die man im Alltag Wärme und Kälte nennt.

https://doi.org/10.1515/9783110495799-001

Wärme und Kälte sind im Alltag grundsätzlich verschiedene Begriffe. Obwohl wir später sehen werden, dass das Kühlen und Heizen durch die gleiche Maschine bewirkt werden kann und Kälte kein physikalischer Fachbegriff ist, hat die alltägliche Unterscheidung ihre Berechtigung. Die Erfahrung lehrt, dass man mit Feuer heizen kann, während das Kühlen durch Kontakt mit einem Körper bewerkstelligt wird, der von sich aus kalt ist – auch im Falle des Kühlschranks. Kaum jemand fragt sich, wie der Kühlschrank sein Inneres kalt macht.

1.2 Temperaturskala

Die Temperatur gehört zu den ersten Messgrößen der Experimentalphysik. Bereits Galilei (1564–1641) kannte Thermometer. Die Ordnung der alltäglichen Temperaturbegriffe kalt – warm – heiß wird skaliert, indem zwei Fixpunkte gesetzt werden und der Bereich zwischen den Fixpunkten gleichmäßig eingeteilt wird. Die Celsius-Skala hat die Fixpunkte null Grad als Temperatur des schmelzenden Eises und einhundert Grad als Temperatur des siedenden Wassers. Problematisch ist die Einteilung zwischen den Fixpunkten: Wo genau befindet sich 50 °C? Wie kann physikalisch der Mittelwert aus 0 °C und 100 °C gebildet werden? Dazu greift man auf physikalische Größen zurück, die sich mit der Temperatur ändern. Früher war das hauptsächlich das Volumen einer Flüssigkeit, heute ist es oft die elektrische Spannung (Thermoelement) oder der elektrische Widerstand (Pt100). Ohne eine bereits gegebene Temperaturskala weiß man natürlich nicht, ob ein betrachteter Zusammenhang wie Volumen oder Spannung als Funktion der Temperatur linear ist. Abb. 1.1 verdeutlicht das Problem. Es wird mit Gasen gelöst.

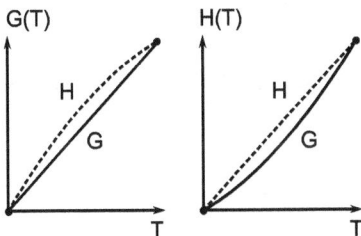

Abb. 1.1: Problem der linearen Skaleneinteilung zwischen zwei Fixpunkten. Mit der Annahme der Größe $G(T) \propto T$ ist die Größe H nichtlinear. Andererseits ist mit $H(T) \propto T$ die Größe G nichtlinear. Man muss sich entscheiden, welche der beiden Größen linear sein soll, z. B. G. Die gleichmäßige Einteilung von G definiert dann die Temperaturskala.

1.3 Gase

Gase füllen jeden zur Verfügung stehenden Raum gleichmäßig aus. Zur Angabe der Menge braucht man neben dem Volumen V den Druck p. Die SI-Einheit für Volumen ist der Kubikmeter m³, die SI-Einheit für Druck das Pascal:[1]

$$[p] = \text{Pa} = \frac{\text{kg}}{\text{m s}^2} \tag{1.1}$$

Der Druck ist eine skalare Größe, d. h. man kann den Druck an jedem Ort durch einen einzigen Zahlenwert eindeutig beschreiben.

⚡ Zur klaren Unterscheidung des skalaren Drucks von der vektoriellen Kraft hat sich in der Physikdidaktik eine Formulierung etabliert, die unabhängig von der Kraft ist: Druck beschreibt den Zustand des Gepresstseins.

Die Einheit Pascal ist für die Größe Druck gesetzlich vorgeschrieben. Allerdings ist die traditionelle Einheit 1 bar = 100 kPa auch heute noch weit verbreitet. Der mittlere Luftdruck auf Meereshöhe beträgt 1.013 mbar. Das sind 101,3 kPa, aber um den Gewohnheiten der Leute entgegenzukommen, sagt man 1.013 hPa.

Man ist ein treuer Staatsdiener, aber schlechter Lehrer, wenn man einem Schüler sagt: Deine Fahrradpumpe ist falsch, es muss Kilopascal heißen.

Stoffwerte für Gase wie Dichte oder Schallgeschwindigkeit werden in der Physik meist für die *Normalbedingungen* 0 °C und 101.325 Pa angegeben. In der Chemie und der technischen Thermodynamik ist ein Normaldruck von 100.000 Pa üblich. Es ist ratsam, das Kleingedruckte von Tabellen zu lesen, bevor man Stoffwerte übernimmt. Im Alltag haben wir es meist mit Druckdifferenzen zu tun; beispielsweise hat ein schlaffer Fahrradreifen einen Absolutdruck von etwa 1 bar, aber einen Überdruck von 0 bar. Aufgepumpt zeigt das Manometer einen Überdruck von 7 bar an, während der absolute Druck 8 bar beträgt. Tab. 1.1 zeigt einige Druckwerte.

Bei konstantem Druck wächst das Volumen eines Gases bei ansteigender Temperatur. Das kann man im Alltag nicht unmittelbar, sondern höchstens indirekt beobachten. Man braucht ein Experiment mit einem fest umschlossenen Volumen:

🔍 Auf die Öffnung einer Glasflasche wird eine Münze gelegt. Die Münze ist angefeuchtet, so dass die Verbindung zur Öffnung luftdicht ist. Dann wird die Flasche mit beiden Händen erwärmt. Nach kurzer Zeit hebt sich die Münze, und etwas Luft entweicht.

Gase – chemische Reinstoffe wie Gemische gleichermaßen – dehnen sich bei Temperaturerhöhung unter konstantem Druck gleichartig aus. Wenn sich das Volumen einer Menge Sauerstoff bei einer bestimmten Temperaturerhöhung verdoppelt, verdoppeln sich unter gleichen Bedingungen auch die Volumina von Argon und Methan. Die Un-

---

1 nach Blaise Pascal /paskal/ (1623–1662), einem französischer Universalgelehrten, der auf allen Gebieten herausragendes geleistet hat.

Vakuum im LHC	10^{-10} mbar	10 nPa	
Labor-Turbopumpe	10^{-7} mbar	10 µPa	
Drehschieberpumpe	$3 \cdot 10^{-3}$ mbar	0,3 Pa	
Wasserstrahlpumpe	16 mbar	1.600 Pa	
Luftdruck auf dem Mt. Everest	315 mbar	31,5 kPa	
Normaldruck IUPAC	1 bar	100 kPa	
Mittlerer Luftdruck auf Meereshöhe	1.013,25 mbar	101,325 kPa	
Schnellkochtopf	1,8 bar	180 kPa	
CO_2-Zylinder Trinkwassersprudler	60 bar	6 MPa	
Hochdruckreiniger	140 bar	14 MPa	
Druckzylinder für technische Gase	200 bar	20 MPa	
Kohlekraftwerk	250 bar	25 MPa	
Wasserstrahlschneider	4.000 bar	400 MPa	
Diamantsynthese	60.000 bar	6 GPa	
Sonnenzentrum	$2 \cdot 10^{11}$ bar	20 TPa	

Tab. 1.1: Druck in Wissenschaft und Technik. Die Einheit bar ist in der Technik sehr verbreitet, aber sie ist keine SI-Einheit. Man soll mbar durch hPa ersetzen.

abhängigkeit der Gasausdehnung von der Art des Stoffs wird nach ihrem Entdecker das Gesetz von Gay-Lussac /gɛly'sak/ genannt. Man definiert:

> Bei konstantem Druck steigt das Gasvolumen linear mit der Temperatur.

Die Einteilung der Temperaturskala über das Gasvolumen ist nicht nur eine theoretische Definition. Es wurden sehr präzise Gasthermometer gebaut; für allgemeine Labormessungen sind sie jedoch zu umständlich.

1.4 Absolute Temperatur

Das Volumen von Stickstoff als Funktion der Temperatur θ in °C ist in Abb. 1.2 dargestellt. Bei −196 °C und Normaldruck wird Stickstoff flüssig, und das Volumen wird plötzlich sehr klein. Andere Gase haben unterschiedliche Siedepunkte; ansonsten liegen die Ausdehnungskurven übereinander. Man stellt sich ein ideales Gas vor, das nie kondensiert, auch wenn es immer weiter abgekühlt wird. Das Volumen dieses idealen Gases wird Null, wenn die Temperatur auf −273,15 °C abgesenkt wird. Das definiert bis auf weiteres den Nullpunkt der absoluten Temperatur T mit der Einheit Kelvin.[2] Mit der Einführung der Idee des idealen Gases müssen wir präzisieren, dass die Definition der Temperaturskala exakt für das ideale Gas gilt und geringe experimentelle Unterschiede zwischen verschiedenen gasigen Stoffen als Abweichungen vom idealen Gas aufgefasst werden.

---

2 William Thomson (1824–1909), Professor in Glasgow, wurde für seine Verdienste um die Thermodynamik geadelt und Lord Kelvin /kɛlvɪn/ genannt. Neben der absoluten Temperaturskala des Gasthermometers formuliert er 1848 in derselben Arbeit [91] die bis heute allgemeingültige thermodynamische Definition der Temperatur; dazu mehr im Abschnitt 6.15.

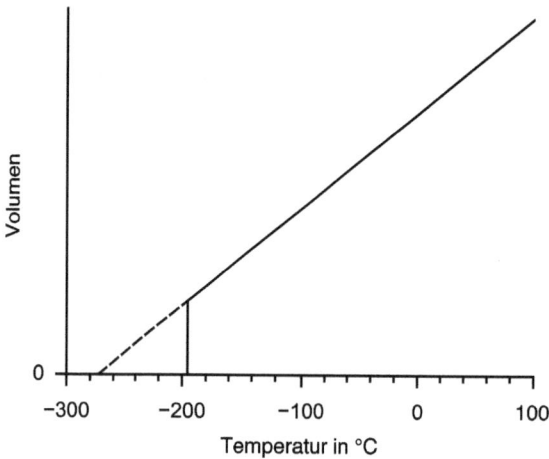

Abb. 1.2: Volumen V einer Menge Stickstoff als Funktion der Temperatur θ. Bei −196 °C geht die Kurve senkrecht nach unten, weil Stickstoff bei dieser Temperatur flüssig wird. Die Ausdehnungsfunktionen anderer Gase sind identisch, nur die Siedepunkte unterscheiden sich. Die gestrichelte Kurve ist die Extrapolation für ein ideales Gas. Der Schnittpunkt mit der Abszisse liegt bei −273,15 °C.

Die Größe der Temperaturschritte in der Kelvin-Skala entspricht der Celsius-Temperatur θ, d. h. die Temperaturdifferenzen $\Delta T = 1\,\mathrm{K}$ und $\Delta\theta = 1\,°\mathrm{C}$ sind gleich. Die Umrechnung von Kelvin in Grad Celsius erfolgt mit

$$\{\theta\}_{°\mathrm{C}} = \{T\}_{\mathrm{K}} - 273{,}15. \tag{1.2}$$

Die absolute Temperatur in Kelvin ist Basisgröße im SI-Einheitensystem. Grad Celsius ist eine abgeleitete SI-Einheit und als solche gesetzlich zugelassen, anders als die alte Einheit des Drucks, bar.

1.5 Gasgleichung

Das Gasthermometer und die vorläufige Definition des Temperaturnullpunkts basiert auf der Proportionalität von Volumen V und absoluter Temperatur T. Hält man in einem dichten Behälter das Volumen konstant und erhöht die Temperatur, so steigt der Druck p proportional zur Temperatur. Also ist auch das Produkt pV proportional zur Temperatur T:

$$pV \propto T. \tag{1.3}$$

Abb. 1.3 zeigt die Messung des Drucks in einem geschlossenen Kolben mit Schulmitteln. Ein Drucksensor mit Messbereich ±70 hPa misst den Druckunterschied zum Luftdruck, den man von einer lokalen Wetterstation übernehmen kann. Wichtig ist, den wahren Druck zu nehmen und nicht den auf Meereshöhe umgerechneten Wert, der normalerweise für die Beschreibung des Wettergeschehens angegeben wird. Die thermische Ausdehnung des Glaskolbens müsste man im Prinzip berücksichtigen, aber bei Duran-Glas ist der Effekt sehr klein. Deshalb kommt man ohne Umschweife zu einem genauen Ergebnis, das in Abb. 1.4 gezeigt ist.

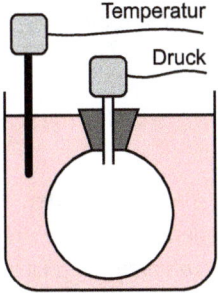

Abb. 1.3: Versuchsaufbau zur Messung des Gasdrucks als Funktion der Temperatur. Der Kolben befindet sich bis über den unteren Stopfenrand im Wasser eines Umlaufthermostaten. Ein 250 ml Duran-Kolben kommt in etwa zwei Minuten ins thermische Gleichgewicht, was man am Erreichen eines festen Druckwerts erkennt. Der Messschlauch für das Druckmessgerät muss so kurz wie möglich sein, damit dessen schlecht temperiertes Volumen möglichst wenig beiträgt. Die Temperatur kann an der Steuerelektronik des Thermostaten abgelesen werden.

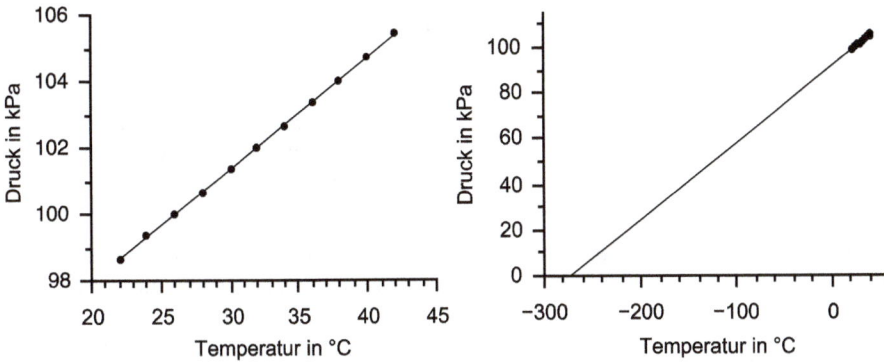

Abb. 1.4: Druck als Funktion der Temperatur in einem geschlossenen Glaskolben; linearer Fit durch Messpunkte zwischen 22 °C und 42 °C. Die rechte Graphik zeigt die ganze Fitgerade bis zum Druck Null. Der Schnittpunkt mit der Abszisse liegt mit −272 °C nahe am theoretischen Wert. Die Genauigkeit ist so hoch, weil man die Präzisionsmessung des Luftdrucks von der Wetterstation übernimmt und nur die Druckänderung selbst misst.

Für das ideale Gas ist die Proportionalität exakt definiert, und für reale Gase gilt sie mit hoher Genauigkeit. Um aus der Proportionalität eine Gleichung zu machen, betrachtet man nicht das absolute Volumen V, sondern das spezifische Volumen pro Stoffmenge, $\hat{V} = V/n$.

Die Menge eines chemischen Reinstoffs, *Stoffmenge* genannt, hat das Formelzeichen n und die Einheit mol.

Die Stoffmenge ist vor allem in der Chemie gebräuchlich: Beispielsweise reagieren 3 mol Stickstoff N_2 und 1 mol Wasserstoff H_2 zu 2 mol Ammoniak NH_3. Die Masse m eines Reaktionspartners berechnet man aus Stoffmenge n und *molarer Masse M* mit

$$m = nM. \tag{1.4}$$

Die molaren Massen sind in unserem Beispiel 28,01 g/mol für Stickstoff N_2 und 2,016 g/mol für Wasserstoff H_2.

Man findet, dass alle Gase die gleiche Proportionalitätskonstante R haben, wenn man spezifische Volumina V/n vergleicht:

$$p\frac{V}{n} = RT \qquad (1.5)$$

mit der Gaskonstanten $R = 8{,}31446 \, \text{kg m}^2\text{s}^{-2}\text{mol}^{-1}\text{K}^{-1}$. Diese Gleichung bedeutet auch, dass die Stoffmenge 1 mol eines beliebigen Gases bei gegebenem Druck p und Temperatur T immer das gleiche Volumen hat. Man nennt es *Molvolumen* V_{mol}. Es ist üblich, die Gl. (1.5) mit n multipliziert aufzuschreiben und *Gasgleichung* zu nennen,

$$pV = nRT. \qquad (1.6)$$

---

i Mit der Gasgleichung wird das Molvolumen bei Normalbedingungen berechnet: Mit $T = 273{,}15 \, \text{K}$, $p = 101.325 \, \text{Pa}$, $n = 1 \, \text{mol}$ und $R = 8{,}31446 \, \text{kg m}^2 \, \text{s}^{-2} \, \text{mol}^{-1} \, \text{K}^{-1}$ erhält man $V_{mol} = 0{,}022414 \, \text{m}^3$, bzw. 22,414 Liter.

Die Molvolumina realer Gase wie Sauerstoff oder Methan berechnet man aus Tabellenwerten für Dichte und molare Masse; die relative Abweichung hat die Größenordnung 10^{-3}.

Bei gegebener Temperatur sind Druck und Volumen gemäß Gasgleichung (1.6) umgekehrt proportional. Als *Isotherme* bezeichnet man einen Funktionsgraphen, der die Abhängigkeit einer Größe von einer anderen Größe bei konstanter Temperatur zeigt. In Abb. 1.5 sind Isothermen der Funktion $V(p)$ für verschiedene Temperaturen gezeigt.

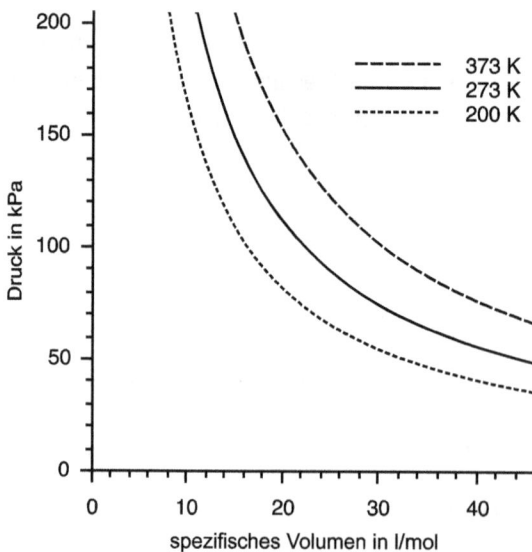

Abb. 1.5: Isothermen im p,V-Diagramm für verschiedene Temperaturen.

1.6 Partialdruck

Die Angabe der Stoffmenge in der Einheit mol impliziert, dass man die Gasgleichung für chemische Reinstoffe auffasst. Bei Gemischen addiert man die Stoffmengen n_i der Komponenten zur gesamten Stoffmenge n:

$$n = \sum_i n_i. \tag{1.7}$$

Aus der Gasgleichung folgt dann formal bei festen T und V für den *Partialdruck* p_i

$$p = \sum_i p_i. \tag{1.8}$$

Das bedeutet: Verschiedene gasige Reinstoffe durchdringen sich als Gemisch, ohne sich gegenseitig zu stören. Jede reine Komponente hat das gesamte Volumen V zur Verfügung. Der Partialdruck wurde 1808 von John Dalton /'dɔltən/ gefunden; Gl. (1.8) wird daher auch Dalton'sche Gleichung genannt.

Trockene Luft ist eine Mischung der Volumenanteile 78,08 % Stickstoff N_2, 20,94 % Sauerstoff O_2, 0,94 % Argon Ar und 0,04 % Kohlenstoffdioxid CO_2. Andere Reinstoffe sind bei dieser Genauigkeit vernachlässigbar. Bei Normaldruck p = 101.325 Pa betragen die Partialdrucke p_{N_2} = 79.115 Pa, p_{O_2} = 21.217 Pa, p_{Ar} = 952 Pa und p_{CO_2} = 41 Pa.

1.7 Thermodynamisches System

Im Alltag hat man es mit konkreten Dingen zu tun, beispielsweise einer Espressotasse. In der Physik abstrahiert man von technischen Einzelheiten und betrachtet physikalische Größen und deren zeitliche Änderungen, die wesentlich für die jeweilige Fragestellung sind. In der Mechanik spricht man von Körpern und meint damit jegliche Gegenstände, die sich bewegen können. Wesentliche Größen sind beispielsweise Geschwindigkeit und Impuls. Die Fallgesetze gelten für alle Körper, sei es ein Stein, eine Espressotasse oder eine Kaffeebohne. Körper ist also ein Oberbegriff für Gegenstände, die in der Mechanik hauptsächlich durch die Masse und ihren Schwerpunkt charakterisiert werden. In der Thermodynamik haben wir komplexere Situationen. Nicht nur einzelne feste Objekte kommen vor, sondern Flüssigkeiten und Gase sowie Licht, Wärme, Magnetfeld, und so weiter. Alles steht miteinander in Beziehung. Insbesondere besteht die Tendenz zur Bildung eines thermischen Gleichgewichts, wenn man einen räumlich abgegrenzten Bereich sich selbst überlässt. Als Thermodynamisches System bezeichnet man die Menge von Objekten, die thermodynamisch charakterisiert werden sollen. Man darf eine Hülle denken und zeichnen, in die das System eingeschlossen ist. Diese Hülle kann völlig undurchlässig sein, dann liegt ein *abgeschlossenes System* vor. Häufiger sind *offene Systeme* mit durchlässiger Hülle. Man bilanziert die ein- und ausgehende Stoffmenge und andere physikalische Größen. Dadurch wird das offene System genauso nützlich wie das abgeschlossene System.

Eine Espressotasse beispielsweise ist ein thermodynamisches System. Wichtige Größen sind die Temperatur und die Menge des enthaltenen Kaffees. Das System ist nicht geschlossen, denn Wasser kann verdampfen, und das System Espressotasse kann mit äußeren Objekten wie einem Tisch ins thermische Gleichgewicht kommen. Wenn man ein System eindeutig beschrieben hat, kennt man seinen *Zustand*, also die Werte der maßgeblichen Zustandsgrößen. Dazu zählen in diesem Beispiel Temperatur, Druck und Stoffmenge. Geschmack ist keine physikalische Größe, und deshalb füllen wir in Gedanken unsere Espressotasse mit reinem Wasser, sonst ist das System zu kompliziert. Hat man eine Espressotasse mit Wasser bei Zimmertemperatur, so kann man nicht sagen, ob das Wasser vorher heiß war oder kalt aus der Leitung kam.

> Die Werte der Zustandsgrößen eines Systems lassen keinerlei Rückschlüsse auf die Vorgeschichte zu.

Das ist ganz anders als in der Mechanik, wo man eine Bewegung gedanklich in die Vergangenheit zurückverfolgen kann.

Ein thermodynamisches System ist skalierbar, das heißt man kann ein großes System aus kleinen Systemen zusammensetzen. Zustandsgrößen wie Masse oder Volumen, die dabei addiert werden, heißen *extensive* oder *mengenartige* Größen. Druck und Temperatur behalten ihren Wert, wenn sie in den Teilsystemen gleich waren, es sind *intensive* Größen.

Man kann das thermodynamische System axiomatisch definieren; dann ist man von Anfang an sehr allgemein und abstrakt. Wir verwenden hier den Begriff System als Aufforderung, eine Hülle zu denken, sich über Modellvorstellungen klar zu werden und nach thermodynamischen Größen zu fragen. Abb. 1.6 illustriert die zugrunde liegende Idee.

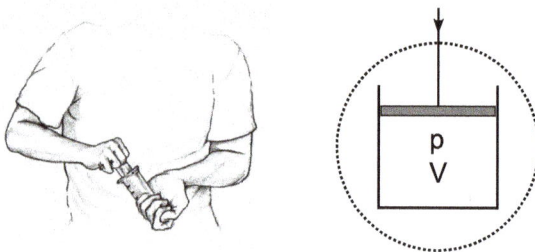

Abb. 1.6: Links: Eine Person presst die Luft in einem Kolbenprober. Rechts: Das System einer komprimierten Luftmenge mit den Zustandsgrößen Volumen und Druck. Über die Kolbenstange wird von außen der Druck eingestellt. ©Anna Donhauser.

1.8 Ausdehnung von Flüssigkeiten

Die Ausdehnung von Flüssigkeiten ist vor allem durch die Thermometerfüllung bekannt. Obwohl heute die meisten Thermometer elektronisch sind, spielt das klassische Ausdehnungsthermometer noch eine große Rolle im Schulunterricht. Im Ausdehnungsthermometer wird die Amplitude der Anzeige durch eine Kapillare auf einem Vorratsbehälter vergrößert. Das nährt die Vorstellung, die Ausdehnung von Flüssigkeiten sei ziemlich klein und nur auf diese Weise wahrnehmbar. Tatsächlich sieht man die Ausdehnung von Flüssigkeiten auch in zylindrischen Behältern, wie in Abb. 1.7 gezeigt ist. Wasser dehnt sich zwischen 20 °C und 50 °C um 1 % aus, zwischen 20 °C und 100 °C sogar um 4 %. Im Kochtopf sieht man das nicht, weil man nicht genau hinsieht, aber in einer Heizungsanlage mit geschlossenen Röhren ist das ein wichtiges Problem, das nur durch einen Ausgleichsbehälter kompensiert werden kann. Für den quantitativen Vergleich ist der Raumausdehnungskoeffizient γ üblich, der definiert ist durch

$$\gamma = \frac{1}{V}\frac{\partial V}{\partial T}. \tag{1.9}$$

Diese Definition erscheint auf den ersten Blick willkürlich, denn physikalisch einfacher wäre die Ableitung $\frac{\partial V}{\partial T}$. In technischen Anwendungen möchte man aber die relative Änderung wissen, also um wie viel % ein bestimmtes Volumen wächst, wenn die Temperatur um ΔT erhöht wird, und dafür ist γ bequem:

$$\frac{V}{V_0} = 1 + \gamma \Delta T. \tag{1.10}$$

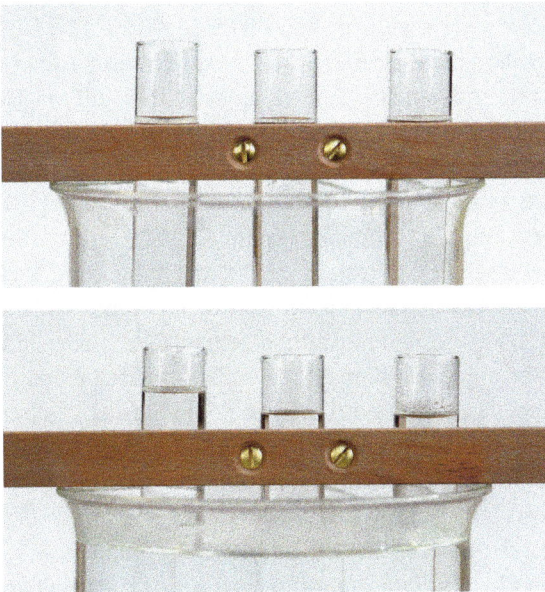

Abb. 1.7: Thermische Ausdehnung von Flüssigkeiten im Reagenzglas (160 mm x 16 mm). Oben: Bei Raumtemperatur ist der Meniskus jeweils an der Oberkante der Holzleiste. Die Substanzen von links nach rechts sind Ethanol, Glycerin und Wasser. Unten: Nach Befüllung des äußeren Bechers mit 1 Liter Wasser von 75 °C steigen die Flüssigkeiten innerhalb von zwei Minuten auf die neue Gleichgewichtslage.

Flüssigkeit	γ 10^{-6}/K
Benzol	1.040
Essigsäure	1.080
Ethanol	1.400
Glycerin	520
Methanol	1.490
Quecksilber	181
Wasser	207
ideales Gas	3.410

Tab. 1.2: Ausdehnungskoeffizient verschiedener Flüssigkeiten bei 293 K. Die kleinsten und größten Werte unterscheiden sich um das Achtfache, aber zwischen dem größten Wert und dem Ausdehnungskoeffizient von Gasen liegt nicht einmal ein Faktor Drei.

Da das Volumen eine Funktion der Temperatur ist und bei Flüssigkeiten und Festkörpern zusätzlich die Ableitung $\frac{\partial V}{\partial T}$ nicht konstant ist, gilt der Ausdehnungskoeffizient γ nur für eine bestimmte Temperatur. In Tab. 1.2 sind einige Werte für Raumtemperatur 293 K angegeben.

1.9 Ausdehnung von Festkörpern

Bei festen Körpern interessiert man sich technisch in erster Linie für die Länge L und beschreibt ihre Änderung mit dem Längenausdehnungskoeffizienten α,

$$\frac{L}{L_0} = 1 + \alpha \Delta T. \tag{1.11}$$

Ein Stab dehnt sich aber nicht nur in der Länge, sondern in allen drei Raumrichtungen. Der Volumenausdehnungskoeffizient γ ist deshalb um den Faktor 3 größer als der Längenausdehnungskoeffizient. Der Volumenausdehnungskoeffizient von Eisen ist rund hundertmal kleiner als der von Luft. Andererseits ist man in der Technik auf präzise Längen angewiesen, und Temperaturunterschiede von 100 K und mehr sind keine Seltenheit. Deshalb ist der Effekt doch relevant. Man kann ihn wie bei den Flüssigkeiten unmittelbar sichtbar machen. Dazu werden 1 m lange Rohre einseitig eingespannt und durch hindurchströmenden Wasserdampf von Raumtemperatur auf 100 °C erhitzt. Die Längenänderung beträgt 1 mm bei Eisen und Edelstahl, 1,5 mm bei Kupfer und Messing sowie 1,9 mm bei Aluminium. Der Effekt als solcher und die Materialunterschiede sind deutlich sichtbar, siehe Abb. 1.8. In der Literatur findet man oft Vorschläge, die geringe Ausdehnung kürzerer Stäbe durch Abrollen auf einer Zeigerachse herauszuvergrößern. Damit verliert man aber das Gefühl für die Größe des Effekts, abgesehen von den zusätzlichen Fehlerquellen im Experiment.

Die Ausdehnung von Festkörpern ist zwar klein, aber technisch mitunter so störend, dass man gezielt nach Materialien mit besonders kleinem Ausdehnungskoeffizienten sucht. Für die Entdeckung der Invar-Legierung aus 65 % Eisen und 35 % Nickel wurde der Schweizer Physiker Charles Édouard Guillaume /gijom/ 1920 mit dem

Abb. 1.8: Längenausdehnung von 1 m langen Rohren aus Edelstahl, Messing und Aluminium mit 6 mm Außendurchmesser bei Temperaturerhöhung von 20 °C auf 100 °C. Die Rohre sind beweglich gelagert in den Bohrungen der Metallplatte, die an einer Holzlatte festgeschraubt ist. Die Latte ist unterhalb der Rohre sichtbar. Eine zweite durchbohrte Metallplatte befindet sich in 1 m Abstand am anderen Ende der Latte; dort sind die Rohre mit Schrauben fest eingespannt.

Festkörper	α $10^{-6}/\mathrm{K}$
Aluminium	23
Eisen	11,8
Edelstahl 1.4301	16,0
Invar	1,2
Kupfer	17
Messing	19
Nickel	13
Polypropylen	150
Quarzglas	0,6
Zink	30,2
Zerodur	0,02

Tab. 1.3: Längenausdehnungskoeffizient α von Festkörpern bei 293 K. Für den Vergleich mit γ bei Flüssigkeiten sind die Werte mit 3 zu multiplizieren. Die Angabe von Stoffen mit extremen Werten soll nicht verschleiern, dass für die meisten Festkörper der Ausdehnungskoeffizient im Bereich $\alpha = 10 \cdot 10^{-6} \ldots 20 \cdot 10^{-6} \, \mathrm{K}^{-1}$ liegt.

Nobelpreis für Physik geehrt. Der thermische Ausdehnungskoeffizient von Invar ist rund zehnmal kleiner als der von Eisen. Quarzglas und die Glaskeramik Zerodur haben noch kleinere Ausdehnungskoeffizienten. Tab. 1.3 gibt einige Werte für α an.

Die thermische Ausdehnung von Festkörpern ist als Thema des Schulunterrichts umstritten. Erstens ist sie im Alltag kaum zu beobachten, zweitens ist die falsche Erklärung weit verbreitet, Festkörper würden sich wegen der zunehmenden Bewegung der Atome ausdehnen (richtig wäre: Wegen der Nichtlinearität der Gitterschwingung), und drittens sind nur zwei alltägliche Beispiele gebräuchlich, nachdem die Kompensation der Pendeluhr ausgestorben ist, nämlich die Dehnfugen in Brücken und die Stöße in Eisenbahnschienen. Letztere sind auch schon ausgestorben – heute sind Schienen grundsätzlich geschweißt. Häufige Fehlvorstellungen dazu sind Ausgleichsstrecken an Bahnhöfen sowie Vergrößerung von Kurvenradien durch Bewegung der Gleise im Schotterbett. Beides kann man durch

Überschlagsrechnungen ausschließen. Tatsächlich bleiben die Schienen an Ort und Stelle. Bei Temperaturerhöhung entsteht mechanische Spannung, und die Schiene wird wie eine Feder in Längsrichtung gestaucht. Bei Abkühlung wird die Schiene gedehnt. Beim Schweißen der Schienenstränge wird darauf geachtet, dass der spannungslose Zustand bei etwa 23 °C liegt.

1.10 Zustandsänderung idealer Gase

Wenn man den Druck einer abgeschlossenen Menge Luft erhöht, steigt die Temperatur. Das wird im Alltag beim Aufpumpen eines Fahrradreifens beobachtet. Für diesen Vorgang – Verkleinerung eines Luftvolumens – ist die Gasgleichung zwar gültig, aber sie ist nicht nützlich, weil die Temperatur dabei auf einen unbekannten Wert ansteigt und damit auch der Druck unbekannt ist. Wir brauchen eine weitere Gleichung. Für die quantitative Beschreibung der Kompression eines idealen Gases nehmen wir an, dass der Gasbehälter vollkommen dicht ist und das heiße Gas sich nicht abkühlen kann. Unter diesen Bedingungen spricht man von einer *adiabatischen Zustandsänderung*.

Bei der Fahrradpumpe ist die Temperaturerhöhung durch Kompression zwar deutlich wahrnehmbar, aber die thermische Isolation ist nicht gut erfüllt. Wir haben oben gesehen, dass zwei unterschiedlich heiße Körper nicht augenblicklich ins thermische Gleichgewicht kommen, sondern dass es dauert, und zwar bei großen Körpern länger als bei kleinen. Die Kompression oder Expansion eines Gases ist dann näherungsweise adiabatisch, wenn sie besonders schnell erfolgt oder die Volumina groß sind. Für Flüssigkeiten und Festkörper gilt natürlich das Gleiche, aber wir beschränken uns hier auf das ideale Gas. Künftig wird beim Begriff Kompression die Expansion als umgekehrte Möglichkeit mitgedacht.

Druck und Volumen eines idealen Gases erfüllen bei adiabatischer Kompression die *Adiabatengleichung*

$$pV^\kappa = \text{const.} \tag{1.12}$$

Die Adiabatengleichung ist wie die Gasgleichung das Resultat von Beobachtung und Denken. Wenn man bei verschiedenen Temperaturen Druck und Volumen eines Gases studiert hat und dann eine adiabatische Kompression durchgeführt, wird sofort auffallen, dass beispielsweise bei zweifachem Druck das Volumen größer als halb so groß ist, denn das Gas ist heißer geworden. Damit ist noch nicht bewiesen, dass ein Potenzgesetz der Form (1.12) die richtige Beschreibung ist, aber alle seriösen Messungen sind konsistent damit.

Der Adiabatenkoeffizient κ ist nicht gleich für alle Gase, sondern eine Materialkonstante. Abb. 1.9 zeigt die Adiabaten von Luft und Helium im Vergleich zur Isothermen. Wenn man das Volumen halbiert, steigt der Druck um das 2^κ-fache. Für Helium ist der Faktor 3,17, für Luft nur 2,64. Anschaulich gesagt, ist Luft elastischer, sie wirkt auf den

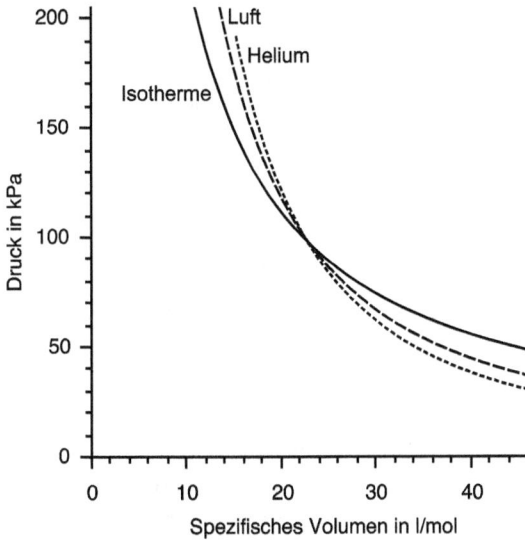

Abb. 1.9: Adiabaten von Luft und Helium sowie Isotherme aller idealen Gase. Der Schnittpunkt liegt bei den Normalbedingungen.

Drückenden „weicher". Die Stoffabhängigkeit der Elastizität von Gasen ist schon im 18. Jahrhundert bei der Berechnung der Schallgeschwindigkeit aufgefallen.

Bei akustischen Schwingungen ist aufgrund der hohen Frequenz das Kriterium der adiabatischen Kompression besonders gut erfüllt. Der Adiabatenkoeffizient κ eines idealen Gases ist bestimmt durch Dichte ρ, Druck p und Schallgeschwindigkeit c mit

$$\kappa = \frac{\rho}{p}c^2.\tag{1.13}$$

Zur didaktischen Demonstration der unterschiedlichen Elastizität der Gase greift man gern auf sichtbar langsame Schwingungen zurück, nämlich mit dem Aufbau nach Rüchardt in Abb. 1.10. Die Schwingung des Massezylinders auf einem Gaspolster ist ziemlich stark gedämpft, so dass man nur wenige Perioden auswerten kann. Flammersfeld [31] hat eine trickreiche Anordnung ersonnen, die Schwingung zu entdämpfen. Dazu wird in das Rohr ein kleiner Schlitz geschnitten, und das eingeschlossene

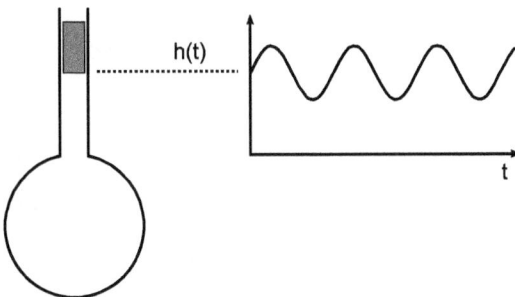

Abb. 1.10: Bestimmung des Adiabatenkoeffizienten aus der Schwingung einer Masse auf einem Gaspolster.

Edelgase He, Ne, Ar, Kr, Xe	1,67
Sauerstoff O_2	1,40
Ammoniak NH_3	1,29
Kohlendioxid CO_2	1,29
Methan CH_4	1,31
Propan C_3H_8	1,13

Tab. 1.4: Adiabatenkoeffizienten κ von Gasen bei Normalbedingungen. Edelgase haben den größten Adiabatenkoeffizienten. Bei chemischen Verbindungen ist der Koeffizient kleiner. Bei Edelgasen ist κ unabhängig von der Temperatur; bei anderen Gasen nimmt er mit zunehmender Temperatur ab.

Volumen erhält eine Gaszufuhr bei konstantem Druck. Bei der entdämpften Schwingung kann die Periode sehr genau gemessen werden. Die quantitative Auswertung ist ähnlich aufwändig wie die Herleitung von Gl. (1.13), weshalb man sich in beiden Fällen meist auf die Übernahme der Formel aus der Literatur beschränkt. Tab. 1.4 gibt einige Werte für κ. In den beiden vorgestellten Messmethoden bemerkt man die Temperaturerhöhung des komprimierten Gases nicht. Deshalb sei an das Argument erinnert, wie es zur Adiabatengleichung pV^κ = const. kam: Die Erhitzung bei Kompression ist Erfahrungstatsache, und der Koeffizient κ berücksichtigt den größeren Druck eines heißeren Gases in einem gegebenen Volumen. Aus der Adiabatengleichung (1.12) und der Gasgleichung (1.6) können im Rahmen einer Übung die folgenden Adiabatengleichungen für Temperatur und Volumen gewonnen werden:

$$TV^{\kappa-1} = \text{const.}'\tag{1.14}$$

$$p^{1-\kappa}T^\kappa = \text{const.}''\tag{1.15}$$

Die Konstanten const.' und const.'' haben andere Werte als in der Ausgangsgleichung.

1.11 Temperaturprofil der Troposphäre

Die Lufthülle der Erde liegt im Gravitationsfeld auf der Erdoberfläche. Zerlegt man sie gedanklich in Schichten, so kann man sagen: Die unteren Schichten werden durch die Last der oberen Schichten gepresst. Daher ist der Druck an der Erdoberfläche am größten und nimmt exponentiell mit der Höhe ab. Die *Troposphäre* erstreckt sich von der Erdoberfläche bis zu einer Höhe von etwa 8 km an den Polen und 18 km am Äquator, im Mittel 11 km. Darüber liegt die Stratosphäre. Die Grenzfläche *Tropopause* wird kaum von Luftmassen durchdrungen. Das Wetter spielt sich weitgehend innerhalb der Troposphäre ab, die wir deshalb als einen abgeschlossenen Bereich behandeln.

Wer in gebirgigen Gegenden wohnt oder gelegentlich zu Besuch ist, weiß aus eigener Erfahrung, dass es auf dem Berg kälter ist als im Tal. Es reichen schon wenige hundert Meter Höhenunterschied, um einen deutlichen Unterschied der Temperatur zu spüren. Hohe Berggipfel sind von ewigem Eis bedeckt, weil mit zunehmender Höhe die Temperatur immer niedriger wird. Flugreisende werden informiert, dass die Lufttemperatur in 11.000 Metern Höhe etwa −55 °C beträgt. Die Abnahme der Temperatur mit der Höhe in der Troposphäre wird mit adiabatischer Kompression erklärt.

Wir setzen vereinfachend voraus, dass die Luft trocken ist und keine Winde wehen. Wir denken uns am Erdboden bei 1.013 hPa und 15 °C ein zylindrisches Luftpaket von 100 m Durchmesser und 100 m Höhe. Die Masse beträgt rund 10^6 kg. Im Luftpaket ist der Druck genauso groß wie in der Umgebung. Dann geben wir diesem Luftpaket gedanklich einen nach oben gerichteten Impuls mit der Geschwindigkeit 0,1 m/s. Die Geschwindigkeit ist so klein, dass die Reibung an den Rändern des Luftzylinders vernachlässigt werden kann. Dieser riesige Luftzylinder kann nicht einfach so nach oben steigen, sondern aus höherer Lage muss ein gleich großer Zylinder mit gleicher Geschwindigkeit absteigen, damit die Masseverteilung gewahrt bleibt. Wir können uns die beiden Zylinder wie Fahrstuhlkabinen vorstellen, die über ein Seil und eine Rolle miteinander verbunden sind, siehe Abb. 1.11. Die Bewegung braucht keinen weiteren Antrieb, nachdem sie einmal in Gang gebracht worden ist. Mit zunehmender Höhe wird der Druck im Zylinder kleiner, und die Temperatur fällt gemäß Adiabatengleichung. In 11 km Höhe ist der Druck noch 227 hPa, und die Temperatur ist von ursprünglich 15 °C auf −56 °C abgesunken. Das zweite Luftpaket, das in 11 km Höhe bei −56 °C gestartet ist, wird komprimiert und kommt am Erdboden mit einer Temperatur von +15 °C an. Solange die beiden Luftzylinder in Bewegung bleiben, wird das Temperaturgefälle aufrecht erhalten.

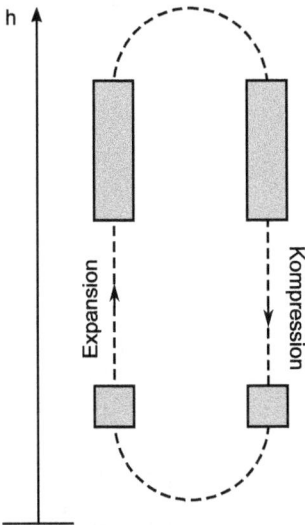

Abb. 1.11: Fahrstuhl-Modell für die Bewegung von Luftpaketen in der Atmosphäre. Der obere Umkehrpunkt ist die Tropopause.

Dieses Fahrstuhl-Modell für Luftmassen erscheint sehr künstlich. Am Prinzip der Temperaturänderung durch adiabatische Kompression ändert sich aber nichts, wenn man die speziellen Randbedingungen für die Form und Größe der Luftmassen sowie deren feste Verbindung aufgibt und die Flächen gleichen Drucks nicht exakt parallel zur

Erdoberfläche liegen. Entscheidend ist lediglich, dass es Luftgebiete gibt, die adiabatischer Kompression unterworfen sind. Kritischere Annahmen für das Modell sind die fehlende Reibung und der Anfangsimpuls: Ganz ohne äußeren Antrieb funktioniert es natürlich nicht. Dieser Antrieb kommt vom Wettergeschehen, das Luftmengen vertikal und horizontal durchmischt. Für die Aufrechterhaltung des Temperaturprofils würden viel geringere Luftbewegungen ausreichen, als wir tatsächlich beobachten. Das Temperaturprofil ist sozusagen schon da, bevor man richtig in die Meteorologie einsteigt und Erwärmung durch Sonneneinstrahlung, Wasserdampf, Erdrotation und so weiter berücksichtigt. Alles Wettergeschehen stabilisiert die Temperaturschichtung der Atmosphäre.

Die ICAO-Standardatmosphäre ist ein Modell für die Luftfahrt. Demnach nimmt die Temperatur mit 6,5 K/1.000 m Höhe ab bis zu einer Höhe von 11 km, der Tropopause. Bei Höhe 0 m beträgt die Temperatur 15 °C, und der Druck ist Normaldruck. Auf 11 km Höhe beträgt die Temperatur −56,5 °C. Das stimmt recht gut mit den Werten überein, die man als Flugpassagier mitgeteilt bekommt. Tab. 1.5 zeigt einige Werte. Messungen von Raumsonden in den Atmosphären des Planeten Venus und des Saturn-Mondes Titan haben ergeben, dass Temperatur und Druck in deren Troposphären im Prinzip analog zur Erde verlaufen [33], [45].

Höhe m	Druck hPa	Temperatur °C	Dichte kg/m³
0	1.013,25	15,0	1,2250
1.000	898,75	8,5	1,1116
2.000	794,95	2	1,0065
3.000	701,09	−4,5	0,9091
5.000	540,20	−17,5	0,7361
7.000	410,61	−30,5	0,5895
9.000	307,42	−43,5	0,4663
11.000	226,32	−56,5	0,3692

Tab. 1.5: Einige Werte der ICAO-Standardatmosphäre. Bei 11.000 m liegt die Tropopause, darüber bleibt die Temperatur bis 20 km Höhe konstant.

1.12 Sternschnuppen

Wenn sich ein Körper langsam durch Luft bewegt, strömt diese um den Körper herum. Dabei ändert sich der Druck nicht sehr stark. Bei einem Verkehrsflugzeug beträgt der Druckunterschied zwischen Ober- und Unterseite der Tragfläche weniger als ein Viertel des Luftdrucks. Die Situation ändert sich grundlegend, wenn die Geschwindigkeit des Körpers größer ist als die Schallgeschwindigkeit, also jene Geschwindigkeit, mit der sich eine Störung in der Luft ausbreiten kann. Die Luft kann dann nicht mehr einfach zur Seite weg strömen, sondern es bildet sich vor dem Körper eine Zone mit vielfach komprimierter Luft. Eis- und Gesteinstrümmer aus dem All, überwiegend

Reste von Kometen, haben eine Relativgeschwindigkeit zur Erde von etwa 30 km/s, das ist hundertfache Schallgeschwindigkeit in Luft. Beim Eintritt in die Atmosphäre formt sich ein Mach'scher Kegel, die seitliche Begrenzung der Stoßfront, in nahezu zylindrischer Form, siehe Abb. 1.12. Der feste Körper wirkt wie ein Kolben im Zylinder. Die Kompressionszone wird so heiß, dass das Material aufleuchtet und verdampft. Die Leuchterscheinung heißt *Meteor* oder Sternschnuppe. Sehr große Brocken können die Erdoberfläche als *Meteorit* erreichen.

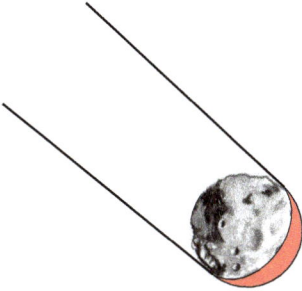

Abb. 1.12: Adiabatische Kompression an Meteoren. Die komprimierte Luft in der rot unterlegten Zone kann seitlich nicht entweichen. Der Gesteinsbrocken wirkt wie ein Kolben in einem sehr langen Zylinder. ©Anna Donhauser.

2 Phasen

Eis schmilzt bei Erwärmung zu Wasser, und bei starker Erhitzung siedet Wasser zu Dampf. Das Titelbild zu diesem Kapitel zeigt den Geysir Strokkur auf Island, ein spektakuläres Naturschauspiel, bei dem wiederkehrend eine große Menge heißen Wassers und Dampf aus dem Boden austritt.

Das Schmelzen von Eis ist ein Naturphänomen, das Kinder vielfach erleben. Dennoch fassen jüngere Kinder Eis und Wasser oft als unterschiedliche Substanzen auf. Der Wasserdampf wird nur als Stoff gesehen, wenn er als Wolke sichtbar ist, und dabei handelt es sich eigentlich um flüssige Wassertröpfchen. Die berühmten Umfüll-Versuche von Piagét haben gezeigt, dass selbst in sehr einfachen, alltäglichen Situationen die Erhaltung der Substanz erst gelernt werden muss; insofern ist die Auffassung von Wasser und Eis als unterschiedlichen Stoffen nicht verwunderlich.

Die Erscheinungsformen fest, flüssig und gasig nennt man in der Chemie *Aggregatzustände* eines Stoffs. In der Physik spricht man eher über Phasen als über Stoffe. Das ist allgemeiner und erlaubt eine einheitliche mathematische Behandlung von Vorgängen mit und ohne chemische Reaktionen.

Das Wort *Phase* hat in der Physik verschiedene Bedeutungen, die allesamt nichts mit dem Alltagsbegriff (z. B. Trotzphase bei Kleinkindern) gemein haben. In der Mechanik bezeichnet man mit Phase einen Parameter in der Lösung der Schwingungsgleichung. Ferner kommt das Wort im Phasenraum vor, der von den Orts- und Impulsvektoren eines N-Teilchensystems aufgespannt wird. In der Thermodynamik gilt die folgende Definition:

> Die *Phase* ist ein räumlich homogener Bereich der Materie mit einheitlichen physikalischen und chemischen Eigenschaften.

Demnach sind die Aggregatzustände fest, flüssig und gasig verschiedene Phasen, weil sie sich beispielsweise in Dichte, Viskosität, Brechungsindex und so weiter unterscheiden. Lösungen sind Phasen von Stoffgemischen. Salzwasser ist eine einheitliche Phase. Inhomogene, also mehrphasige Mischungen nennt man *Gemenge*. Einige Typen von Gemengen werden gesondert bezeichnet als Rauch (fest in gasig), Nebel (flüssig in gasig), Schaum (gasig in flüssig) und Emulsion (flüssig in flüssig). Feste Gemenge sind manchmal nicht als solche zu erkennen. Granit ist offensichtlich ein Gemenge, aber Gusseisen ebenfalls. Beim Gusseisen offenbart sich die Inhomogenität erst bei mikroskopischer Untersuchung. Gemisch und Gemenge sind gemeinsame Fachbegriffe der physikalischen Chemie und der Thermodynamik. Im Alltag und in der Technik sind teilweise andere Bedeutungen üblich.

2.1 Fest–flüssig–gasig

Wasser ist bei Raumtemperatur und Normaldruck flüssig. Bei Abkühlung unterhalb 273,15 K wird Wasser fest: Es macht einen *Phasenübergang*. Bei Erwärmung über

https://doi.org/10.1515/9783110495799-002

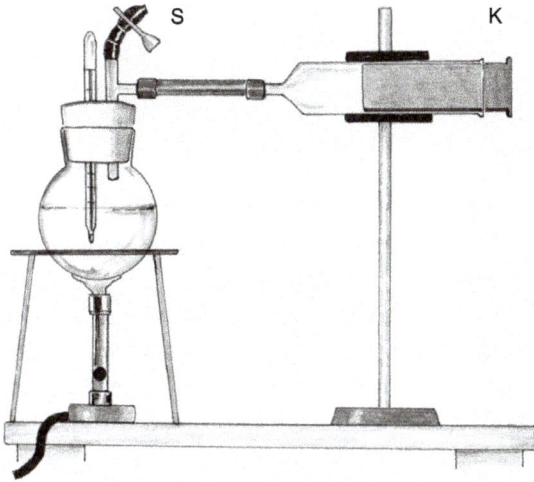

Abb. 2.1: Änderung des Drucks in einem Kolben mit siedendem Wasser nach [59]. Das Wasser wird mit offenem Schlauch S zum Sieden gebracht. Dann wird der Brenner weggenommen und der Schlauch verschlossen. Der Kolben K wird nach hinten gezogen. Der Druck im Kolben sinkt, und das Wasser beginnt zu sieden. Lässt man den Kolben los, geht er in die Ausgangsposition zurück, und es herrscht wieder Luftdruck im Kolben. Das Sieden hört sofort auf. ©Anna Donhauser.

273,15 K wird Eis wieder flüssig. Die Temperatur des Phasenübergangs ist unabhängig von der Richtung. Sie wird Schmelztemperatur oder Schmelzpunkt T_{sl} genannt. Entsprechendes gilt für das Sieden und Kondensieren am Siedepunkt T_{lg} = 373,15 K. Die Indizes s und l stehen für die lateinischen Begriffe *solidus* und *liquidus*, g steht für gasig. Der Siedepunkt T_{lg} von Wasser hängt vom Druck ab, wie man mit dem folgenden Experiment in Abb. 2.1 zeigen kann.

Für die folgenden Überlegungen ist es wichtig sich klarzumachen, dass wir reines gasiges Wasser betrachten wollen und keine Mischung mit Luft. Dazu zeigt man den „durstigen Kolben" in Abb. 2.2.

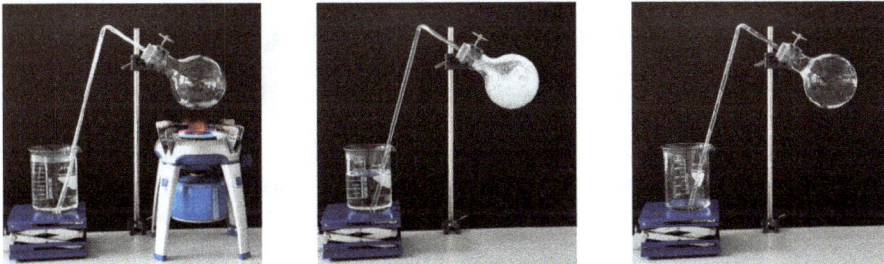

Abb. 2.2: Der durstige Kolben. Etwas Wasser wird gekocht, bis aus dem Rohrende im Becher keine Luftblasen mehr aufsteigen. Dann wird die Flamme entfernt. Nach wenigen Minuten steigt kaltes Wasser im Rohr hoch. Wenn es in den Kolben gelangt, wird es plötzlich eingesaugt. Am Ende ist der Kolben komplett mit Wasser gefüllt.

Die gasige Phase des Wassers kann bei Raumtemperatur mit dem folgenden Freihandexperiment hervorgebracht werden.

🔍 Man kocht etwas entmineralisiertes Wasser auf, um gelöste Gase zu entfernen und lässt es abkühlen. Das Wasser wird in eine Injektionsspritze (20 ml bis max. 50 ml) gezogen, und eventuell vorhandene Luftreste werden durch Aufstoßen und Hinausdrücken entfernt. Die Öffnung wird dicht verschlossen. Dann wird kräftig am Kolben gezogen. Es bildet sich eine Blase, die beim Loslassen des Kolbens wieder verschwindet. Das ist die gasige Phase des Wassers. Das Wasser kocht nicht blubbernd wie bei Normaldruck, weil die umgesetzte Substanzmenge klein ist.

Wasser siedet, wenn die flüssige Phase höhere Temperatur hat als die gasige Phase bei Siededruck. Normalerweise passiert das durch gezieltes Erhitzen der flüssigen Phase. In dem eben vorgestellten Versuch erreicht man durch mechanische Druckerniedrigung die Siedetemperatur schon bei Raumtemperatur oder etwas darüber. Eine Heizung ist dafür nicht nötig. Man kann sogar in einem dichten Kolben mit reinem, luftfreiem Wasser die flüssige Phase zum Sieden bringen, indem man die gasige Phase abkühlt. Dann verringern sich Temperatur und Druck des gasigen Wassers; das flüssige Wasser ist im Vergleich dazu wärmer und beginnt zu sieden. Der Versuch in Abb. 2.3 ist spektakulär und stellt eine gedankliche Herausforderung für Schülerinnen und Schüler dar.

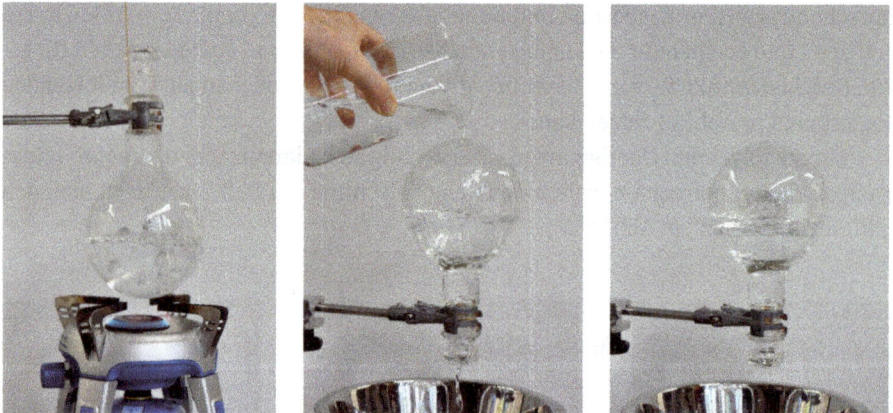

Abb. 2.3: Links: Wasser kocht etwa zwei Minuten im Kolben, und der Dampf entweicht durch einen schmalen Spalt zwischen Kolben und Glasstopfen. Dann wird die Flamme entfernt, der Stopfen in den Kolben gedrückt und etwas gewartet, bis er fest sitzt. Der Kolben enthält nur gasiges und flüssiges Wasser, aber keine Luft. Mitte: Der Kolben wird umgedreht und mit etwas kaltem Wasser begossen. Das eingeschlossene Wasser beginnt zu sieden. Rechts: Das Sieden hört nicht sofort auf, wenn man mit dem Gießen aufhört, sondern die Bildung eines neuen Gleichgewichts dauert einige Sekunden. Man kann das Wasser über einen langen Zeitraum sieden lassen und dabei auf etwa 30 °C abkühlen. Mit Eiswasser als Kühlmittel kommt man bis 11 °C Wassertemperatur im Kolben herunter!

Die Abhängigkeit der Siedetemperatur T_{lg} vom Druck p könnte man in einem Graphen darstellen; allerdings ist es üblich, Abszisse und Ordinate zu tauschen und den *Siededruck* als Funktion der Temperatur aufzutragen, siehe Abb. 2.4.

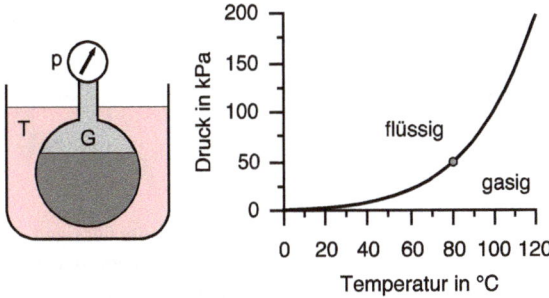

Abb. 2.4: Prinzip der Messung einer Siededruckkurve: Wasser wird in einem abgeschlossenen und luftleeren Kolben gleichmäßig temperiert, und der sich einstellende Druck über der Gasphase G wird abgelesen. Im Graphen ist als Beispiel der Punkt (80 °C | 47 kPa) markiert.

Die Clausius–Clapeyron-Gleichung ist eine analytische Näherung für den Siededruck $p(T_{lg})$:

$$p(T_{lg}) = p_0 e^{\sigma(1-T_0/T)} \tag{2.1}$$

Als Fixpunkt wird ein beliebiges gemessenes Wertepaar für Druck und Temperatur gewählt. Im vorliegenden Beispiel des Wassers wurde die Siedetemperatur $T_0 = 100\,°C$ bei Atmosphärendruck $p_0 = 101.325\,Pa$ eingesetzt. Die dimensionslose Materialkonstante σ ist von der Temperatur abhängig und wird ebenfalls für den Fixpunkt angegeben, im vorliegenden Fall $\sigma = 13{,}15$.

2.2 Kritischer Punkt

Bei Druckerhöhung wird die Dichte eines Gases immer höher, bei Temperaturerhöhung werden Dichte und Viskosität einer Flüssigkeit immer kleiner. Je weiter man auf der Siedelinie voranschreitet, desto ähnlicher werden Gas und Flüssigkeit. Die Siededruckkurve endet am *kritischen Punkt*, wo flüssige und gasige Phase identisch sind. Tab. 2.1 gibt einige Zahlenwerte für Wasser an. Abb. 2.5 zeigt die Dichte von Wasser und Dampf als Funktion der Temperatur bis zum kritischen Punkt.

T °C	p 100 kPa	ρ_l kg/m^3	ρ_g kg/m^3
0,01	0,006	1.000	0,005
25	0,03	997	0,02
100	1	960	0,6
180	10	890	5
360	190	530	14
374	220	322	322

Tab. 2.1: Koordinaten der Siededruckkurve von Wasser sowie Dichte der gasigen und flüssigen Phase in gerundeten Werten. Der kritische Punkt liegt bei (647,096 K | 22,064 MPa).

Im Alltag sind Flüssigkeiten und Gase so grundverschieden, dass man sich nicht vorstellen kann, wie die Phasengrenze zwischen Flüssigkeit und Gas am kritischen Punkt

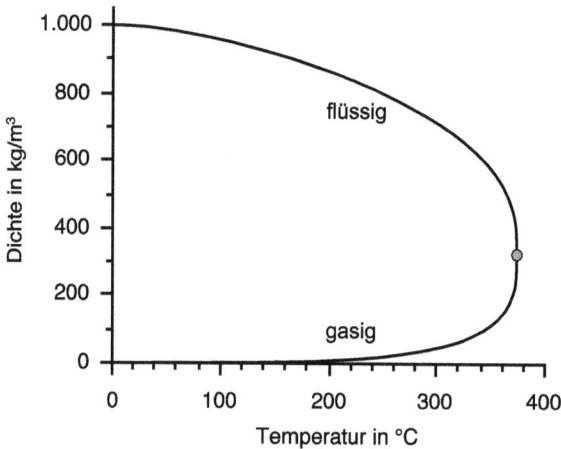

Abb. 2.5: Dichte der flüssigen Phase und gasigen Phase von Wasser bei Siededruck. Die beiden Graphen treffen sich am kritischen Punkt. Die zugehörigen Druckwerte bei ausgewählten Temperaturen sind in Tab. 2.1 angegeben.

einfach verschwinden könnte. Zur experimentellen Demonstration nimmt man Reinstoffe mit kritischen Punkten etwas oberhalb der Raumtemperatur, wie Schwefelhexafluorid, Kohlendioxid oder Ethan. Abb. 2.6 zeigt eine Druckzelle mit Schwefelhexafluorid. Im ersten Bild (a) sieht man das gewöhnliche sprudelnde Kochen der flüssigen Phase bei Temperaturerhöhung. Kurz vor Erreichen des kritischen Punkts steigt das Volumen deutlich sichtbar an (b). Am kritischen Punkt löst die Phasengrenze sich auf (c). Die gelbliche Tönung wird durch extrem feine Flüssigkeitstropfen verursacht, die im etwas kühleren Bereich der Zelle kondensieren. Oberhalb des kritischen Punkts ist der Aggregatzustand gasig, weil es keine Oberfläche mehr gibt. Geringe Temperaturunterschiede verursachen Unterschiede im Brechungsindex, so dass das überkritische Gas starke Schlieren zeigt. Diese sind in Bild (d) durch einen vertikalen optischen Kontrast im Bildhintergrund hervorgehoben. Bei weiterem Temperaturanstieg um wenige Kelvin wird das Gas optisch homogen. Bei Abkühlung aus dem überkritischen Bereich in die flüssige Phase beobachtet man das Phänomen der kritischen Opaleszenz: Dichter Nebel bildet sich unmittelbar nach Unterschreiten der kritischen Temperatur. Erst nach und nach bilden sich größere Tropfen, die abregnen (e) und schließlich wieder die flüssige Phase mit Oberfläche bilden (f). Die direkte Projektion mit Diaprojektor und Bildumkehr zeigt feinere Details als eine Videoaufnahme. Aus dem breiten Angebot an Internetvideos zum kritischen Punkt von CO_2 ragt die Arbeit von Futterlieb et al. [34] heraus.

2.3 Tripelpunkt

Neben der Phasengrenze flüssig–gasig gibt es eine Phasengrenze fest–flüssig. Da der Schmelzpunkt kaum vom Druck abhängt, verläuft der Graph im p,T-Diagramm viel steiler als die Siededruckkurve. Deshalb gibt es einen Schnittpunkt der Schmelzdruck-

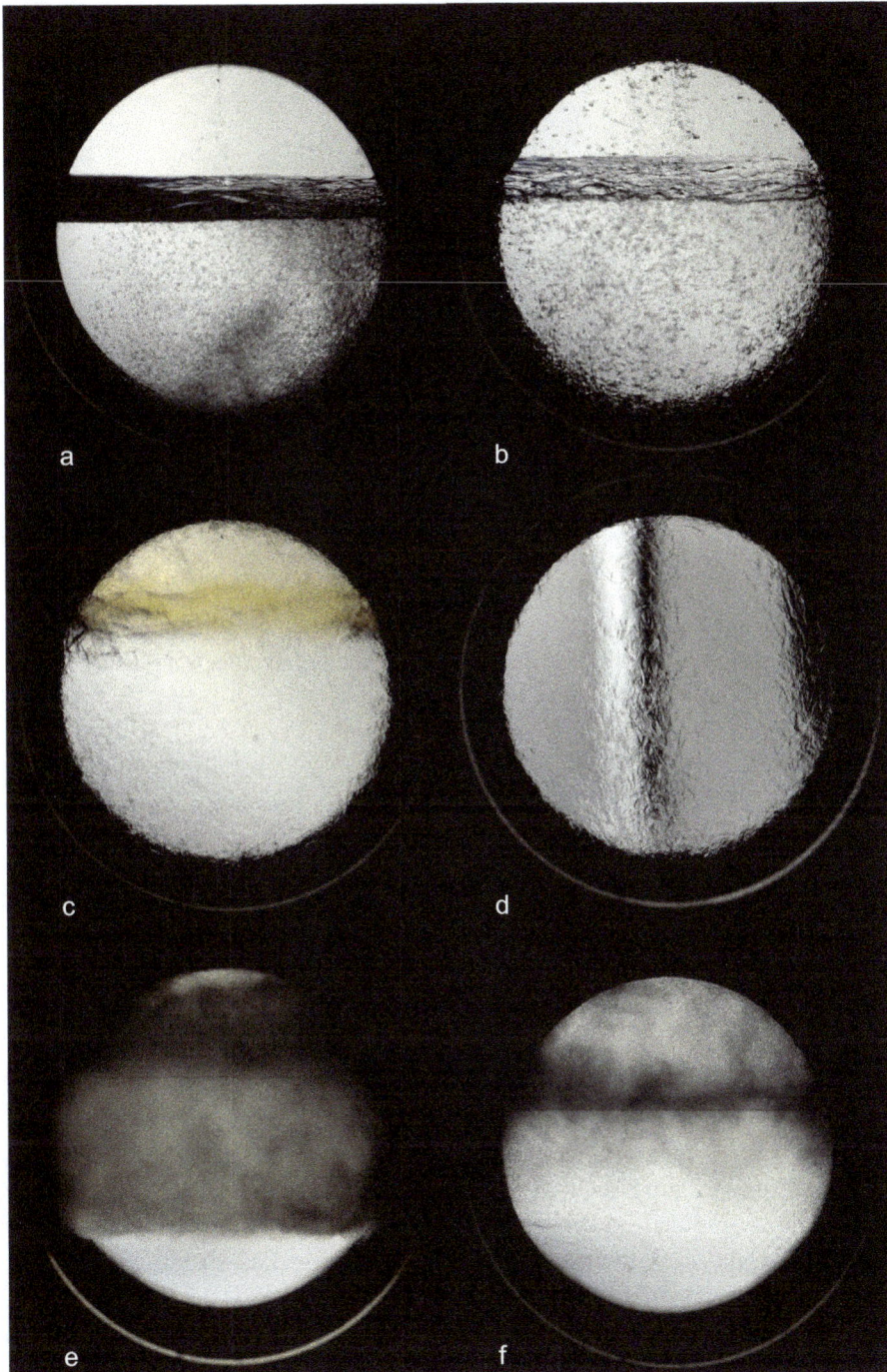

Abb. 2.6: Blick in eine Dampfzelle mit Schwefelhexafluorid in der Nähe des kritischen Punkts.

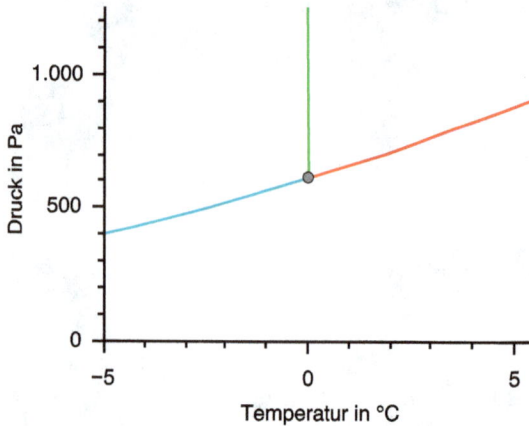

Abb. 2.7: Tripelpunkt von Wasser bei (0,01 °C | 612 Pa). Die Sublimationslinie (blau) ist geringfügig steiler als die Siedelinie (rot). Die Schmelzlinie (grün) ist nicht ganz senkrecht, sondern geht zu niedrigerer Temperatur bei höherem Druck. Vielfach werden diese Unterschiede überzeichnet; hier sind die tatsächlichen Messwerte gezeigt.

kurve und der Siededruckkurve, den *Tripelpunkt*. Man kann sich im p,T-Diagramm in Abb. 2.7 dem Tripelpunkt auf zwei Arten gedanklich annähern: Erstens über die Siedekurve, also mit dem flüssig–gasigen Phasengemisch und zweitens über die Schmelzkurve, also mit dem fest–flüssigen Phasengemisch, jeweils unter Absenkung des Drucks. Am Schnittpunkt der beiden Kurven findet man alle drei Phasen gleichzeitig.

> Am Tripelpunkt sind feste, flüssige und gasige Phase eines Reinstoffs im thermischen Gleichgewicht.

Wenn man die drei Phasen eines Reinstoffs gleichzeitig beobachtet und Gewissheit über das thermische Gleichgewicht hat, kennt man ohne weiteres Zutun Druck und Temperatur. Das macht man sich für die Eichung von Thermometern zunutze. Besondere Bedeutung hat der Tripelpunkt von Wasser bei (273,16 K | 612 Pa).

> Die Temperatureinheit Kelvin wurde von 1954 bis 2019 durch den absoluten Nullpunkt und den Tripelpunkt des Wassers bei 273,16 K definiert. Seit 2019 basiert die Einheit Kelvin theoretisch auf dem Planck'schen Wirkungsquantum, messtechnisch auf dem Quanten-Hall-Effekt [50].

Die zweite Nachkommastelle der Zahl 273,16 ist kein Druckfehler. Die Schmelztemperatur am kritischen Punkt ist um 0,01 K höher als bei Normaldruck. Die Festlegung der Kelvin- und Celsius-Skalen über den Tripelpunkt des Wasser ist nicht nur ein theoretisches Konstrukt, sondern findet auch praktische Anwendung bei der Eichung von Thermometern in der Tripelpunktzelle, die in Abb. 2.8 gezeigt ist.

---

i Wie genau ist eine Thermometereichung mit Eis–Wasser-Gemisch außerhalb des Tripelpunkts? Am Tripelpunkt ist die Schmelztemperatur um 0,01 K größer als bei Normaldruck. Die Änderung $\partial T_{sl}/\partial p = -10^{-7}$ K/Pa ist zwischen Tripelpunkt und Normaldruck nahezu konstant. Gewöhnliche wetterbedingte Luftdruckschwankungen sind von der Größenordnung 10 kPa. Ohne Kontrolle des Luftdrucks erreicht man für die Temperatur des Eis–Wasser-Gemischs eine Genauigkeit von 10^{-3} K, was für viele praktische Fälle ausreicht. Mit Bestimmung des Luftdrucks auf 100 Pa genau und entsprechender Korrektur der Temperatur käme man auf 10 μK Fehler.

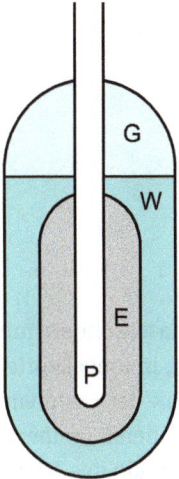

Abb. 2.8: Tripelpunktzelle für die Eichung von Thermometern. Das Gemisch aus Eis E und flüssigem Wasser W legt die Temperatur fest. Im Gleichgewicht mit der Gasphase G beträgt der Druck 612 Pa. Durch Abkühlung des Probenraums P mit Trockeneis wird ein Eismantel gefroren, der durch kurze Erwärmung abgeschmolzen wird und dann auf einem Wasserfilm über den Probenraum gestülpt bleibt. Der Eismantel ist wegen der Reinheit des Wassers ganz klar und deshalb schlecht zu photographieren.

In der Praxis ist der absolute Fehler bei Eichung mit der Tripelpunktzelle selten kleiner als 100 μK, also deutlich größer als aufgrund der Überschlagsrechnung erwartet. Der festgelegte Druck p_{tr} ist nur ein theoretischer Vorteil; tatsächlich wird die Genauigkeit durch die Reinheit des Wassers begrenzt und zum Teil auch durch die Geometrie der Zelle, die ja für das zu eichende Thermometer offen sein muss. Die Tripelpunktzelle ist trotz dieser Einschränkungen viel genauer als ein offener Becher mit einem Eis–Wasser-Gemisch. Darin sind nicht nur Ionen als Verunreinigung durch Handhabung des Wassers mit Gefäßen, sondern auch Gase gelöst, wodurch der Gefrierpunkt erniedrigt wird. Für die geschlossene Tripelpunktzelle lohnt sich der einmalige Aufwand, den Glasbehälter nach allen Regeln der Kunst zu putzen, zu evakuieren und hochreines Wasser einzufüllen.

Da die Einteilung der absoluten Temperaturskala zwischen den Fixpunkten 0 K und 276,16 K auf einem abstrakten Konzept beruht, das sich nicht unmittelbar für die Eichung von Thermometern eignet, hat man für praktische Anwendungen die Tripelpunkte von Wasserstoff, Neon, Sauerstoff, Argon, Quecksilber und Wasser genau vermessen und als Referenzwerte publiziert (ITS-90). Die Tripelpunkte $(T_{tr}|p_{tr})$ und kritischen Punkte $(T_{cr}|p_{cr})$ einiger Reinstoffe sind in Tab. 2.2 angegeben.

	T_{tr} K	p_{tr} Pa	T_{cr} K	p_{cr} MPa
Wasserstoff H_2	13,8033	7.040	33,2	1,3
Neon Ne	24,5561	4.320	44,4	2,76
Sauerstoff O_2	54,3584	152	154,6	5,05
Argon Ar	83,8058	68.900	150,8	4,87
Ethan C_2H_6	89,89	0,8	305,3	4,87
Xenon Xe	161,3	81.500	289,8	5,84
Ammoniak NH_3	195,4	6.076	405,5	22,28
Kohlendioxid CO_2	216,55	517.000	304,2	7,38
Schwefelhexafluorid SF_6	223,555	231.400	318,7	3,76
Quecksilber Hg	234,3156	0,000165	1.764	167
Wasser H_2O	273,1600	611,7	647,1	22,06
Jod I_2	386,65	121.00	819	11,7

Tab. 2.2: Tripelpunkte ($T_{tr}|p_{tr}$) und kritische Punkte ($T_{cr}|p_{cr}$).

2.4 Sublimation

Bei Temperatur unterhalb des Tripelpunkts existiert keine flüssige Phase, sondern nur gasige und feste. Der Phasenübergang fest–gasig heißt Sublimation, in umgekehrter Richtung Resublimation. Abb. 2.9 zeigt ein Gefäß mit Jod-Kristallen, die bei Raumtemperatur sublimieren. Der Graph des Sublimationsdrucks geht mit höherer Temperatur mit einem geringfügigen Knick in den Siededruck über. Weit unterhalb des Tripelpunkts wird der Sublimationsdruck sehr klein. Für viele – aber nicht alle – Reinstoffe existiert eine Temperatur, bei der die feste Phase bei verschwindendem Druck stabil ist. Wenn es anders wäre, könnte es keinen interstellaren Staub geben. Oberhalb der kritischen Temperatur geht die gasige Phase bei extrem hohem Druck direkt in die feste Phase über, so dass man auch dort von Sublimation sprechen kann. Bei Wasser ist der notwendige Druck größer als 1 GPa, bei Kohlendioxid mit seiner viel tieferen kritischen Temperatur immerhin noch 600 MPa, siehe Abb. 2.10. Die Sublimation oberhalb

Abb. 2.9: Sublimation und Resublimation von Jod in einer Dampfzelle. Im Laufe der Zeit verändern sich die Kristalle, ohne dass das Jod flüssig wird. Die charakteristische violette Färbung des Joddampfs ist wegen des geringen Sublimationsdrucks bei Raumtemperatur nicht sichtbar. Bei Erwärmung entstehen keine Schwaden, sondern die Färbung der Gasphase wird gleichmäßig intensiver – ein Zeichen für die Abwesenheit von Luft.

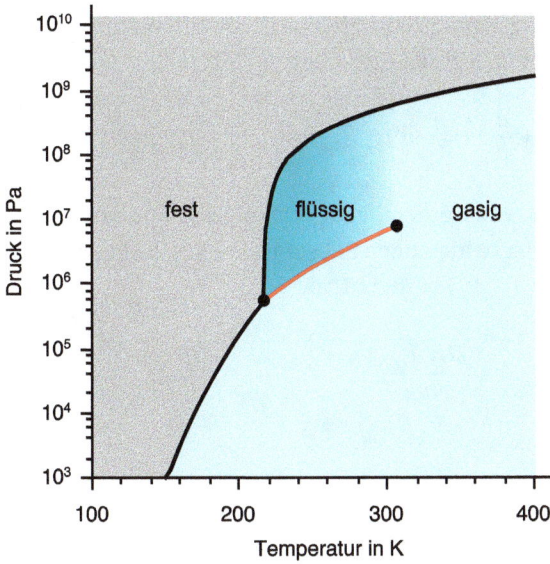

Abb. 2.10: Phasendiagramm des Kohlendioxids über einen weiten Bereich. Man erkennt den Knick zwischen Schmelzkurve und Siedekurve. Auf großer Skala erscheint die flüssige Phase oberhalb der roten Schmelzlinie als kleines Anhängsel; Tripelpunkt und Siedepunkt liegen nicht sehr weit auseinander. Phasendiagramme von Reinstoffen sehen grundsätzlich so aus und unterscheiden sich lediglich in Zahlenwerten und geringfügigen Verformungen. Bei extrem hohem Druck werden alle Stoffe fest, egal wie heiß sie sind.

des kritischen Punkts spielt in der Astronomie eine wichtige Rolle, beispielsweise in den Gasplaneten Jupiter und Saturn.

2.5 Zustandsgleichung realer Gase

Die ideale Gasgleichung beschreibt die Zustände realer Gase wie Luft, Methan, CO_2 und so weiter sehr genau, so lange die Temperatur oberhalb der Siedetemperatur ist. Unterhalb der Siedetemperatur versagt sie völlig: Die flüssige Phase ist überhaupt nicht vorgesehen. Abb. 2.11 zeigt die gemessenen Werte für gasiges Argon im Vergleich

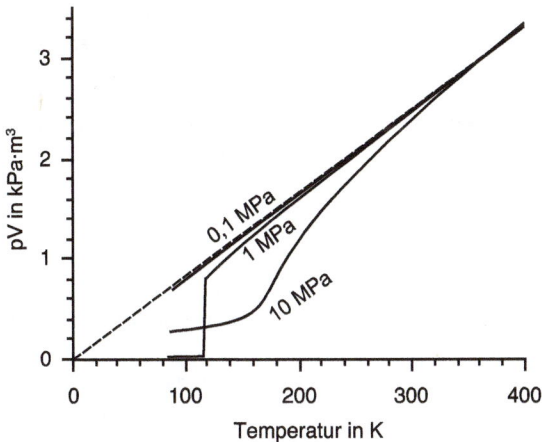

Abb. 2.11: Reales Gas Argon. Die Daten stammen aus einem Modell für flüssiges und gasiges Argon, daher fehlen Daten unterhalb 84 K für den festen Aggregatzustand. Solange der Druck klein gegen den kritischen Druck ist (Argon: 4,87 MPa), verhält sich Argon oberhalb des Siedepunkts über den gesamten Temperaturbereich nahezu ideal. Dies gilt auch für jedes andere Gas.

mit den idealen Werten. Abweichungen treten bei höherem Druck auf, vor allem in der Nähe des kritischen Drucks. Die van-der-Waals-Gleichung[1]

$$\left(p + \frac{a}{\hat{V}}\right) \cdot (\hat{V} - b) = RT \tag{2.2}$$

modelliert das Verhalten realer Gase mit ordentlicher Genauigkeit. Der Sattelpunkt bei (T_k, p_k) ist der kritische Punkt der betreffenden Substanz. Die Koeffizienten a und b sind durch den kritischen Punkt $(T_{cr}|p_{cr})$ bestimmt mit

$$a = \frac{27R^2 T_{cr}^2}{64 p_{cr}} \tag{2.3}$$

$$b = \frac{RT_{cr}}{8 p_{cr}}. \tag{2.4}$$

Abb. 2.12 zeigt die Graphen der van-der-Waals-Gleichung.

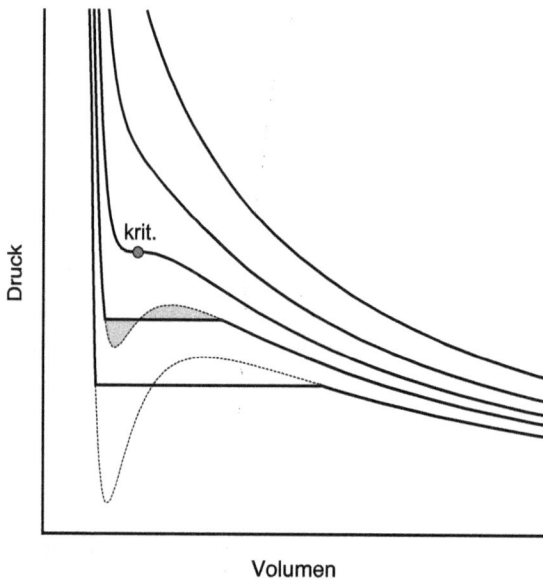

Abb. 2.12: Isothermen aus van-der-Waals-Gleichung. Bei hoher Temperatur findet man Hyperbeln wie beim idealen Gas. Der Graph durch den kritischen Punkt hat einen Sattelpunkt. Bei noch tieferen Temperaturen hat der Graph einen Wendepunkt wie im gestrichelten Verlauf. Tatsächlich kondensiert das Fluid beim konstanten Siededruck. Die beiden grauen Flächen zwischen van-der-Waals-Graph und horizontaler Siedelinie haben den gleichen Inhalt.

---

[1] Johannes Diderik van der Waals (1837–1923) wurde 1910 mit dem Nobelpreis geehrt. Seine Theorie basiert auf wechselwirkenden Molekülen mit bestimmtem Durchmesser. Darauf kommen wir in Kapitel 11 zurück. Die van-der-Waals-Gleichung wird an dieser Stelle als mathematisches Modell aufgefasst, mit dem Messwerte beschrieben werden. Mit zusätzlichen Termen kann die Passung an Messwerte erhöht werden.

2.6 Allotropie

Ein Reinstoff kann mehrere feste Phasen haben, die sich physikalisch und in ihrer chemischen Reaktionsbereitschaft voneinander unterscheiden. Der Diamant und der Graphit sind *allotrope* Phasen des Kohlenstoffs; der Aragonit, Calcit und Vaterit sind Phasen des Calciumcarbonats. Calcit ist bei Normalbedingungen die stabile Phase. Die Allotropie von Festkörpern ist relevant, weil viele Hochtemperaturphasen bei Raumtemperatur metastabil sind. Bestes Beispiel ist der Diamant, ein Sinnbild von Härte und Beständigkeit. Die Umwandlung von Diamant zu Graphit wurde schon 1772 von Lavoisier[2] gezeigt. Die metallische Phase β-Zinn geht unterhalb von 13,2 °C in das halbmetallische α-Zinn über; dabei wird feste metallische Struktur zerstört. Diese *Zinnpest* kann Prospektpfeifen in Kirchenorgeln bedrohen, wenn sie für ein prächtiges Aussehen aus reinem Zinn gegossen wurden.

2.7 Anomalie des Wassers

Es ist für uns selbstverständlich, dass Eis auf dem Wasser schwimmt, weil es eine geringere Dichte hat. Tatsächlich ist das Verhalten des Wassers eine seltene Ausnahme, die uns nur nicht wundert, weil wir das Erstarren anderer Stoffe nicht beobachten. Fast alle Reinstoffe haben im festen Aggregatzustand eine höhere Dichte als im flüssigen. Die Anomalie des Wassers besteht nicht nur in der geringen Dichte des Eises, sondern auch im Dichtemaximum zwischen dem Schmelzpunkt und dem Siedepunkt, siehe Abb. 2.13. Bei Normaldruck befindet sich das Dichtemaximum von 999,975 kg/m^3 bei 4 °C. Bei 0 °C ist die Dichte von 999,843 kg/m^3 um 0,01 % kleiner. Der Effekt ist zu klein, um mit Schulmitteln gezeigt zu werden.

Bei den chemischen Elementen Bismut, Gallium, Germanium, Plutonium und Silicium hat die Schmelze ebenfalls eine höhere Dichte als der feste Kristall. Bei allen

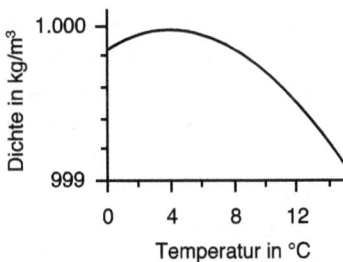

Abb. 2.13: Dichteanomalie des Wassers. Bei 4 °C ist die Dichte maximal.

---

2 Antoine Laurent de Lavoisier /lavwaˈzje/ (1743–1794) schuf viele Grundlagen der modernen Chemie. Obwohl er schon zu Lebzeiten berühmt war, wurde er im Zuge der Französischen Revolution enthauptet.

Reinstoffen mit dieser Eigenschaft verläuft die Schmelzkurve mit negativer Steigung, d. h. mit zunehmendem Druck nimmt die Schmelztemperatur ab.

Eislaufen funktioniere, so ist oft zu hören, weil zwischen Kufe und Eis ein hoher Druck herrsche und die Schmelztemperatur des Eises mit dem Druck sinke. Das ist falsch, denn der Effekt viel zu klein: bei 100 bar Druck ist die Schmelztemperatur noch oberhalb −0,8 °C. Der Wasserfilm, auf dem die Kufe gleitet, entsteht durch Reibung – sie ist geringer als bei Schuhsohlen, aber ist doch hinreichend, um durch Reibungswärme genügend Eis zu schmelzen [25].

2.8 Flüssiggase

Technisch bedeutende Gase wie Kohlendioxid, Propan, Butan, und so weiter lassen sich besser transportieren, wenn sie zur Flüssigkeit kondensiert sind. Prinzipiell gibt es zwei Möglichkeiten, nämlich erstens die Abkühlung unter die Siedetemperatur bei Normaldruck und Transport in einem Isolierbehälter; zweitens die Kompression auf den Siededruck bei Umgebungstemperatur und den Transport in einem Druckbehälter. Letztere Methode setzt einen kritischen Punkt oberhalb der Umgebungstemperatur voraus. Unter Druck verflüssigte Gase bilden das Phasengleichgewicht bei Siededruck. Bei gegebener Temperatur ist der Druck in einer Gasflasche also unabhängig von der Füllmenge, solange ein flüssiger Rest vorhanden ist; die Füllmenge muss durch Wiegen bestimmt werden. CO_2 kann im Alltag leicht über den kritischen Punkt kommen (31,4 °C), und das schadet überhaupt nicht. Der Druck als Funktion der Temperatur macht keinen Sprung. Allein das plätschernde Geräusch einer gefüllten CO_2-Flasche verschwindet mit der flüssigen Phase.

2.9 Luftfeuchtigkeit

Das Phasendiagramm des Wassers scheint auf den ersten Blick ein wichtiges Alltagsphänomen nicht zu berücksichtigen: Bei Raumtemperatur und Normaldruck ist man laut Phasendiagramm eindeutig im Bereich der flüssigen Phase. Bekanntlich *verdunstet* Wasser, es geht von allein in den gasigen Zustand über. Dabei bleibt die flüssige Phase ruhig. Wir müssen bedenken, dass bei der Verdunstung nicht nur der Reinstoff Wasser, sondern auch Luft im Spiel ist. Betrachten wir einen Becher mit Wasser in einem Zimmer mit Luft. Es liegen zwei Phasen vor, nämlich die flüssige Phase des Wassers im Becher und die gasige Phase der Luft im Zimmer. Die Grenzfläche ist die Wasseroberfläche, die durchlässig ist für Wasser und Luft. In beiden Phasen herrscht der Luftdruck. Während die flüssige Phase ein Reinstoff bleibt, weil die Löslichkeit von Luft vernachlässigbar klein ist, kann die Luft mit gasigem Wasser ein Gemisch bilden. In der feuchten Luft hat das gasige Wasser einen gewissen Partialdruck. In trockener Luft ist der Partialdruck des Wassers Null. Er steigt an, wenn Wasser an der Oberfläche in das Zimmer verdunstet, bis er den Wert auf der Siededruckkurve erreicht. Dann ist die gasige Phase mit Wasser gesättigt, und die Luft kann kein weiteres gasiges Wasser aufnehmen. Das gesamte System aus Becher und Zimmer ist im Gleichgewicht. Der Zustand ist quantitativ im Einklang mit dem Phasendiagramm des Wassers, wenn man das Prinzip der Partialdrucke mitdenkt. Im Kontext der feuchten Luft sagt man für den Siededruck auch *Sättigungsdruck* oder *Sättigungsdampfdruck*.

Warum kocht Wasser nicht, wenn es verdunstet? Blubberndes Kochen ist die Ausnahme für einen Phasenübergang. Wasser geht immer in die gasige Phase über, solange ein leeres oder luftgefülltes Volumen vorhanden ist, in dem der Partialdruck des Wassers unterhalb des Siededrucks liegt. Im flüssigen Wasser ist der Druck normalerweise der atmosphärische Druck, zuzüglich Schweredruck in der Tiefe, so dass sich im Wasser keine gasige Phase ausbilden kann. Wenn bei Normaldruck 101,3 kPa die Temperatur erhitzten Wassers 100 °C erreicht, wird das Wasser nicht nur an der Phasengrenze gasig, sondern auch innerhalb der flüssigen Phase, weil auch hier der Siededruck von 101,3 kPa erreicht, bzw. leicht überschritten wird. Es bilden sich Blasen von gasigem Wasser, die durch Auftrieb nach oben an die Phasengrenze wandern.

Der Wassergehalt von Luft wird *Luftfeuchtigkeit* oder kurz *Luftfeuchte* genannt. Die Luftfeuchtigkeit ist für das menschliche Wohlbefinden, aber auch in der Technik wichtig. Den Partialdruck des Wassers kann man mit der Gasgleichung und der molaren Masse in Dichte umrechnen, die man absolute Luftfeuchtigkeit nennt und in g/m^3 angibt.

Gegeben sind die Temperatur und der zugehörige Siededruck. Aus der Gasgleichung

$$pV = nRT \tag{2.5}$$

wird das spezifische Volumen $\frac{V}{n}$ berechnet. Der Quotient aus molarer Masse M und dem spezifischen Volumen ist die Dichte ρ_{sat} der wassergesättigten gasigen Phase:

$$\rho_{sat} = \frac{Mp_{lg}}{RT_{lg}}. \tag{2.6}$$

Bei 20 °C und Normaldruck beträgt die Sättigungsdichte von Wasser in Luft 17 g/m^3. Der Partialdruck in Pa oder die absolute Luftfeuchtigkeit, also Wassergehalt in g/m^3, sind in der Praxis weniger gebräuchlich als die relative Luftfeuchtigkeit, der Quotient aus Partialdruck und Siededruck bei einer bestimmten Temperatur. Eine relative Luftfeuchtigkeit von 40 % bedeutet, dass der Partialdruck des Wassers das 0,4-fache des Sättigungswerts beträgt.

Eine gegebene relative Feuchtigkeit bei Temperatur T_0 kann in den entsprechenden Partialdruck und schließlich in eine äquivalente Temperaturangabe umgerechnet werden, den *Taupunkt*. Das ist die Temperatur, bei der mit dem gegebenen Partialdruck die Siedekurve gerade erreicht ist. Befinden sich in feuchter Luft Gegenstände mit einer Temperatur unterhalb des Taupunkts, so kondensiert an ihnen das Wasser,

Abb. 2.14: Kondensation von Wasser aus der feuchten Luft an einem Becher mit Eiswasser.

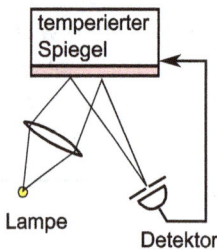

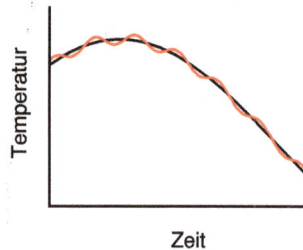

Abb. 2.15: Spiegelhygrometer. Das Beschlagen des Spiegels verursacht eine starke Helligkeitsreduktion im Detektor durch Streuung. Ein elektronischer Regler lässt die Temperatur des Spiegels (rot) harmonisch um den Taupunkt (schwarz) schwanken.

siehe Abb. 2.14. Bei einer kühlen Bierflasche mag man das hinnehmen, aber bei einer kalten, schlecht isolierten Wohnungswand würde sich im Laufe der Zeit Schimmel an der feuchten Stelle bilden. Deshalb ist der Taupunkt eine wichtige Größe in der Bauphysik. Der Taupunkt wird direkt an einer temperierten spiegelnden Fläche gemessen. Diese Fläche wird abwechselnd leicht gekühlt und erwärmt, so dass sie periodisch beschlägt. Das Beschlagen wird optisch nachgewiesen. Abb. 2.15 zeigt das Prinzip. Mit dieser genauen Methode können zusammen mit dem Messwert der Lufttemperatur und der Siededruckkurve die absolute Luftfeuchtigkeit in g/m^3 und die relative Luftfeuchtigkeit in % bestimmt werden. Die relative Luftfeuchtigkeit kann unmittelbar mit dem Haarhygrometer in Abb. 2.16 gemessen werden. Das abgeschnittene menschliche Haupthaar ist langzeitstabil und ändert seine Länge reproduzierbar mit der relativen Luftfeuchtigkeit, und zwar um etwa 2,5 % zwischen trockener und gesättigter Luft. Über eine Mechanik wird die Längenänderung auf einer Skala angezeigt.

Viele weitere organische Stoffe stehen mit ihrem Wassergehalt im Gleichgewicht mit der feuchten Luft und ändern ihre Dimension mit der relativen Feuchtigkeit. Das Holz behält seine Länge, aber es quillt und schwindet quer zur Faser um bis zu 1 %. Das *Arbeiten* des Holzes bestimmt die Konstruktion von Möbeln auf charakteristische

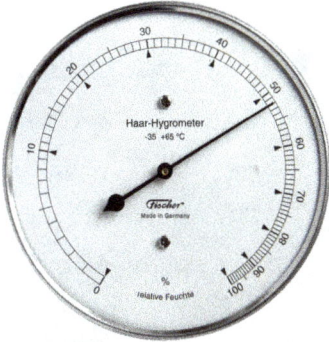

Abb. 2.16: Haarhygrometer. Die Nichtlinearität der Skala ist charakteristisch für ein Instrument mit echtem Haar. ©K. Fischer GmbH.

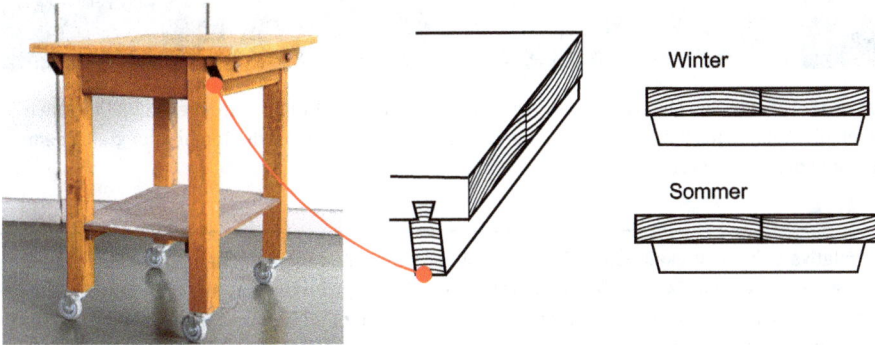

Abb. 2.17: Gratleiste an einer Tischplatte. Die Platte wird eben gehalten, aber sie kann in der Breite frei arbeiten. Der alte Labortisch aus Massivholz ist wertvoll für die Physiksammlung, weil Platte und Zargen frei von Eisenteilen sind. Nur auf diesem Tisch sind anständige Versuche mit Kompassnadeln möglich.

Weise [52]. Abb. 2.17 zeigt die handwerklich korrekte Gratleiste an einem Labortisch aus massivem Buchenholz.

In freier Natur liegt der Partialdruck des allgegenwärtigen Wassers unterhalb des Siededrucks, weil durch die Temperaturschichtung der Atmosphäre das Wasser in höheren, kühleren Schichten kondensiert und ausregnet, so dass absteigende, wärmere Luftpakete ungesättigt sind. Die Höhe, in der die Luft gerade gesättigt ist, kann man oft in Form einer klaren Untergrenze der Wolkenschicht erkennen, siehe Abb. 2.18.

Das menschliche Wohlbefinden wird sowohl von der relativen Luftfeuchtigkeit als auch vom Taupunkt bestimmt. Im Winter kann der Taupunkt der Außenluft schon bei moderatem Frost auf −20 °C sinken, dann ist die Luft sehr trocken. Die Befeuchtung der Luft im Wohnraum ist angeraten, wie unten vorgerechnet wird. Im Sommer gilt die Luft als *schwül*, wenn der Taupunkt über 16 °C liegt.

Abb. 2.18: Lockere Bewölkung an einem windigen Frühlingstag. Trotz der unregelmäßigen Formen haben die Wolken gleichmäßig flache Unterseiten. Auf dieser Höhe ist die Temperatur gleich dem Taupunkt der feuchten Luft.

Die relative Luftfeuchtigkeit von 40 % gilt als Minimalwert für geheizte Innenräume. Eine Wohnung habe ein Volumen von $240\,m^3$. Durch kontrollierte Belüftung wird die Luft alle zwei Stunden ausgetauscht. Das Wetter sei trüb und kalt, der Taupunkt liege bei $-3\,°C$. i) Berechne die relative Luftfeuchtigkeit im Haus aufgrund des Wassergehalts der Außenluft. ii) Die Bewohner betreiben einen Luftbefeuchter. Wie viel Wasser muss dieser verdunsten, damit die relative Luftfeuchtigkeit bei $20\,°C$ auf 40 % erhöht wird?

Zu i) Bei $-3\,°C = 270\,K$ ist die Phasengrenze im Phasendiagramm bei $400\,Pa$. Allerdings handelt es sich nicht um die Grenze flüssig–gasig, sondern fest–gasig. Das macht nichts, weil wir uns für die gasige Phase interessieren. Diese enthält gemäß Gl. (2.6) $3,2\,g/m^3$ Wasser. Bei $20\,°C$ entspricht das einer relativen Luftfeuchtigkeit von $3,2/17 = 19\,\%$. Zu ii) Um auf 40 % zu kommen, muss jedem Kubikmeter frischer Luft $0,4 \cdot 17\,g - 3,2\,g = 3,6\,g$ Wasser zugefügt werden. Bei zwölf Luftwechseln pro Tag sind das $10,4\,kg$ Wasser. Der Wert reduziert sich in der Praxis, weil durch Atmen, Kochen und Bügeln zusätzlich Wasser verdunstet. Trotzdem gilt: Ein Luftbefeuchter, der nicht mehrere Liter Wasser pro Tag verdunstet, ist beinahe nutzlos. Im Altbau hat man keine Lüftungsanlage, sondern unkontrollierte Lüftung durch allerlei Ritzen.

3.1 Phasenübergang als Prozess

Die Beschreibung von Aggregatzuständen mit Temperatur und Druck stößt an eine Grenze, wenn man nicht nur Gleichgewichte betrachtet, sondern Zustandsänderungen beschreiben möchte, beispielsweise das Schmelzen von Eis. Erfahrungsgemäß kann man eine Menge Eis lange heizen, ohne dass die Temperatur von 0 °C ansteigt, der einzige Effekt ist das Schmelzen. Zum Schmelzen muss *Wärme übertragen* werden, und zwar desto mehr, je mehr Eis geschmolzen werden soll. Die Menge der Wärme ist entscheidend, nicht die Temperatur, denn die bleibt bei konstant 0 °C. Für die Natur ist das eine ganz wichtige Sache: Winterliche Niederschläge haben sich über Wochen als Schneedecke angesammelt. Würde diese am ersten warmen Tag augenblicklich schmelzen, gäbe es verheerende Überschwemmungen. Umgekehrt gilt auch: Für das Gefrieren muss dem kalten Wasser die gleiche Menge Wärme entzogen werden, die beim Schmelzen hineingekommen ist. Daher dauert es auch bei starkem Frost viele Tage, bis sich auf Gewässern eine belastbare Eisdecke bildet. In jedem Winter kommen dumme Jungs zu Schaden, die das nicht wahrhaben wollen.

Schon in der Antike hat man das langsame Schmelzen von Eis für die Kühlung von Speisen genutzt. Das physikalische Phänomen ist jedoch erst im 18. Jahrhundert von Joseph Black (1728–1799) analysiert und als *latente Wärme* bezeichnet worden – erstaunlich spät in Hinblick auf den schon Jahrhunderte gebräuchlichen Temperaturbegriff. Die seinerzeit aufkommende experimentelle Analyse von Wärmeprozessen ist wohl Voraussetzung für die wissenschaftliche Formulierung gewesen.

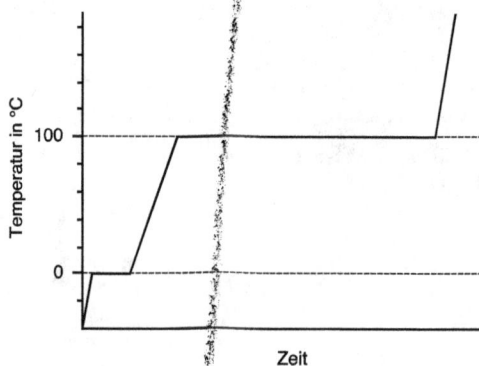

Abb. 3.1: Temperatur als Funktion der Zeit bei gleichmäßigem Heizen einer bestimmten Wassermenge. Hier wird der theoretische Graph gezeigt, weil das vollständige Experiment praktisch kaum durchführbar ist. Unterhalb 0 °C gibt es räumliche Temperaturunterschiede im Eis und bei 100 °C nimmt das Volumen um einen Faktor 1.600 zu. In der Schule kann man den mittleren Teil der Kurve experimentell überprüfen.

Abb. 3.1 zeigt die Temperatur als Funktion der Zeit beim gleichmäßigen Heizen einer Wassermenge. Das Erwärmen von Wasser ist ein leicht durchführbares Schülerexperiment, an dem man viel lernen kann, wie folgendes Unterrichtsprotokoll zeigt [16]:

[...] wenige Chemiestunden später steht das destillierte Wasser im Brennpunkt des Interesses. Auf einem heizbaren Magnetrührer haben Schülerinnen und Schüler in Gruppen Eis aufgetaut und das

https://doi.org/10.1515/9783110495799-003

Wasser schließlich zum Sieden gebracht. Dabei wurde jede Minute die Temperatur gemessen und aus den Messwerten auf Millimeterpapier eine Kurve gewonnen.

„Mit wie vielen Stoffen hatten wir es bei diesem Versuch zu tun?" fragt der Lehrer. Überraschenderweise kristallisieren sich vier Meinungen heraus:

1. Meinung: (6 Kinder) Wir haben mit *1 Stoff* experimentiert.

1 Stoff, denn Eis ist gefrorenes (festes) Wasser. Zwischen 0 °C und 100 °C lag flüssiges Wasser vor. Dampf ist gasförmiges Wasser – also ein Stoff *Wasser* in drei Zustandsformen.

2. Meinung: (8 Kinder) Wir haben mit *2 Stoffen* experimentiert.

2 Stoffe, nämlich mit *Wasserstoff* (H) und Sauerstoff (O), weil doch [für] Wasser die Formel H_2O lautet.

3. Meinung: (2 Kinder) Wir haben mit *3 Stoffen* experimentiert.

3 Stoffe, nämlich mit *Eis* (ein fester Stoff), *Wasser* (ein anderer, flüssiger Stoff) und *Dampf* (ein dritter, gasförmiger Stoff); jeder Stoff hat seine eigenen Eigenschaften.

4. Meinung: (12 Kinder) Wir haben mit *4 Stoffen* experimentiert.

4 Stoffe, nämlich *Wärme* (ein Stoff, der von der Heizplatte durch das Glas in den Becher eindringt), zweitens *Eis*, drittens *Wasser* [eine Verbindung aus Eis und Wärme], und viertens *Dampf* [eine Verbindung aus Wasser und Wärme].

Die vierte Position findet überraschenderweise die meisten Anhänger. Wir modernen Chemielehrer haben den Wärmestoff ja längst verworfen. Aber für Lavoisier oder Gmelin, den Begründer des berühmten Handbuchs der Anorganischen Chemie – für sie sind alle Gase, also auch Wasserdampf, Verbindungen des Wärmestoffs (*calorique*). Das Inhaltsverzeichnis der 1. Auflage des Gmelin'schen Handbuchs, das der Lehrer mitgebracht hat, bestärkt diese SchülerInnen darin, dass sie vernünftig, wenn auch altmodisch gedacht haben. [...]

3.2 Extensität der Wärme

Das Mengenhafte der Wärme wird durch die Größe *Entropie* beschrieben. Wenn man in Gedanken vom historischen Begriff *caloricum* bzw. *calorique* oder von der Schülervorstellung *Wärmestoff* die Stoffeigenschaft wegnimmt, hat man schon eine ordentliche Vorstellung von der Entropie.

Die Entropie S ist eine mengenartige oder *extensive* Größe: Die Entropiewerte von Teilen eines Körpers ergeben addiert die gesamte Entropie, siehe Abb. 3.2. Die Temperatur hingegen ist eine *intensive* Größe, denn jeder Teil eines im thermischen Gleichgewicht befindlichen Körpers hat die gleiche Temperatur.

Von nun an verwenden wir das Wort *Wärme* ausschließlich als Oberbegriff für Temperatur T und Entropie S, so wie man *Elektrizität* sagt für elektrisches Potential ϕ und elektrische Ladung Q.

Abb. 3.2: Die Entropie eines zusammengesetzten Körpers ist die Summe der Entropien der einzelnen Körper.

Die Einheit der Größe Entropie S in Basiseinheiten lautet

$$[S] = \frac{\text{kg m}^2}{\text{s}^2\text{K}}. \tag{3.1}$$

Dem Vorschlag von Callendar [20] folgend, nennen wir die Einheit *Carnot* /kaʀˈno/,

$$1\,\text{Ct} = 1\,\text{kg m}^2\text{s}^{-2}\text{K}^{-1}. \tag{3.2}$$

Sie ist keine SI-Einheit und dient lediglich als Abkürzung für den komplizierten Ausdruck der Basiseinheiten. Die direkte Messung der Entropie eines Körpers ist schwierig, wie unten näher begründet wird. Zunächst verlassen wir uns auf Tabellenwerte als anerkannte wissenschaftliche Ergebnisse.

Das Schmelzen von Eis durch Heizen bedeutet physikalisch Schmelzen durch Zufuhr von Entropie. Bei konstanter Temperatur 0 °C enthält flüssiges Wasser mehr Entropie als Eis, siehe Abb. 3.3. Zwei gleiche Mengen reines Eis und reines Wasser bei jeweils 0 °C unterscheiden sich durch einen bestimmten Entropiewert mit der Bezeichnung *Schmelzentropie*. Um diesen Wert muss die Entropie der reinen Eismenge erhöht werden, um es vollständig zu schmelzen. Umgekehrt muss die Schmelzentropie entzogen werden, um Wasser bei 0 °C zu gefrieren. Entsprechendes gilt für den Phasenübergang flüssig – gasig, der durch die *Verdampfungsentropie* charakterisiert wird.

Abb. 3.3: Drei Becher mit gleichen Wassermengen jeweils bei 0 °C. Der Eisanteil nimmt von links nach rechts ab, die Entropie nimmt zu.

Taucht man einen Kupferklotz von 0 °C in einen Becher mit Eis–Wasser-Gemisch, so ändert sich am Mengenverhältnis von Eis und Wasser nichts, und die Temperatur des Kupferklotzes bleibt konstant. Wenn der Kupferklotz Raumtemperatur (20 °C) hat, kühlt er sich im Eis–Wasser-Gemisch auf 0 °C ab und gleichzeitig schmilzt ein Teil des Eises. Daran erkennt man, dass der warme Kupferklotz mehr Entropie enthält als der kalte. Zwei gleich schwere Kupferklötze bei Raumtemperatur schmelzen beim Eintauchen in das Eiswasser die doppelte Menge Eis. Das folgt unmittelbar aus der Extensität der Größen Entropie und Masse und kann leicht mit dem Experiment in Abb. 3.4 überprüft werden.

Abb. 3.4: Ein Kupferwürfel von 40 mm Kantenlänge und Raumtemperatur 20 °C wird in den eisgefüllten Trichter gelegt. Dabei schmilzt Eis und der Klotz kühlt sich auf 0 °C ab. Das Wiegen des ausgelaufenen Wassers ergibt etwa 11 g. Mit zwei Klötzen schmilzt die doppelte Menge.

3.3 Spezifische und molare Entropie

Die Entropie eines Körpers hängt vom Stoff ab, aus dem er besteht, d. h. bei gegebener Temperatur und Masse haben manche Körper mehr Entropie als andere. Zum Vergleich verschiedener Stoffe dient die spezifische Entropie $\tilde{S}$, also die Entropie pro Masse,

$$\tilde{S} = \frac{S}{m}. \tag{3.3}$$

Analog ist die molare Entropie

$$\hat{S} = \frac{S}{n} \tag{3.4}$$

definiert. Die Stoffmenge n ist eigentlich die sinnvollere Bezugsgröße für den Vergleich von Stoffen.

Wenn wir im nächsten Abschnitt die Temperaturfunktionen $T(S)$ für Gase und Festkörper vergleichen wollen, müsste man festlegen, feste und gasige Körper von jeweils gleicher Masse oder Stoffmenge zu vergleichen. Das würde die Einführung der spezifischen oder molaren Entropie durch die Hintertür bedeuten. Wir werden deshalb von vornherein nicht Funktionen $T(S)$ für bestimmte Körper betrachten, sondern $T(\hat{S})$ für bestimmte Stoffe.

Durch Division der Entropie mit der Masse entsteht aus der extensiven Größe Entropie S die intensive Größe spezifische Entropie $\tilde{S}$, ähnlich wie aus der extensiven Masse durch Division mit dem extensiven Volumen die intensive Größe Dichte ρ wird. Mit Dichte und spezifischer Entropie kann man verschiedene Materialien unterscheiden, aber keine kleinen Körper von großen Körpern. So praktisch wie $\tilde{S}$ und $\hat{S}$ für Berechnungen und Darstellungen sind, haben sie doch den Nachteil, dass sie nicht die Mengenartigkeit der Wärme widerspiegeln. Das kann nur die Entropie selbst. Wir werden also weiterhin mit Entropie argumentieren, weil es vielfach auf deren Mengenartigkeit ankommt. In Tabellen und Graphen wird ohne neuerliche Begründung die molare Entropie $\hat{S}$ angegeben.

3.4 Entropie und Temperatur

Bei idealen Gasen steigt die Temperatur exponentiell mit der Entropie. Abb. 3.5 zeigt die Temperaturfunktion $T(S)$ für Helium bei konstantem Druck. Sie ist in sehr guter Näherung quantifiziert durch

$$T(S) = T_0 e^{\frac{S}{C_p}}. \tag{3.5}$$

Die Größe C_p heißt Wärmekapazität. Ein großer Wert bedeutet einen geringeren Anstieg, d. h. der betrachtete Körper kann viel Entropie aufnehmen, ohne seine Temperatur stark zu ändern.

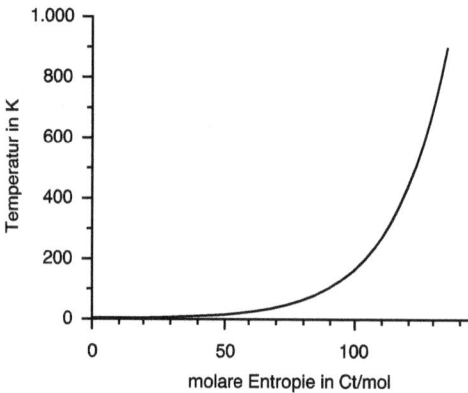

Abb. 3.5: Temperatur von Helium als Funktion der molaren Entropie $\hat{S}$.

Entsprechend zur spezifischen Entropie $\tilde{S}$ und molaren Entropie $\hat{S}$ gibt es die spezifische Wärmekapazität $\tilde{C}_p$ und die molare Wärmekapazität $\hat{C}_p$. Die Gl. (3.5) kann damit geschrieben werden als

$$T(\hat{S}) = T_0 \exp\left(\frac{\hat{S}}{\hat{C}_p} \right). \tag{3.6}$$

Für Helium sind die Koeffizienten $T_0 = 1{,}367$ K und $\hat{C}_p = 12{,}47$ kg m^{2}s^{-2}mol^{-1}K^{-1}.

Zur Bestimmung von C_p aus T und S ist es günstiger, die Umkehrfunktion $S(T)$ zu betrachten, weil man dann die Materialkonstante T_0 nicht kennen muss. Dazu logarithmiert man die Gl. (3.5) und erhält

$$S(T) = C_p(\ln T - \ln T_0). \tag{3.7}$$

Bisher haben wir stillschweigend angenommen, dass die Funktion bei konstantem Druck betrachtet wird. In Wirklichkeit hängt die Entropie eines Körpers vom Druck ab, vor allem bei Gasen. Wir präzisieren zu

$$S(T,p) = C_p(\ln T - \ln T_0) \tag{3.8}$$

und bilden die partielle Ableitung nach der Temperatur bei konstantem Druck,

$$\left(\frac{\partial S(T,p)}{\partial T}\right)_p = C_p \left(\frac{\partial \ln T}{\partial T} - \frac{\partial \ln T_0}{\partial T}\right). \tag{3.9}$$

Die Ableitung der Konstante T_0 verschwindet, und die Ableitung von $\ln T$ ist $\frac{1}{T}$. Damit ist die Wärmekapazität

$$C_p = T\left(\frac{\partial S}{\partial T}\right)_p. \tag{3.10}$$

Der Index p an der Klammer der Ableitung steht für den konstanten Druck. Nachträglich wird diese Spezifikation auch auf das Formelsymbol C_p angewandt. Man kann alternativ das Volumen konstant lassen und erhält dann die Wärmekapazität bei konstantem Volumen,

$$C_V = T\left(\frac{\partial S}{\partial T}\right)_V. \tag{3.11}$$

Für ideale Gase ist die Differenz $\hat{C}_p - \hat{C}_V = R$. In den meisten Anwendungen ist C_p die richtige Größe, und wir werden die Bedingung des konstanten Drucks nicht mehr gesondert erwähnen.

Nun soll aufgeklärt werden, warum die Größe C_p vom Oberbegriff Wärme abstammt und nicht die *Entropiekapazität* genannt wird. In der Physik bezeichnet man als Kapazität einer extensiven Größe die Ableitung dieser Größe nach der zugehörigen intensiven Größe. Schon bekannt ist die elektrische Kapazität eines Kondensators,

$$C_e = \frac{Q}{U}. \tag{3.12}$$

Die Spannung U ist die Potentialdifferenz $U = \phi - \phi_0$ zu einem willkürlich gewählten Potential ϕ_0, das in der Regel das Erdpotential $\phi_0 = 0$ V ist. Die Gleichung

$$C_e = \frac{\partial Q}{\partial \phi} \tag{3.13}$$

ist die Verallgemeinerung von Gl. (3.12). Die Entropiekapazität ist dementsprechend die Ableitung der Entropie nach der Temperatur. Die Wärmekapazität C_p ist aber das Produkt aus Entropiekapazität und Temperatur. Bisher spricht für C_p, dass die Funktion $T(S)$ eine besonders einfache Form hat. Wir werden später noch weitere Vorteile kennen lernen und uns mit der Entropiekapazität nicht weiter befassen. Sowohl die Entropiekapazität als auch die Wärmekapazität beschreiben das, was man anschaulich erwartet: Ist der Wert groß, so ändert sich die Temperatur eines Körpers bei Entropiezufuhr nur wenig; der Körper hat ein großes Fassungsvermögen für Entropie.

Die Wärmekapazität ist bei Gasen über weite Temperaturbereiche konstant. Die Wärmekapazität bei konstantem Druck ist größer als die Wärmekapazität bei konstantem Volumen, wie man sich anschaulich klar machen kann: Unter konstantem Druck dehnt sich ein Gas bei Entropiezufuhr aus. Die Entropie verteilt sich dann auf ein größeres Volumen, und die Temperatur ist geringer als bei einem fest eingesperrten Gas.

Feste Stoffe zeigen ein abweichendes Verhalten bei tiefen Temperaturen, wie der Graph von $T(\hat{S})$ für Magnesium in Abb. 3.6 beispielhaft zeigt. Die Temperatur steigt bei Entropieerhöhung viel stärker an als bei einer Exponentialfunktion mit konstanter Wärmekapazität $\hat{C}_p$. Da $\hat{C}_p$ im Nenner des Exponenten von Gl. (3.6) steht, entspricht der Funktionsverlauf einem zum Nullpunkt hin abnehmenden, im Grenzfall verschwindenden Wert für $\hat{C}_p$. Bei hohen Temperaturen ist $\hat{C}_p$ näherungsweise konstant, und die Funktion $T(\hat{S})$ hat lokal einen exponentiellen Verlauf wie bei Gasen. Bei Raumtemperatur 300 K stimmt das für die meisten Festkörper sehr gut. Befinden sich Phasenübergänge im dargestellten Temperaturbereich der Funktion $T(S)$, so dominieren diese den Graphen durch lange horizontale Strecken. Der Graph für Wasser ist in Abb. 3.7 gezeigt.

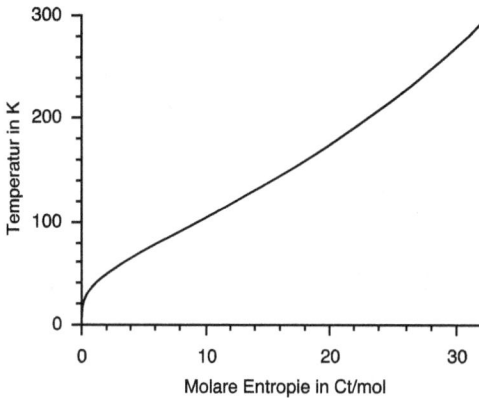

Abb. 3.6: Temperatur von Magnesium als Funktion der molaren Entropie bis 300 K. Der konvexe Anstieg bei tiefen Temperaturen ist charakteristisch für Festkörper.

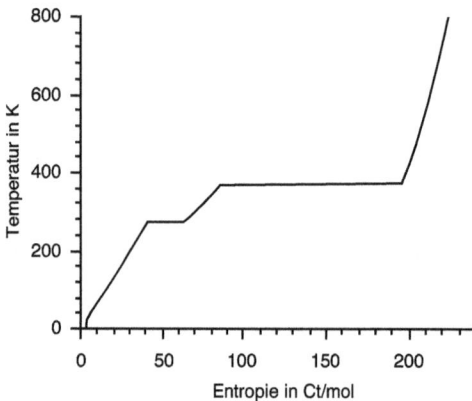

Abb. 3.7: Temperatur von Wasser als Funktion der spezifischen Entropie bei Normaldruck. Die beiden horizontalen Abschnitte des Graphen markieren die Phasenübergänge Schmelzen und Sieden. Zum Schmelzen muss die Schmelzentropie von 22 Ct/mol bei konstant 0 °C zugeführt werden, beim Sieden die Siedeentropie von 109 Ct/mol bei konstant 100 °C.

Zwischen den Phasenübergängen liegen Abschnitte mit exponentiellem Verlauf der Funktion $T(\hat{S})$, die jeweils durch die molaren Wärmekapazitäten $\hat{C}_p$ von Eis, Wasser und Wasserdampf charakterisiert werden. In Tab. 3.1 sind Werte für Schmelzentropie, Siedeentropie sowie die Wärmekapazität bei Raumtemperatur gegeben. Es zeigt sich, dass trotz sehr unterschiedlicher Schmelztemperaturen die Werte kaum streuen. Die Beobachtung, dass Wärmekapazitäten von Festkörpern etwa den dreifachen Wert der Gaskonstante R haben, wurde schon 1819 von Dulong und Petit artikuliert. Für die Edelgase ist $\hat{C}_p/R = 2{,}5$ sehr gut erfüllt, andere Gase liegen bei $\hat{C}_p/R = 3{,}5\ldots 4{,}5$. Flüssiges Wasser ist ein Ausreißer in der Tabelle.

Stoff	T_{sl} K	T_{lg} K	$\Delta\hat{S}_{sl}$ Ct/mol	$\Delta\hat{S}_{lg}$ Ct/mol	$\hat{C}_p$ Ct/mol	$\hat{C}_p/R$
Ne	24,6	27,1	13,6	63	20,8	2,5
O2	54,4	90,2	8,2	76	29,4	3,5
N2	62,2	77,4	11,4	72	29,1	3,5
Ar	83,8	87,3	14,1	75	20,9	2,5
CH₄	90,9	111,6	9,9	73	36,7	4,4
Xe	161,4	165,1	14,1	77	21,0	2,5
NH₃	195,4	239,8	29	97,3	37,1	4,5
H₂O	273,15	373,15	22,0	109	75,4	9,1
Hg	234	629,9	9,8	94	28,0	3,4
Ga	302,9	2.643	18,5	97	25,9	3,1
Sn	505,1	2.875	13,9	103	27,1	3,3
Mg	923	1.363	9,2	94	24,3	2,9
Au	1.337	3.243	9,4	105	25,4	3,1
Fe	1.811	3.134	7,6	108	25,1	3,0

Tab. 3.1: Phasenübergangstemperaturen, Schmelzentropie $\Delta\hat{S}_{sl}$, Siedeentropie $\Delta\hat{S}_{lg}$ und Wärmekapazität $\hat{C}_p$ verschiedener Stoffe. Die Siedeentropie liegt in einem relativ engen Bereich zwischen 70 und 110 Ct/mol. Die Wärmekapazitäten sind jeweils für die bei Raumtemperatur und Normaldruck stabile Phase angegeben.

Durch Entzug von Entropie wird ein Körper kälter, oder er macht einen Phasenübergang. Wenn die gesamte Entropie entzogen ist, kann die Temperatur nicht weiter absinken.

Ein Körper ohne Entropie hat die Temperatur 0 K.

Das Gesetz ist im Einklang mit der Alltagsvorstellung, ein Körper enthalte am Temperaturnullpunkt überhaupt keine Wärme. Genau genommen gilt das Gesetz im thermischen Gleichgewicht. Manche Stoffe wie Gläser und Wasser erfüllen diese Bedingung nicht; dann ist $S(T = 0) > 0$. Auf einer Temperaturskala bis 300 K fällt das kaum auf, es ist nur bei sehr tiefen Temperaturen relevant und für unsere Zwecke vernachlässigbar.

Häufig braucht man die absolute Entropie nicht zu kennen, weil man mit Entropiedifferenzen zwischen höheren Temperaturen arbeitet. Dann kann man auf die technisch anspruchsvollen Messungen bei sehr tiefen Temperaturen verzichten und die

Entropie auf Null setzen für die tiefste Temperatur, die praktisch vorkommt. In den Ingenieurswissenschaften wird die Entropie für flüssiges Wasser am Tripelpunkt gleich Null gesetzt und in *Dampftafeln* tabelliert.

3.5 Entropietransport durch Konvektion

Wir haben oben die einmalige Zugabe von Entropie in einen Behälter besprochen, beispielsweise das Schmelzen von Eis durch Zugabe eines warmen Kupferklotzes. Wenn man größere Mengen Eis kontinuierlich schmelzen wollte, bräuchte man einen stetigen Zustrom warmer Klötze. Die abgekühlten Klötze entfernt man zweckmäßig. Auf das Material kommt es dabei nicht an, sondern nur auf die Entropie, die von den warmen Klötzen in das Eiswasser abgegeben wird. Abb. 3.8 zeigt die Idee.

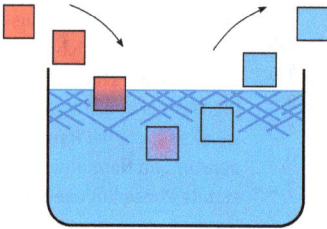

Abb. 3.8: Ein steter Strom von warmen Klötzen taucht in eine Wanne mit Eiswasser ein. Die warmen Klötze geben Entropie ab und schmelzen das Eis.

In der Praxis bevorzugt man zweckmäßig Flüssigkeiten und Gase zum Transport von Entropie, und zwar überwiegend Wasser und Luft. Die Bewegung nennt man *Konvektion*. Bei erzwungener Konvektion wird das warme Fluid durch eine Pumpe transportiert; bekannte Anwendungen sind die Zentralheizung im Haus oder der Computerlüfter zum Abtransport von Entropie aus dem Prozessor. Natürliche Konvektion entsteht durch Auftrieb einer warmen Menge Fluid in kühlerer Umgebung aufgrund kleinerer Dichte. Dazu zählen die *Thermik* in der Atmosphäre und die Meeresströmungen. Mittels Konvektion kann Entropie über sehr große Distanzen transportiert werden. Das milde Klima an den europäischen Westküsten ist auf den Golfstrom zurückzuführen, der Entropie aus dem Golf von Mexico bis nach Norwegen transportiert. Natürliche Konvektion lässt sich leicht mit der Schlierenmethode demonstrieren, siehe Abb. 3.9.

Das „Aufsteigen von Wärme" ist eine häufige Fehlvorstellung. Manchmal wird gedacht, dass der „Wärmestoff" sehr leicht sei und deshalb Stoffe, die damit durchdrungen sind, nach oben steigen. Bestätigt wird diese Sichtweise durch aufsteigende Blasen in kochendem Wasser, aufsteigenden Rauch und viele andere alltägliche Beobachtungen. Der mechanische Auftrieb, den auch kalte Körper geringer Dichte hätten, ist nicht offensichtlich.

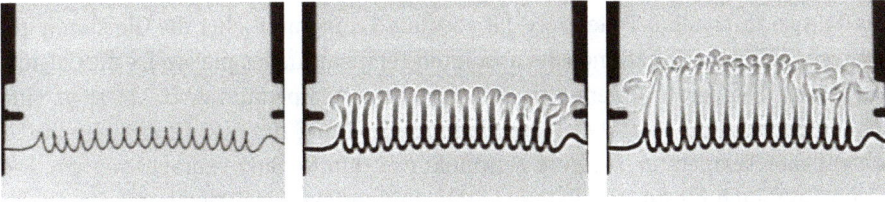

Abb. 3.9: Konvektion in Wasser an einer Heizwendel. Wärmeres Wasser hat neben der geringeren Dichte auch einen kleineren Brechungsindex, wodurch die Schlieren im Licht einer sehr kleinen, aber hellen Lampe sichtbar werden.

Für natürliche Konvektion ist ein Dichteunterschied notwendig, aber das kalte Fluid muss nicht unbedingt dichter sein als das warme. Es funktioniert auch umgekehrt, wie die Abb. 3.10 zeigt. Auch im letzteren Fall wird die Entropie vom warmen in den kalten Bereich transportiert.

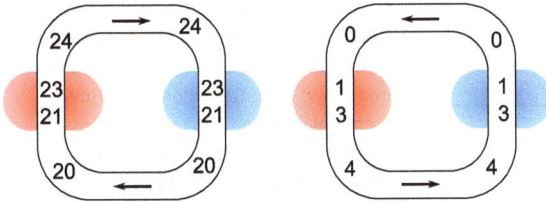

Abb. 3.10: Der Antrieb einer Wasserkonvektion im Gedankenexperiment, Temperaturangabe in °C. Unterhalb von 4 °C dreht sich die Fließrichtung wegen der Dichteanomalie um.

3.6 Entropietransport durch Wärmeleitung

Entropie wird nicht nur durch bewegte Materie transportiert, sondern sie durchdringt auch ruhende Materie. Das ist die *Wärmeleitung*. Wärmeleitung kennen wir aus dem Alltag: Ein Kaffeebecher wird außen heiß, wenn man Kaffee einfüllt, weil Entropie durch die feste Tasse nach außen strömt. Metalle sind gute Wärmeleiter, organische Stoffe sind schlechte Wärmeleiter, mineralische Stoffe liegen dazwischen. Bei der Wärmeleitung diffundiert Entropie. Es ist möglich, diesen Vorgang mathematisch zu beschreiben, ohne etwas über die Entropie auszusagen, nämlich mit einer Differentialgleichung für die Temperatur. Die Lösungen dieser Differentialgleichungen können mit Thermometer, Maßstab und Uhr experimentell verifiziert werden. Oft reicht die eindimensionale Wärmeleitungsgleichung:

$$\frac{\partial T}{\partial t} = a\frac{\partial^2 T}{\partial x^2}.$$

(3.14)

In drei Dimensionen gilt:

$$\frac{\partial T}{\partial t} = a\left(\frac{\partial^2 T}{\partial x^2} + \frac{\partial^2 T}{\partial y^2} + \frac{\partial^2 T}{\partial z^2}\right) = a(\nabla \cdot \nabla T).$$

(3.15)

Das Temperatursymbol T steht für die absolute Temperatur, aber die Gleichung gilt genauso für lineare Funktionen der absoluten Temperatur, beispielsweise die Celsius-Skala oder Temperaturdifferenzen zur Umgebungstemperatur. Abb. 3.11 zeigt eine Lösung der eindimensionalen Wärmeleitungsgleichung für zwei Halbräume unterschiedlicher Temperatur, die zum Zeitpunkt $t = 0$ in Kontakt gebracht werden. Die Lösung gilt auch für unendlich lange Stäbe mit perfekter Isolation zur Seite. In der Technik braucht man verschiedene Randbedingungen wie konstante Entropiezufuhr oder endliche Körper. Für mathematische Details, siehe [7].

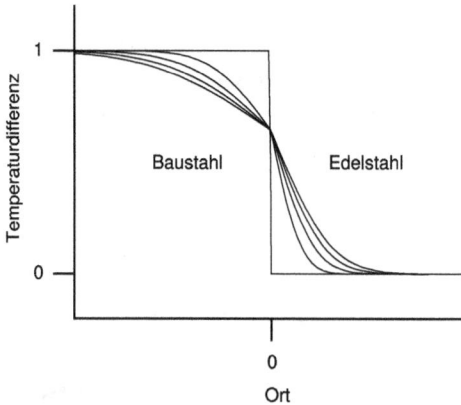

Abb. 3.11: Unterschiedlich temperierte Halbräume aus Baustahl und Edelstahl werden in Kontakt gebracht. Die Kurvenschar beschreibt die Temperatur nach 1 s, 2 s, 3 s und 4 s Wartezeit. Die Kontakttemperatur bleibt während des Leitungsvorgangs konstant, solange die Temperaturfront das andere Ende noch nicht erreicht hat.

Uns interessiert primär die *Diffusionskonstante a*, die eine Materialkonstante ist. Die thermische Diffusionskonstante wird oft Temperaturleitfähigkeit genannt, das ist aber kein guter Name für die Schule. Geleitet wird nämlich die Entropie, und die Temperatur zeigt nur an, wo die Entropie hindiffundiert ist. Die *thermische Eindringtiefe* oder *Diffusionslänge*

$$L_{th} = \sqrt{a\tau} \tag{3.16}$$

ist die Entfernung einer Temperaturfront von einer eng lokalisierten Wärmequelle nach der Wartezeit τ.

---

i Im Schülerexperiment sollen Metallstäbe in heißes Wasser getaucht werden. Wie lange dauert es, bis Schüler in 20 cm Entfernung von der Wasseroberfläche die Erwärmung spüren? Gl. (3.16) wird umgeformt zu $\tau = L_{th}^2/a$. Die Diffusionslänge $L_{th} = 200$ mm ist gegeben, und a wird aus Tab. 3.2 entnommen. Bei Kupfer wartet man etwa 100 s, bei Eisen schon 8 min und bei Edelstahl muss man 45 min warten. Man darf die Stäbe nicht zu lang machen!

Beim Schmieden von Eisen nutzt man die langsame Ausbreitung von Temperaturänderungen aus. Größere Werkstücke können problemlos mit bloßer Hand gehalten werden, während der glühende Bereich auf dem Amboss geschmiedet wird.

Tab. 3.2 zeigt Diffusionslängen für eine Sekunde, eine Stunde und ein Jahr. Es wird deutlich, dass Wärmeleitung ein Prozess auf kleiner räumlicher Skala ist. Dinge im sub-Millimeterbereich kommen in Sekundenschnelle ins thermische Gleichgewicht, aber oberhalb von einem Meter dauert es lange. Deshalb sind Bergwerke immer gleichmäßig temperiert; die jahreszeitlichen Temperaturschwankungen können nur wenige Meter in das Gestein eindringen. Als wir im Kapitel 1.11 das Temperaturprofil der Atmosphäre behandelt haben, wurde der Wärmeaustausch eines Luftpakets mit der Umgebung ausgeschlossen. Jetzt sieht man, warum dies Modell so gut ist: Die Diffusion von Entropie in Luft ist viel zu langsam und kann vernachlässigt werden.

	a $\mathrm{mm^2 s^{-1}}$	L_{1s} mm	L_{24h} m	L_{365d} m	b $\mathrm{kg\,K^{-1}s^{-5/2}}$
Silber	173	13	3,9	74	32.500
Kupfer	117	11	3,2	61	37.000
Alu technisch	67	8,2	2,4	46	19.700
Baustahl 1.0038	15	4,5	1,3	25	14.000
Luft	20	4,5	1,3	25	5,6
Edelstahl 1.4301	4	2,0	0,59	11	7.700
Granit	1,3	1,14	0,34	6,4	2.300
Glaswolle	0,58	0,76	0,22	4,3	29
Wasser	0,14	0,37	0,11	2,1	1.530
Tannenholz radial	0,12	0,35	0,10	2,0	283

Tab. 3.2: Diffusionskonstante a und Diffusionslängen für eine Sekunde, einen Tag und ein Jahr, sowie Wärmeeindringkoeffizient b. Man beachte die große Diffusionskonstante für Luft. Der Wärmeeindringkoeffizient für menschliche Haut beträgt etwa 1.300 $\mathrm{kg\,K^{-1}s^{-5/2}}$.

Der Kontakt von zwei Körpern aus unterschiedlichem Material mit unterschiedlicher Temperatur führt schnell zu einer konstanten Kontakttemperatur, die nicht das arithmetische Mittel der Ausgangstemperaturen ist. Vielmehr ist sie beeinflusst durch den *Wärmeeindringkoeffizienten b*, der sich aus der spezifischen Wärmekapazität $\tilde{C}_p$, der Dichte ρ und der Diffusionskonstante zusammensetzt gemäß

$$b = \tilde{C}_p \rho \sqrt{a}. \tag{3.17}$$

Die Kontakttemperatur T_k zweier halb-unendlich ausgedehnter Körper 1 und Körper 2 ist gegeben durch

$$T_k = \frac{b_1 T_1 + b_2 T_2}{b_1 + b_2}. \tag{3.18}$$

Die Kontakttemperatur erscheint mathematisch als Teil einer besonderen Lösung einer partiellen Differentialgleichung [7]. Sie beschreibt ein außerordentlich wichtiges Alltagsphänomen: Stoffe mit großem Wärmeeindringkoeffizienten b fühlen sich kälter an als solche mit kleinem b. Das unterschiedliche Temperaturempfinden steht dem Konzept des thermischen Gleichgewichts entgegen, das deshalb von Schülerinnen und Schülern auch nicht ohne weiteres akzeptiert wird.

> Man darf im Unterricht nicht sagen, dass das Temperaturempfinden falsch sei und nur das thermische Gleichgewicht sei richtig, wie man mit dem Thermometer beweisen könne. Das Anfassen von kühlen Gegenständen ist nämlich ein instationärer Prozess außerhalb des thermischen Gleichgewichts. Das Empfinden kühler und wärmerer Körper basiert auf realen, auch anderweitig messbaren Kontakttemperaturen.

Das Empfinden beim Anfassen von „kühlen" Materialien wie Metall und Stein setzt voraus, dass die betreffenden Objekte Raumtemperatur haben oder noch kälter sind. Bei höherer Temperatur gehen die Unterschiede zurück und kehren sich um, wenn die Temperatur des angefassten Objekts höher ist als die Hauttemperatur. Deshalb ist es im Sommer angenehmer, in der prallen Sonne barfuß auf einer Holzterrasse zu gehen als auf einer übermäßig heißen Steinfläche.

Der Entropiestrom hat formale Ähnlichkeiten mit dem elektrischen Strom. Der Entropiestrom erfährt einen thermischen Widerstand, so wie der elektrische Strom vom elektrischen Widerstand gehemmt wird. Die Entropiestromstärke steigt linear mit der Temperaturdifferenz. Die Temperaturdifferenz ist analog zur elektrischen Spannung, man könnte sie auch als thermische Spannung bezeichnen. Die Entropiestromstärke I_S ist die Menge Entropie dS, die pro Zeiteinheit dt durch einen gedachten Querschnitt eines Wärmeleiters fließt, siehe Abb. 3.12.

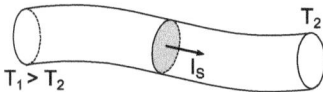

Abb. 3.12: Zur Definition der Entropiestromstärke I_S.

Die Analogie ist aber nicht vollständig. Der elektrische Strom hat ein Magnetfeld, der Entropiestrom hat nichts Vergleichbares. Im elektrischen Fall kann man durch Messung der Magnetfeldstärke klar unterscheiden, ob ein Körper lediglich ein hohes elektrisches Potential hat oder ob tatsächlich ein elektrischer Strom fließt, und man kann die Stärke und Richtung des elektrischen Stroms bestimmen. Beim Entropiestrom ist das nicht so: Das thermische Potential – die Temperatur – ist die einzige äußerlich messbare Größe.

Ein zweiter Unterschied ist die unterschiedliche Dynamik. Wenn man einen Metallstab in heißes Wasser taucht, dauert es lange, bis die spürbare Wärme zum kalten Ende vorgedrungen ist. Wenn man einen Metallstab mit einem Körper auf hohem elektrischem Potential verbindet, ist das Ende des Stabes augenblicklich auf dem gleichen hohen Potential. Das ist allerdings nur ein quantitativer Unterschied. Auch im elektrischen Fall muss man die zeitliche Ausbreitung des Potentials berücksichtigen, wenn man es mit schnell veränderlichen Signalen zu tun hat. Bei sehr hohen Ansprüchen spielt das schon bei akustischen Signalen bis 20 kHz Frequenz eine Rolle. Beim elektrischen Leiter verzögert seine elektrische Kapazität die Ausbreitung des elektrischen Potentials. Abb. 3.13 zeigt ein Modellexperiment dazu. Beim Entropiestrom ist die Wär-

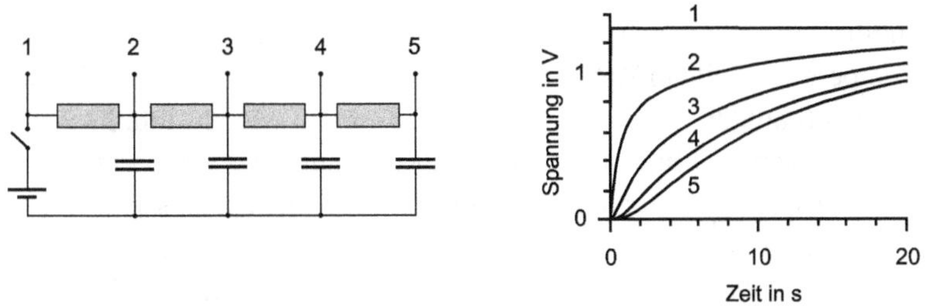

Abb. 3.13: Eine Serie von Tiefpässen als elektrische Analogie zum Wärmeleiter. Beim Einschalten steigt die Spannung an den Kontakten 2 bis 5 langsam an, sie breitet sich förmlich von links nach rechts aus. Rechts sind Messwerte für R = 10 kΩ und C = 100 μF angegeben. Mit größeren Kondensatoren C = 100 mF zeigt man das langsame Aufleuchten von Glühlämpchen 4 V/40 mA anstelle der Widerstände.

mekapazität des Körpers eine bestimmende Größe. Die Wärmeleitfähigkeit λ ist bei gegebenem Temperaturgradienten proportional zur Entropiestromstärke I_s,

$$\lambda \propto I_s. \tag{3.19}$$

Die Wärmeleitfähigkeit ist analog zur elektrischen Leitfähigkeit. Die Wärmeleitfähigkeit λ ist das Produkt aus Diffusionskonstante a, Dichte ρ und spezifischer Wärmekapazität $\tilde{C}_p$,

$$\lambda = a\rho\tilde{C}_p. \tag{3.20}$$

Wir haben nun drei Größen a, b, und λ. Man kann natürlich fragen, warum es nicht einfacher geht. Die Wärmeleitfähigkeit λ ist die allgemein gebräuchliche und tabellierte Größe. Ausgedrückt durch λ sind die anderen beiden

$$a = \frac{\lambda}{\rho\tilde{C}_p}, \tag{3.21}$$

$$b = \sqrt{\lambda\rho\tilde{C}_p}. \tag{3.22}$$

Die thermische Diffusionskonstante a haben wir hier aus zwei Gründen eingeführt: Zum einen kann a allein aus Temperaturmessungen bestimmt werden, sie ist fundamental. Zum anderen ist der Verlauf vieler Experimente, die in der Schule unter dem Stichwort Wärmeleitung durchgeführt werden, durch a und nicht durch λ bestimmt, weil man Temperaturänderungen bei punktuellem Erhitzen zeigt. Das Verhältnis der Wärmeleitfähigkeiten von Baustahl und Blei ist 1,43, aber das Verhältnis der thermischen Diffusionskonstanten ist 0,54. Um die Frage zu beantworten, welcher dieser Stoffe der bessere Wärmeleiter ist, muss man also genau sagen, welche der beiden Größen λ oder a gemessen wird. Sicher ist Blei kein schulüblicher Stoff und meistens findet man beim Vergleich von zwei Metallen, dass bei einem sowohl λ als auch a

größer ist. Deshalb ist es nicht falsch, in der Schule pauschal von Wärmeleitfähigkeit zu reden und Temperaturprofile in Metallstäben zu zeigen. Wenn man jedoch die Beschränkung auf Metall aufgibt, sind die Unterschiede enorm, wie die Tab. 3.3 zeigt. Den hohen Wert für a von Luft haben wir bei der Bestimmung des Temperaturnullpunkts aus dem Gasgesetz experimentell ausgenutzt. Wäre er kleiner, müsste man viel länger auf das thermische Gleichgewicht im Kolben warten. In Abb. 3.14 sind die instationäre und stationäre Wärmeleitung nochmals gegenübergestellt.

	λ $\mathrm{kg\,m\,s^{-3}K^{-1}}$	a $\mathrm{mm^2 s^{-1}}$	b $\mathrm{kg\,K^{-1}s^{-5/2}}$
Luft	0,03	20	6
Wasser	0,14	0,6	1.530
Fensterglas	0,5	0,9	1.260

Tab. 3.3: Unter den Stoffen Luft, Wasser und Fensterglas hat Luft den größten Diffusionskoeffizienten a, Glas die größte Wärmeleitfähigkeit λ und Wasser die größte Wärmeeindringkonstante b.

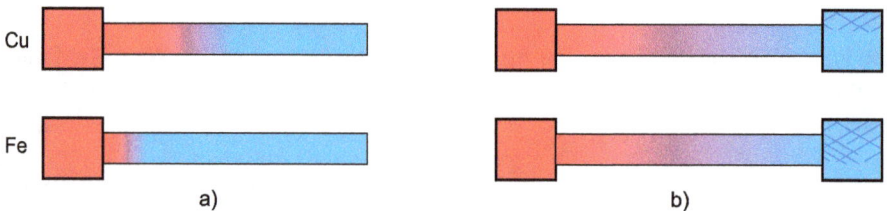

Abb. 3.14: Unterschiedliche Situationen der Wärmeleitung. a) Bei der instationären Wärmeleitung kommt ein kalter Stab in Kontakt mit einem heißen Körper. Die Temperatur des Stabs steigt zunächst nur an der Kontaktfläche an. Langsam breitet sich eine Front erhöhter Temperatur im Stab aus. Die Geschwindigkeit der Ausbreitung hängt vom Material ab und wird durch die Diffusionskonstante a charakterisiert. In Kupfer breitet sich die warme Front schneller aus als in Eisen. b) Wenn man den Stab auf der rechten Seite kühlt, beispielsweise mit Eiswasser, so stellt sich ein konstanter Entropiestrom ein. Die Stärke des Entropiestroms hängt wie im linken Fall vom Material ab, sie ist abhängig von der Wärmeleitfähigkeit λ. Bei größerer Wärmeleitfähigkeit schmilzt das Eis schneller. Am Temperaturverlauf sieht man keine Unterschiede, denn der ist in beiden Materialien linear abnehmend.

Entropie kommt selbst in den besten Wärmeleitern innerhalb eines Jahres nicht mehr als 100 Meter voran. Über größere Strecken muss Entropie immer durch Konvektion transportiert werden. Die Ausbreitungsgeschwindigkeit einer Temperaturstörung entspricht der Geschwindigkeit des fluiden Mediums. Wenn Konvektion möglich ist, dominiert sie in der Regel die Entropiediffusion im Stoff selbst. Im Experiment in Abb. 3.15 wird die Konvektion in Wasser unterbunden.

Die *Wärmestrahlung* ist Entropietransport ohne Materie. Ein glühend heißer Körper kühlt sich schnell ab, und man spürt die Wärme auf große Distanz. Hier dominiert

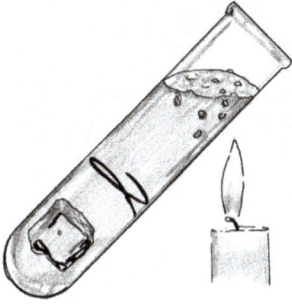

Abb. 3.15: Freihandexperiment zur geringen Wärmeleitfähigkeit von Wasser im Reagenzglas. Ein Eiswürfel wird mit einem Drahtstück am Boden eines Reagenzglas gehalten. Die Konvektion wird durch Erhitzen oberhalb des Eises unterbunden. Das Wasser kocht oben, während das Eis nur langsam schmilzt. Was zeigt man hier eigentlich? Ein mäßig kleines λ, das besonders kleine a, die große spezifische Wärmekapazität $\hat{C}_p$? Wenn man das für sich geklärt hat, ist es ein schönes Experiment. ©Anna Donhauser.

die Strahlung über die Konvektion in Luft. Ein einfaches Experiment dazu: Umfasse eine Glühlampe > 60 W mit der Hand. Beim Anschalten spürt man sofort die Hitze der Lampe, obwohl der Glaskolben eine Weile kalt bleibt. Aufgrund der großen Bedeutung für den Entropiehaushalt der Erde wird die Thermodynamik des Lichts im eigenen Kapitel 7 behandelt.

Abb. 3.16: Einfacher Nachweis der Wärmestrahlung durch Umfassen einer Glühlampe, die für einen kurzen Moment angeschaltet wird. ©Anna Donhauser.

Wird ein System von Körpern unterschiedlicher Temperatur sich selbst überlassen, bildet sich nach einiger Zeit ein thermisches Gleichgewicht durch Entropieströmungen. Der Temperaturausgleich ist das unmittelbare Phänomen. Der Entropiestrom ist der Schluss, der aus einer Vielzahl von anderen Beobachtungen und der Vorstellung der Entropie als extensive Größe der Wärme gezogen wird.

Entropie strömt von allein von Orten höherer Temperatur zu Orten niedrigerer Temperatur.

3.7 Irreversibilität

Bei gewöhnlicher mechanischer Reibung steigen die Temperaturen der beteiligten Körper spürbar an. Reibung erzeugt Wärme, sagt man im Alltag. Mit dem Wissen der monotonen Funktion $T(S)$ schließt man auf einen höheren Entropiegehalt der Körper am Ende des Reibungsvorgangs.

Reibung erzeugt Entropie.

Bewegte Körper werden durch Reibung mit der Umgebung abgebremst und kommen schließlich zum Stillstand. Das Abbremsen ist nicht ohne Zutun rückgängig zu machen. Insbesondere passiert es nie, dass ein Körper sich unter Abkühlung seiner Unterlage von allein in Bewegung setzt.

Abbremsung durch Reibung ist irreversibel.

Sowohl die Temperaturerhöhung bei Reibungsvorgängen als auch die Unumkehrbarkeit sind selbstverständliche Alltagserfahrungen, an die man im Unterricht anknüpfen kann. Uns reicht aber nicht die Beschränkung auf offensichtliche Fälle.

Bewegte Flüssigkeiten kommen allmählich zur Ruhe. Nach dem Eingießen von Kaffee in die Tasse stellt sich schnell ein Gleichgewicht ein, das nach Zugabe von Zucker durch Umrühren nur kurz gestört wird. Luftbewegungen werden gedämpft, auch wenn es im Alltag nicht so auffällt. Man kann das leicht überprüfen: Ein Blatt Papier, das in der Nähe einer Zimmertür auf dem Boden liegt, wird beim Schließen oder Öffnen der Tür weggeweht. Schon in geringer Entfernung ist die Luftbewegung so stark gedämpft, dass das Papier liegen bleibt. Auch in diesen Fällen ist die Irreversibilität leicht einzusehen. Nie beobachtet man spontane Wirbel in Luft oder Wasser, immer gibt es eine äußere Ursache. Schwieriger ist das Erkennen der Erwärmung. Da muss man sehr genau hinschauen oder intensiv rühren, um eine Erwärmung eindeutig nachzuweisen. Leichter zu spüren ist die Erwärmung bei der plastischen, irreversiblen Verformung von Knetmasse, Kunststoffen oder Metallen. Beispielsweise kann ein Kupferstab bei wiederholtem Biegen oder bei der plastischen Verformung mit dem Hammer deutlich wärmer als Körpertemperatur werden, auch im Schülerexperiment.

Mechanische Schwingungen und Wellen sind stets gedämpft, und das ist auch gut so: Sonst würde das nach einem Sturm aufgewühlte Meer nie zur Ruhe kommen, und der Pausenlärm im Klassenzimmer würde ewig nachhallen. Die Federgabel am Fahrrad ist mit Öl gedämpft, und man kann die Stärke der Dämpfung einstellen. Einerseits möchte man eine hohe Beweglichkeit, damit das Vorderrad einem Hindernis ausweicht, andererseits soll die Schwingung schnell zur Ruhe kommen. Dass bei der Dämpfung von Schwingungen und Wellen Entropie entsteht, die sich als Temperaturerhöhung zeigt, kann man in der Regel nur nachvollziehen, wenn man die gemeinsame Ursache der Dämpfung, nämlich innere Reibung in Flüssigkeiten und Gasen, erkennt.

In der Optik ist die Absorption von Licht irreversibel und allgegenwärtig. Man kann kein Licht in einem verspiegelten Behälter längere Zeit aufbewahren. Helligkeit verschwindet sofort nach dem Ausschalten der Lampe. Am besten absorbieren schwarze Oberflächen, und ein tiefes Schwarz ist Qualitätsmerkmal in vielen optischen Anwendungen, von der Photographie bis zum Teleskop: Störendes Streulicht soll irreversibel beseitigt werden. Die Temperaturerhöhung bei der Absorption von

Sonnenlicht ist Erfahrungstatsache. Wie angenehm ist die Frühlingssonne auf einem dunklen Hemd, wenn die Luft noch frisch ist. Dass beim Lesen eines Buches unter künstlicher Beleuchtung die schwarzen Buchstaben etwas wärmer sind als das weiße Papier, muss man sich denken, denn für eine Messung ist der Effekt zu klein.

Der Ausgleich elektrischer Potentiale durch einen elektrischen Widerstand ist irreversibel. Die Wärmewirkung des elektrischen Stroms ist zwar allgegenwärtig, aber in der Regel wird der Strom durch einen Netzanschluss oder eine Batterie, also einen chemischen Prozess, angetrieben. In einem rein elektrischen System kann man Entropieproduktion wie folgt zeigen:

Ein Kondensator von 100 mF Kapazität wird auf etwa 20 V Spannung geladen und über einen ca. 15 cm langen Draht aus Konstantan, Durchmesser 0,2 mm, entladen. Der Draht glüht deutlich auf. Die Stärke des Effekts kann über die Spannung eingestellt werden.

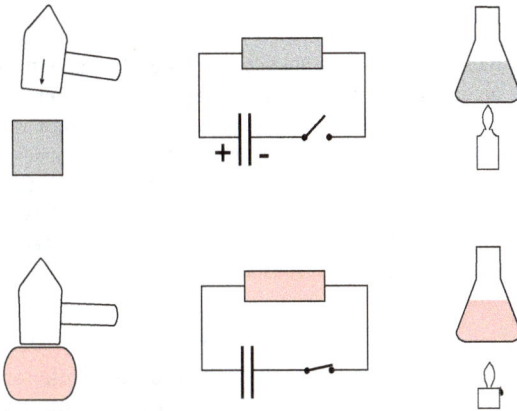

Abb. 3.17: Entropieproduktion: Plastische Verformung eines Werkstücks, Entladung eines Kondensators über Widerstand, Abbrennen einer Kerze.

Von selbst ablaufende chemische Prozesse sind irreversibel, und sie sind manchmal von einer beeindruckenden Wärmeentwicklung begleitet. Das Abbrennen einer Kerze ist Sinnbild der chemischen Entropieerzeugung. Beim Rosten von Eisen bemerkt man die Temperaturerhöhung nicht. Mit reinem Sauerstoff oder großer Oberfläche oder einem anderen Reaktionspartner wie Chlor kann die Oxidation von Eisen im Experiment derart beschleunigt werden, dass die Entropieproduktion offensichtlich wird.

In den vorgestellten Beispielen, die in Abb. 3.17 symbolisiert sind, ist die Irreversibilität klar. Die Entropieproduktion kann zumindest prinzipiell durch Temperaturerhöhung nachgewiesen werden. Bevor man Irreversibilität und Entropieproduktion als zwei Aspekte derselben Sache auffassen kann (Abb. 3.18), muss man fragen, ob nur die Idee fehlt, wie man einen bestimmten Vorgang umkehrt. Immerhin kann man einen gefallenen Stein aufsammeln, ein stehendes Auto beschleunigen, einen Kondensator aufladen und neue Kerzen aus Rohstoffen herstellen. Bei diesen Umkehrungen hat man es mit größeren, komplexeren Systemen zu tun, und dabei verliert man schnell den Überblick. Den erlangt man durch diese Festlegung zurück:

Ein physikalischer Prozess ist genau dann irreversibel, wenn Entropie erzeugt wird.

Dem Lernenden erscheint das vielleicht willkürlich. Man hat das Gefühl, es sei zu schnell gegangen, und die Lösung erscheint zu simpel für die Komplexität der Sachverhalte. In der Forschung würde man an dieser Stelle zunächst von einer Hypothese sprechen, die sich in Experimenten und in der weiteren theoretischen Entwicklung bewähren müsste. In einem Lehrbuch ist es richtig, schon an dieser Stelle von einem Gesetz zu sprechen, denn es gehört zu den lange etablierten Grundlagen der Thermodynamik.

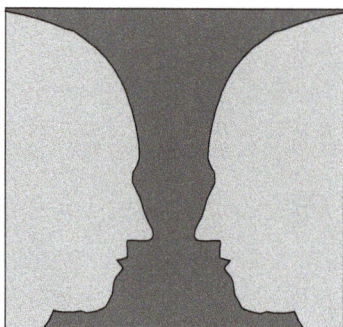

Abb. 3.18: So wie die Rubin'sche Vase als Querschnitt einer Vase oder als zwei gegenüberliegende Gesichtsprofile erscheinen kann, hat die Entropie zwei vordergründig unterschiedliche Bedeutungen, nämlich als Menge der Wärme und als Produkt von irreversiblen Prozessen. Das ist zunächst irritierend. Die Möglichkeiten der Größe Entropie werden nach und nach ausgelotet. Am Ende zeigt sich, wie alles perfekt zusammenpasst.

Man kann alle beobachtbaren physikalischen Vorgänge in zwei Klassen einteilen, nämlich die *reversiblen Prozesse*, bei denen die Entropie ihren Wert behält, und *irreversible Prozesse*, bei denen Entropie erzeugt wird. Die Vernichtung von Entropie geschieht nie. Diese Erkenntnis ist in der Literatur – in unterschiedlichen Formulierungen – unter dem Namen *Zweiter Hauptsatz der Thermodynamik* bekannt.

Entropie kann erzeugt, aber nicht vernichtet werden.

Die Entropie ist eine äußerst nützliche Größe in der Thermodynamik, weil mit ihr die Irreversibilität von Prozessen eindeutig charakterisiert werden kann, ohne dass man sich mit irgendwelchen technischen Details befassen muss. Das ist fast zu schön, um wahr zu sein, und tatsächlich hat die Sache einen Haken:

Die Erzeugbarkeit von Entropie erschwert ihre Messung, weil der Messvorgang selbst Entropie erzeugen kann.

Aus diesem Grund haben wir bisher noch nichts mit Entropie berechnet, und die materialspezifischen Funktionen $T(\hat{S})$ wurden nur mitgeteilt. Die Einheit Ct ist nicht einmal SI-Einheit. Im nächsten Kapitel 4 wird gezeigt, dass die Entropie trotz dieser Einschränkung die richtige Größe ist, um das Prinzip der Wärmemaschinen und ihrer technischen Optimierung bis ins Detail zu verstehen. Der quantitativen Seite ist das Kapitel 6 gewidmet.

3.8 Entropieerzeugung durch Diffusion von Gasen

Bei der freien Expansion eines idealen Gases in einen leeren Raum bleibt die Temperatur konstant. Das Experiment setzt sorgfältiges Arbeiten voraus und ist nur mit Helium, Wasserstoff und Neon möglich, weil andere Gase diesbezüglich nicht hinreichend ideal sind. Trotz dieser technischen Einschränkungen kann von einer Beobachtungstatsache gesprochen werden. Offensichtlich ist die freie Expansion als Prozess irreversibel; eine Entropieproduktion ist jedoch nicht erkennbar. Deshalb macht man in Gedanken den Prozess rückgängig und komprimiert das Gas auf sein ursprüngliches Volumen, siehe Abb. 3.19. Dabei steigt die Temperatur, und der höhere Entropiegehalt wird klar. Die adiabatische Kompression ist im Idealfall reversibel, denn der Kolben kann auf dem Luftpolster schwingen. So kann die Entropieerhöhung eindeutig der freien Expansion zugeschrieben werden, und das Rätsel ist aufgelöst. Wie bei allen anderen irreversiblen Prozessen wird Entropie erzeugt.

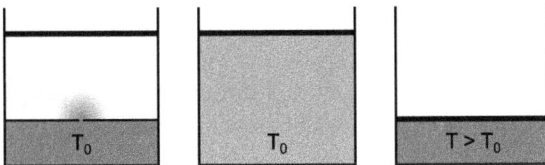

Abb. 3.19: Nach freier Expansion ins Vakuum (links) ändert sich die Temperatur nicht (Mitte). Der ursprüngliche Zustand wird durch adiabatische Kompression wieder hergestellt (rechts). Die Temperatur ist angestiegen.

Die freie Expansion eines Gases kann als Diffusion oder Vermischung von Gas und Vakuum aufgefasst werden. Als Beispiel wählen wir Helium. Anstelle des Vakuums nimmt man nun ein anderes Gas, Wasserstoff. Dann vermischt sich Helium mit Wasserstoff. Am Ende ist der Partialdruck des Heliums genauso groß wie der Absolutdruck bei der Expansion ins Vakuum, und das Helium trägt zur Entropiezunahme entsprechend bei. Ein zweiter Beitrag kommt vom Wasserstoff, für den der Partialdruck ebenfalls sinkt. Die Trennung der beiden Gase ist nicht so leicht möglich wie die adiabatische Kompression des Heliums nach Expansion ins Vakuum. Das ist nicht weiter schlimm, denn man kann die Gesamtentropie aus den Beträgen der beteiligten Gase berechnen. Wenn die Absolutdrucke von Wasserstoff und Helium vor der Vermischung gleich sind, ist der Enddruck genau so groß. Die Temperatur bleibt in jedem Fall konstant. Das Gasgemisch enthält aufgrund der irreversiblen Vermischung mehr Entropie als die getrennten Gase. Die spezifische Entropie ist also für Gasgemische größer als für reine Gase.

Die Irreversibilität der Vermischung von Gasen und Flüssigkeiten ist eine Erfahrungstatsache, und auf die Entropiezunahme kann man selbstverständlich ohne den Umweg über das Vakuum schließen. Der in Abb. 3.20 dargestellte Gedankengang ist eine Anwendung des Partialdrucks aus Abschnitt 1.6 und verdeutlicht die Verwandtschaft von Diffusion und freier Expansion.

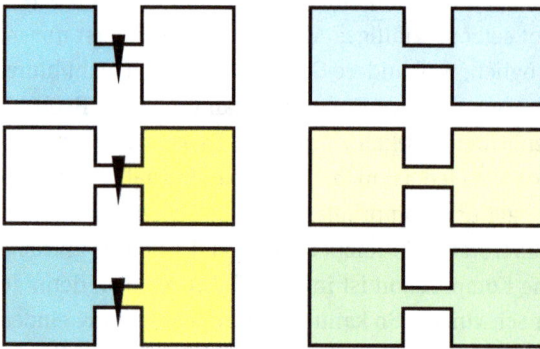

Abb. 3.20: Die Diffusion von verschiedenen Gasen. Oben: Das blaue Gas strömt nach rechts ins Vakuum. Mitte: Das gelbe Gas strömt nach links ins Vakuum. Unten: Überlagerung beider Vorgänge.

3.9 Entropieerzeugung durch Entropiediffusion

Die Wärmeleitung ist offensichtlich irreversibel: Temperaturen gleichen sich im Laufe der Zeit an, lehrt die Erfahrung, und wir interpretieren: Unterschiedlich heiße Körper tauschen Entropie aus, bis das thermische Gleichgewicht erreicht ist. Nie beobachtet man den umgekehrten Vorgang, nämlich die spontane Entstehung von Temperaturunterschieden in einem vormals gleichmäßig temperierten Körper. Bei der Diffusion von Entropie wird neue Entropie erzeugt.

Die Erfahrung scheint dem zu widersprechen. Beim Temperaturausgleich von zwei gleichen Wassermengen stellt sich immer eine Gleichgewichtstemperatur ein, die der arithmetische Mittelwert der Ausgangstemperaturen ist, und zwar sowohl bei Entropiediffusion als auch bei konvektiver Vermischung des Wassers gleichermaßen. Naiv gedacht, wird die Temperatur arithmetisch gemittelt, wie man es erwartet; es kommt nichts dazu. Die arithmetischen Mittelwerte bei Temperaturausgleich sind allerdings ein Scheinproblem: In der Physik haben wir es fast immer mit linearen mathematischen Beziehungen zu tun, die auch in diesem Fall unbewusst mitgedacht werden. Der Zusammenhang von Temperatur und Entropie ist jedoch alles andere als linear: Die Funktion $S(T)$ ist logarithmisch. Abb. 3.21 zeigt die molare Entropie

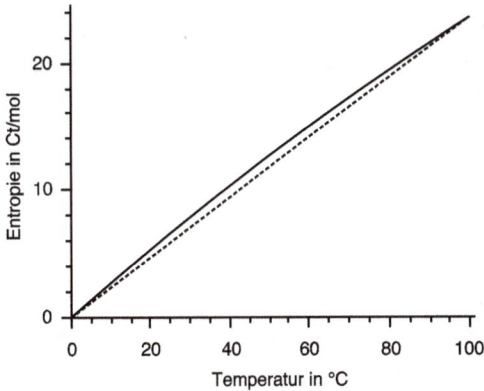

Abb. 3.21: Die Entropiefunktion $\hat{S}(T)$ von flüssigem Wasser bei Normaldruck ist leicht konvex, wie man im Vergleich des Graphen zur gestrichelten Verbindungsgeraden der Endpunkte bei 0 °C und 100 °C sieht.

$\hat{S}(T)$ von Wasser im Bereich von 0 °C bis 100 °C. Die Abweichung von einer linearen Funktion der Temperatur ist deutlich. Durch irreversible Mischung zweier gleicher Wassermengen von 0 °C und 100 °C steigt die Entropie um 0,95 Ct/mol oder 8,1 % an. Nach reversiblem Angleichen der Temperaturen würde die Mischung nicht 50 °C, sondern nur 46 °C Temperatur haben. In Abschnitt 4.2 klären wir, wie ein reversibler Temperaturaustausch durchgeführt werden kann.

Die Entropieproduktion bei Entropiediffusion läuft dem gesunden Menschenverstand zuwider: Bei der irreversiblen Wärmeleitung durch einen Stab kommt am kalten Ende mehr Entropie heraus als am warmen Ende hineinfließt! Beim geheizten Gebäude entsteht Entropie in der Wand, obwohl der Ofen der eigentliche Entropieerzeuger ist, und so weiter.

Schwierigkeiten rühren daher, dass der gesunde Menschenverstand gern den Wärmestoff denkt, und Stoffe können nicht so einfach aus dem Nichts entstehen. Der Wärmestoff ist aber längst obsolet.

Abb. 3.22 symbolisiert die Erzeugung von Entropie durch einen Entropiestrom. Die Entropiestromstärke I_S wächst bei fallender Temperatur gemäß

$$T_1 I_{S_1} = T_2 I_{S_2}, \tag{3.23}$$

oder allgemeiner

$$I_S \propto \frac{1}{T}. \tag{3.24}$$

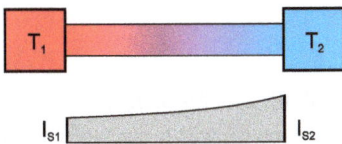

Abb. 3.22: Erzeugung von Entropie bei Wärmeleitung. Entropie strömt vom heißen Körper der Temperatur T_1 zum kalten Körper der Temperatur T_2. Die Entropiestromstärke I_S wird durch die Höhe des grauen Balkens symbolisiert. Sie ist am kalten Ausgang des Leiters größer als am heißen Eingang, $I_{S_1} > I_{S_2}$.

Diese quantitative Beziehung ist nicht mit elementaren Beobachtungen in Verbindung zu bringen; sie ist ein Ergebnis theoretischer Überlegungen aus Kapitel 6. Man könnte sich bis dahin auf qualitative Argumente beschränken und würde im Wesentlichen zu den gleichen Resultaten kommen.

3.10 Teilweise irreversible Prozesse

Ein Vorgang ist genau dann reversibel, wenn keine Entropie produziert wird, ansonsten ist er irreversibel. Für die Praxis brauchen wir eine feinere Unterscheidung. Die Schwingung eines Fadenpendels zeichnet sich dadurch aus, dass eine Masse die Höhe beinahe wieder erreicht, auf der sie ursprünglich aus der Ruhe gestartet ist. Auf lange Sicht klingt die Schwingung aus, sie ist irreversibel zu Ende gegangen. Aber innerhalb einer Schwingungsperiode hat die Bewegung einen reversiblen Charakter mit einem kleinen Fehler. Deshalb ist es sinnvoll, diese Bewegung als fast reversibel oder teilweise irreversibel zu charakterisieren. Fast reversible Vorgänge werden so beschrieben, als wären sie reversibel im engeren Sinn, bis auf einen kleinen numerischen Fehler.

Für die Entwicklung der Mechanik war diese Trennung in reversible Bewegungen und einen vernachlässigbar kleinen irreversiblen Anteil der wichtigste Schritt überhaupt. Man spricht dabei nicht von reversibler, sondern von reibungsfreier Bewegung. Dadurch beschränkt man sich auf mechanische Begriffe und kann die Thermodynamik außen vor lassen. Der reversible Charakter eines Vorgangs lässt sich bei Schwingungen besonders gut erkennen, denn das System bewegt sich fortwährend und nimmt immer wieder seinen Ausgangszustand ein. Durch natürliche oder künstliche Irreversibilität werden Schwingungen gedämpft; Abb. 3.23 zeigt zwei Beispiele.

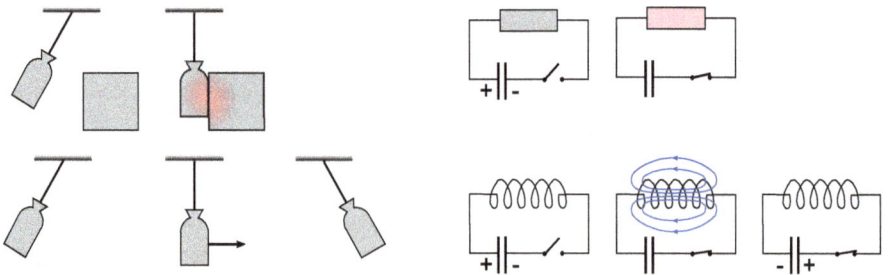

Abb. 3.23: Beispiele für irreversible und reversible Vorgänge. Links: Ein Pendel kommt irreversibel zur Ruhe, oder es schwingt reversibel. Rechts: Ein Kondensator wird über einen Widerstand irreversibel entladen oder er bildet mit der Spule einen Schwingkreis.

Die Erzeugung von Entropie kostet Anstrengung. Deshalb möchte man irreversible Prozesse möglichst gering halten. Beim Fahrrad beispielsweise wählt man leicht laufende Reifen, ölt die Antriebskette und hält die Bremsen sauber, damit nichts schleift. Aber nicht alle Bewegungen sollen ungedämpft verlaufen. Ein Fahrrad mit einer ungedämpften Federgabel wäre nutzlos, weil es fortwährend schwingen würde. Der elektrische Widerstand auf einer Platine ist Sinnbild für elektronische Schaltungen, nicht nur wegen der hübschen farbigen Ringel. Kein elektrischer Verstärker würde ohne Widerstände und ohne Entropieproduktion funktionieren.

Auf lange Sicht ist Entropieerzeugung gut, denn sie beruhigt die Welt.

Da Entropieerzeugung anstrengt, muss man sich überlegen, wo sie wirklich notwendig ist und wo man sie vermeiden kann.

3.11 Gegenstrom-Wärmetauscher

Lüften von Räumen ist ein Problem, das jeder Lehrer kennt. Kaum hat man das Fenster geöffnet, gibt es Diskussion, es sei zu kalt, erstunken sei noch keiner, aber erfroren schon viele, und so weiter. Es tritt der denkbar ungünstigste Fall auf, nämlich dass durch Konvektion die warme Zimmerluft entweicht und kalte Frischluft ins Zimmer strömt. Man könnte sich überlegen, die kalte Frischluft vor dem Austausch durch Kontakt mit der warmen Luft anzuwärmen. Dann käme man bei gleichen Volumina in etwa auf den Mittelwert der Temperaturen von innen und außen. Das wäre schon eine Verbesserung, aber der Vorgang ist irreversibel wie jeder andere Temperaturausgleich durch Wärmeleitung. Die optimale Lösung ist der Gegenstrom-Wärmetauscher. Mit seiner Hilfe kann Entropie aus der Abluft fast vollständig auf die Frischluft übertragen werden, so dass letztere mit Raumtemperatur in das Zimmer einströmt, während die Abluft kalt abgegeben wird. Das Gegenstromprinzip funktioniert mit allen Fluiden und findet vielfältige Anwendungen in der Technik. Es ist essenziell für Kraftwerke. Das Funktionsprinzip ist in Abb. 3.24 gezeigt. Man betrachtet die einströmende Kaltluft. Diese wird von der beinahe vollständig abgekühlten Abluft um einen kleinen Temperaturbetrag angewärmt. Sie strömt weiter und kommt dann in Kontakt mit Abluft, die etwas wärmer ist als im vorherigen Bereich. So geht es weiter bis an den Ausgang des Wärmetauschers, an dem der Entropieübertrag vollständig ist. In der Praxis erreicht man gut 90 % Übertragungsmenge. Beim Gegenstrom-Wärmetauscher wird fast keine Entropie erzeugt. Der Entropieaustausch von einem in ein anderes Fluid ist

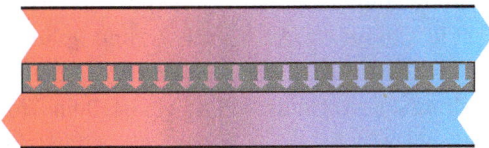

Abb. 3.24: Gegenstrom-Wärmetauscher. Warme Luft fließt im oberen Kanal von links nach rechts, kalte Luft fließt entgegen. Die Entropie fließt über einen sehr kleinen Wärmewiderstand von oben nach unten.

also fast reversibel. Die Einschränkung *fast* hängt damit zusammen, dass ein kleiner Temperaturunterschied vorhanden sein muss, weil es sonst gar keine Entropieströmung gibt. Demnach wird unweigerlich doch ein wenig Entropie erzeugt.

3.12 Vorstellungen zur Entropie

Die Temperatur ist aus dem Alltag bekannt, und sie ist eine verständliche und einleuchtende physikalische Präzisierung der Adjektive kalt, warm und heiß. Genaue Temperaturangaben sind auch außerhalb des Physikunterrichts nützlich.

⚡ Der sichere intuitive Umgang mit dem Temperaturbegriff hat eine Kehrseite: Die Temperatur wird oft als hinreichend zur Beschreibung thermodynamischer Vorgänge angesehen. Schüler stimmen zwar spontan zu, dass in einer großen Thermoskanne mit heißem Tee „mehr Wärme" gespeichert sei als in einer kleinen Kanne gleicher Temperatur, doch lässt sich diese Einsicht erfahrungsgemäß nicht in andere Kontexte übertragen. Der aufgedrängte quantitative Aspekt der *Menge Tee* wird als Stoffmenge gedacht, und die Temperatur bleibt die thermische Größe, mit der der Wärmezustand des Tees beschrieben wird. Man findet, dass Kinder ihre eigene Intuition und Erfahrung über den Haufen werfen, wenn sie physikalisch beurteilen sollen. Zwölfjährige wurden gefragt, ob und ggf. wie sich die Temperatur ändert, wenn man zwei Gläser Wasser von 20 °C zusammenschüttet. Knapp die Hälfte antwortete, die Temperatur sei höher. Offensichtlich verleitet das vorgegebene Zusammenführen der beiden Proben, etwas addieren zu wollen, und die Temperatur ist die einzige Größe, an die gedacht wird [68].

Solche Kapriolen sind etwas verwunderlich, denn an sich ist die Vorstellung eines Wärmestoffs bei Schülerinnen und Schülern häufig zu finden. Sie ist eine Grundlage für die Erarbeitung eines wissenschaftlichen Konzepts der Entropie als quantitatives Maß der Wärme. Allerdings sehen viele Schülerinnen und Schüler von sich aus keine Notwendigkeit für eine zweite physikalische Größe neben der Temperatur. Durch das Experiment in Abb. 3.25 wird auf spektakuläre Weise eine Situation hergestellt, die durch Temperatur allein nicht erklärbar ist.

Bei der Erklärung des Experiments spricht man von Entropie wie von einem Stoff: Das Wasser enthält bei gleicher Temperatur 0 °C mehr Entropie als das Eis, und das heiße Wasser enthält mehr Entropie als das kalte Wasser. Vor zweihundert Jahren hätte man den gleichen Satz mit dem Begriff *caloricum* oder Wärmestoff formuliert. Da es sich hier um ein qualitatives Experiment handelt, soll man die Entropieproduktion durch irreversible Mischung nicht problematisieren.

In einem zweiten Schritt muss man klären, dass Entropie keine Materie ist, insbesondere, wenn man über Entropieströme spricht. Diese Klärung ist auch in anderen Gebieten der Physik wichtig: In der Hydrodynamik beschreibt man eine Wasserströmung durch einen Volumenstrom. Es ist klar, dass Wasser Materie ist und Volumen keine Materie, sondern eine mengenartige Größe. Beim Massestrom ist es entsprechend, wobei in dem Fall die Unterscheidung schon etwas spitzfindiger ist. Beim Wort Masse denkt man nämlich eher an Materie als beim Volumen. In der Elektrizitätslehre

Abb. 3.25: Man übergießt 1.000 g Eis mit 700 g sprudelnd kochendem Wasser. Nach dem Umrühren hat die Mischung eine Temperatur von 0° C und es verbleiben einige Eisstücke im Wasser. Scheinbar ist die „Wärme aus dem kochenden Wasser im Eis verschwunden ". Auf das Thermometer kann man verzichten, wenn man den Becher mit dem eiskalten Wasser in der Klasse herumreicht.

gibt es den Ladungsstrom. Die Ladung ist keine Substanz, nur die Ladungsträger sind Materie. Der elektrische Strom an sich kann ohne jegliche Ladungsträger existieren, unter anderem als Verschiebungsstrom im Kondensator eines Schwingkreises.

Man kann von Entropie reden wie von einer Substanz, wenn man eingesehen hat, dass Entropie keine Materie ist.

Die Entropieströmung ist keine Erfahrungstatsache, sondern ein gedachter Mechanismus, wie das Phänomen Temperaturausgleich zustande kommt. Ein Entropiestrom, der durch einen Temperaturunterschied angetrieben wird, ist analog zu einem Wasserstrom, der durch einen Höhenunterschied angetrieben wird, und er ist analog zu einem Strom elektrischer Ladungen, der durch einen Potentialunterschied angetrieben wird. Es gibt aber einen wichtigen Unterschied:

Der Entropiestrom hat kein eigenes Phänomen, anders als beispielsweise der elektrische Strom mit seinem Magnetfeld. Deshalb kann man den Entropiestrom nicht *zeigen*.

Für das Lernen ist entscheidend zu fragen: Was wird gesehen? Was wird gedacht? Das Denken spielt in der Thermodynamik eine große Rolle, und der Lehrer lenkt sehr stark. Dessen muss man sich bewusst sein.

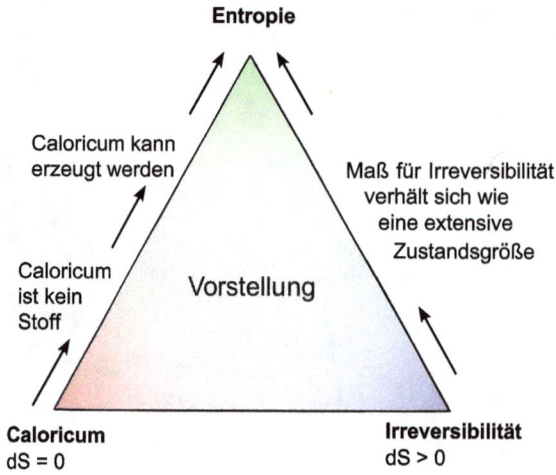

Abb. 3.26: Entropie ist mehr als ihre beiden historischen Wurzeln, i) Das Caloricum ist die altertümliche Auffassung eines Wärmestoffs, ii) Die Entropieerzeugung ist Maß für die Irreversibilität. Die Modifikation und Vereinigung beider Ideen führt zum modernen Entropiebegriff.

03 1010

> Jedermann weiß, dass die Wärme die Ursache der Bewegung sein kann, dass sie sogar eine bedeutende bewegende Kraft besitzt: Die heute so verbreiteten Dampfmaschinen beweisen dies für jedermann sichtbar.

So leitete Sadi Carnot[1] seine *Reflexions sur la puissance motrice du feu* [22], [23] ein, die in diesem Kapitel eine besondere Rolle spielen werden. Wir erinnern uns an den Versuch, bei dem die Münze auf einer Flaschenöffnung bei Erwärmung der eingeschlossenen Luft mehrfach angehoben wird. Das Entweichen der Luft wird verhindert, indem anstelle der losen Münze ein Zylinder genau in die Öffnung eines Kolbens eingepasst wird, wie in Abb. 4.1 gezeigt. Bei Druckerhöhung durch Erwärmung steigt der Zylinder nach oben. Anschließend wird der Zylinder wieder abgekühlt, um den ursprünglichen Zustand wiederherzustellen. Bei periodischer Wiederholung des Vorgangs kann man die rhythmische Bewegung unbegrenzt fortführen und über einen Pleuel eine Drehbewegung antreiben.

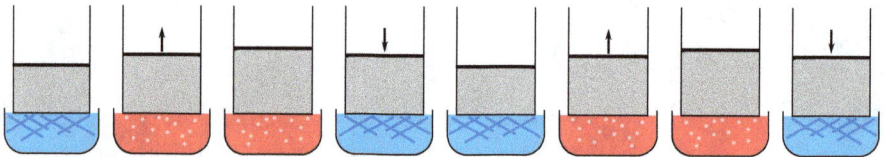

Abb. 4.1: Ein Kolben ist mit Eiswasser im thermischen Gleichgewicht. Er wird mit kochendem Wasser in Kontakt gebracht. Die eingeschlossene Luft dehnt sich durch Temperaturerhöhung aus, bis sie 100 °C erreicht hat. Dann wird der Kolben wieder auf das Eiswasser gestellt und das eingeschlossene Volumen verringert sich bis zum Ausgangszustand. Der Vorgang wird periodisch fortgeführt.

Diesen Prototyp einer Wärmemaschine kann man mit einer luftgefüllten Glasspritze zeigen, die man verschließt und abwechselnd in heißes und in kaltes Wasser taucht. Dabei fällt auf, dass das heiße Wasser mit der Zeit kälter wird und das kalte Wasser wärmer. Das liegt in der Natur der Sache: Heiße Luft kommt über die Zylinderwand in Berührung mit kaltem Wasser, und Entropie fließt von heißer Luft in das kalte Wasser. Umgekehrt entzieht kalte Luft dem heißen Wasser Entropie. Effektiv wird mittels der eingeschlossenen Luft Entropie vom Heißwasserbehälter zum Kaltwasserbehälter transportiert. Den Temperaturausgleich könnte man in dem praxisorientierten Beispiel allein mit dem Begriff Temperatur beschreiben. Dass jedoch die Entropie hier die entscheidende Größe ist, sähe man, wenn man zwei Behälter mit Eis–Wasser und Wasser–Dampf-Gemisch beobachten würde. Die Temperatur bliebe konstant, und den Entropietransport würde man am Schmelzen des Eises und Kondensieren des Dampfs bemerken.

---

1 Nicolas Léonard Sadi Carnot /kaʀ'no/ (1796–1832), französischer Physiker und Ingenieur.

https://doi.org/10.1515/9783110495799-004

4.1 Stirling-Maschine

Robert Stirling /ˈstəːlɪŋ/ hat sich 1808 die folgende Idee patentieren lassen: Der Antrieb-Kolben schließt einen langen Zylinder mit Luft ab, der an zwei getrennten Stellen geheizt und gekühlt wird. Ein zweiter, sogenannter Verdränger-Kolben, befindet sich im Zylinder. Durch Verschieben des Verdränger-Kolbens wird die Luft mal in den kalten, mal in den heißen Bereich des Zylinders gebracht, siehe Abb. 4.2. Die eingeschlossene Luft wird auf diese Weise abwechselnd geheizt und gekühlt. Die resultierende Druckveränderung bewirkt die rhythmische Bewegung des Antrieb-Kolbens. Der Antrieb-Kolben steuert über ein Gestänge die Position des Verdränger-Kolbens und somit das abwechselnde Heizen und Kühlen im richtigen Rhythmus.

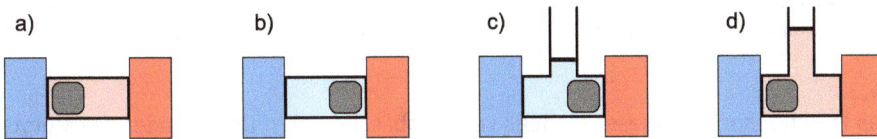

Abb. 4.2: Prinzip der Stirling-Maschine. Ein geschlossenes Gasvolumen befindet sich zwischen einem kalten und einem heißen Körper. a) Steht der Verdränger-Kolben links, erhitzt sich das Gas. b) Durch Bewegung des Verdränger-Kolbens strömt das Gas zum kalten Kontakt hin und kühlt sich dort ab. Der Druck im Gas ändert sich der Temperatur entsprechend. c) Öffnet man das Gasvolumen mit einem beweglichen Kolben, folgt dieser der Ausdehnung des eingeschlossenen Gases. d) Durch Verdrängung des Gases zum heißen Kontakt hin steigt der Gasdruck, und der Antrieb-Kolben bewegt sich nach oben.

In der Technik hat der Stirling-Motor nur einige spezielle Anwendungen, aber er ist ausgezeichnet für den Physikunterricht geeignet. Es gibt eine Vielzahl von Modellen. Man kann sogar den Selbstbau aus einfachen Haushaltsmaterialien wagen [89]. Abb. 4.3 zeigt einen Stirling-Motor, der für den Betrieb bei niedriger Temperaturdifferenz optimiert ist und auf der warmen Hand läuft [38]. Diese Bauart ist auch unter dem Namen Kaffeetassen-Stirling verbreitet.

Abb. 4.3: Der Stirling-Motor für kleine Temperaturdifferenzen läuft auf der warmen Hand. Dieses Modell wird hier besprochen, weil es für Schülerversuche geeignet ist und sogar als Bausatz angeboten wird [4].

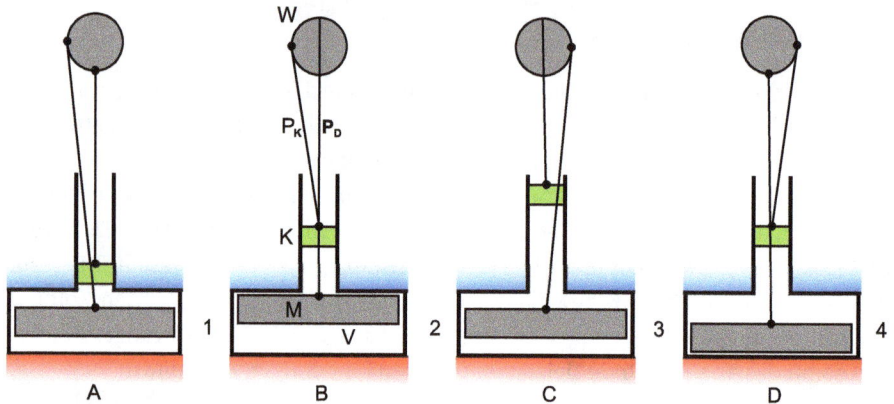

Abb. 4.4: Kopplung von Antrieb-Kolben (grün) und Verdränger-Kolben (grau) im Stirling-Motor. Der Zylinder wird ständig von unten geheizt und von oben gekühlt.

Das Funktionsprinzip dieses Modells ist in Abb. 4.4 gezeigt. Der Zylinder des Motors hat im unteren Bereich einen vergrößerten Querschnitt. Er wird von unten geheizt. Die Oberseite wird gekühlt, im einfachsten Fall mit der Umgebungsluft. Das Gasvolumen V ist durch den grünen Antrieb-Kolben K abgeschlossen. Der Antrieb-Kolben wirkt über den Pleuel P_K auf die Antriebsachse W. Diese steuert über den Pleuel P_D die Position des Verdränger-Kolbens M innerhalb des Gasvolumens. A) Der Antrieb-Kolben ist ganz unten, das Gas ist maximal komprimiert. Durch die Erhitzung am Boden steigt der Druck, der Kolben bewegt sich nach oben und verursacht ein Drehmoment an der Achse. Der Verdränger-Kolben geht auch nach oben und schiebt kalte Luft durch den seitlichen Spalt in die beheizte Zone. B) Der Verdränger-Kolben ist ganz oben, und das Gas ist in Kontakt mit dem heißen Boden des Motors. Der Druck im Gas ist wegen der hohen Temperatur höher als Umgebungsdruck, so dass der Kolben K eine weiterhin aufwärts gerichtete Kraft ausübt und die Achse im Uhrzeigersinn antreibt. C) Nach einer viertel Umdrehung ist der Antrieb-Kolben im oberen Umkehrpunkt angekommen, und der Verdränger-Kolben bewegt das Gas von der heißen Unterseite auf die kalte Oberseite. Der Druck im Gas ist etwa Umgebungsdruck, und die Achse bewegt sich im Wesentlichen durch ihr Trägheitsmoment weiter. D) Das Gas befindet sich vollständig im Kontakt mit der kalten Oberseite. Der Druck im Gas ist geringer als Umgebungsdruck, so dass eine abwärts gerichtete Kraft wirkt, die über den Pleuel die Achse weiter im Uhrzeigersinn antreibt. Mit der Ankunft des Kolbens im unteren Umkehrpunkt ist der Zyklus vollendet und beginnt von vorn.

Zwischen den Zuständen A und C nimmt das Gas Entropie auf, zwischen C und A gibt es Entropie ab. Im zeitlichen Mittel strömt Entropie von der heißen zur kalten Kontaktfläche. Beim Kaffeetassen-Stirling kann man das gut nachvollziehen: Der Deckel wird im Betrieb spürbar wärmer als bei einem blockierten Motor. Die mechanische Ausnutzung eines Entropiestroms ist das allgemeine Prinzip des Wärmemotors.

Eine Wärmemotor koppelt Entropiestrom und mechanische Bewegung durch periodische Zustandsänderungen eines Mediums.

Wenn man die Richtung des Entropiestroms umkehrt, ändert sich die Drehrichtung des Stirling-Motors. Dazu sehen wir uns noch einmal die Abb. 4.4 an und tauschen in Gedanken die rote Heizung und die blaue Kühlung aus. Dann ist das Gas im Zustand B in Kontakt mit der kalten unteren Fläche. Der Kolben K bewegt sich nach unten, um als nächstes den Zustand A zu erreichen, und so weiter. Es lohnt sich, dieses Experiment in der Anordnung von Abb. 4.5 durchzuführen. Die Oberseite wird spürbar kalt. Die Entropie des Deckels kann durch den laufenden Motor leicht in das Eiswasser strömen.

Man kann nicht nur Heizung und Kühlung wechseln, sondern die Rollen von Entropiestrom und Drehmoment austauschen. Man startet im thermischen Gleichgewicht und lässt ein äußeres Drehmoment auf die Achse wirken. Die Stirling-Maschine vollführt die Prozessschritte von A nach D gemäß Abb. 4.4. Starten wir bei C: Die Druckerhöhung durch Abwärtsbewegung des Kolbens von außen bedeutet Temperaturerhöhung des Gases durch Kompression. Da aber der Zylinderdeckel einen kleinen Wärmewiderstand hat, fließt Entropie in die kältere Umgebung ab. Bei maximaler Kompression A beginnt die Umschichtung des Gases durch den Verdränger. Durch die Expansion B kühlt das Gas ab und nimmt Entropie aus dem Boden auf, bis es bei C wieder in den oberen Raum umgeschichtet und durch Kompression erneut erwärmt wird. Die mechanisch angetriebene Stirling-Maschine pumpt Entropie gegen eine Temperaturdifferenz zu einer Stelle höherer Temperatur. Sie ist eine *Wärmepumpe*.

Die Wärmepumpe transportiert Entropie auf höhere Temperatur. Dazu ist ein Antrieb notwendig.

Abb. 4.5: Stirling-Motor mit Vertauschung von warmer und kalter Kontaktfläche. Anstelle der warmen Hand kommt eine eisgekühlte Aluminiumplatte. Entropie fließt von der zimmerwarmen Oberseite durch den Motor in das Eiswasser.

Entfernt man von einem laufenden Stirling-Motor Heizung und Kühlung und bewegt die Achse von außen im gleichen Drehsinn, so strömt auch die Entropie in der gleichen Richtung weiter.

Thermische und mechanische Bewegung sind bei der Stirling-Maschine im Motor- und Pumpenbetrieb gleichartig gekoppelt.

Die Wärmepumpe ist mit dem Kaffeetassen-Stirling nicht darstellbar, aber mit etwas größeren Lehrmittel-Stirling-Maschinen wie in Abb. 4.6 kann die Abkühlung bzw. Erhitzung der beiden Kontaktstellen leicht gezeigt werden. Die Wärmepumpe ist sogar die wichtigere Anwendung der Stirling-Maschine.

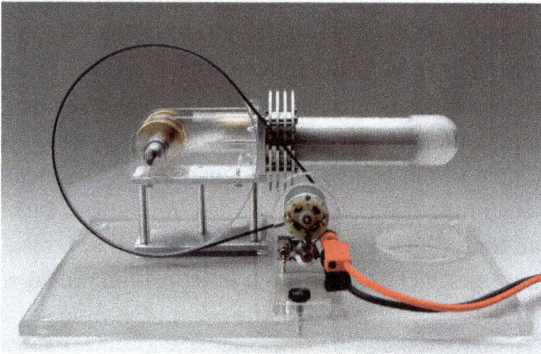

Abb. 4.6: Demonstrations-Stirling-Maschine [38]. Mit elektrischem Antrieb läuft die Maschine als Wärmepumpe. Am kalten Ende liegt die Temperatur etwa 10 K unterhalb der Lufttemperatur; hier ist sie so niedrig, dass gasiges Wasser zu Eis resublimiert.

Die Stirling-Maschine überzeugt durch ihren einfachen und eleganten Aufbau, aber es findet irreversible Entropiediffusion in erheblichem Ausmaß statt. Der Temperaturunterschied zwischen Gas und heißer bzw. kalter Kontaktfläche ändert sich ständig wegen der harmonischen Bewegung des Kolbens. Ferner stellen die Kontaktflächen selbst Wärmewiderstände dar. Die Irreversibilität beim Entropietransport hat den gleichen negativen Effekt wie mechanische Reibung. Die Maschine bringt nicht den erwarteten Nutzen, sondern bremst sich selbst. Man hat darum eine Vielfalt von Sonderkonstruktionen erfunden, um irreversible Prozesse zu verringern, jeweils mit spezifischen Vor- und Nachteilen [96]. Abschließend klären wir die bisher zwanglos gebrauchten Begriffe:

Wärmemaschine ist der Oberbegriff für Wärmemotoren und Wärmepumpen.

4.2 Carnot-Maschine

Wir wissen, dass die Erzeugung von Entropie durch Verbrennung ein irreversibler Prozess ist. Das lassen wir nun außen vor und studieren, was man mit der Entropie, die schon da ist, maximal anfangen kann. Ein Wärmemotor bringt aus einer bestimmten übertragenen Entropiemenge den maximalen mechanischen Nutzen hervor, wenn keine zusätzliche Entropie durch irreversible Prozesse wie Diffusion oder Reibung erzeugt wird. Der Motor heißt dann *reversibel*. Der reversible Wärmemotor wurde 1824 von Sadi Carnot erdacht. Da man den Carnot-Motor nicht bauen, sondern nur denken kann, spricht man meist vom Carnot-Kreisprozess oder Carnot-Zyklus. Ein *Kreisprozess* ist die periodische Abfolge von thermodynamischen Zustandsänderungen in einer Wärmemaschine.

> Der Carnot-Kreisprozess ist in der Thermodynamik das, was in der Mechanik die vollkommen reibungsfreie Bewegung ist.

So wie man in der Mechanik eine reale Bewegung gedanklich aufteilen kann in eine reibungsfreie Bewegung, die durch eine Reibungskraft gehemmt wird, kann man auch den Carnot-Motor als idealen thermodynamischen Vorgang auffassen, der in der Realität modifiziert wird.

> Der Entropiestrom in einem realen Wärmemotor wird gedanklich aufgeteilt in einen reversiblen Entropiestrom per Carnot-Kreisprozess und einen irreversiblen Entropiestrom per Diffusion.

Carnot hat zwei zusätzliche Angaben gemacht, mit denen sein Motor konkreter vorstellbar ist. Erstens betrachtet man das ideale Gas als Medium, das einfach zu beschreiben ist. Zweitens denkt man sich als Quelle und Senke für Entropie jeweils ein heißes und ein kaltes *Entropiereservoir* von jeweils konstanter Temperatur. Diese Entropiespeicher sollen so groß sein, dass die Veränderung der Entropiemenge im Reservoir keine Temperaturänderung bewirkt.

Beim Stirling-Motor erfolgt das Heizen und Kühlen kontinuierlich bei konstanter Temperatur, und das Arbeitsmedium ist gasig. Der Carnot-Motor könnte daher die idealisierte Form eines Stirling-Motors sein. Zur besseren Übersicht spart man sich aber die Technik des Verdränger-Kolbens und betrachtet einfach eine Menge idealen Gases in einem abgeschlossenen Zylinder mit beweglichem Kolben wie in Abb. 4.7.

Wenn im ersten Schritt AB Entropie in den Zylinder strömen soll, muss zwischen Reservoir und Gas ein Temperaturunterschied herrschen, denn der Temperaturunterschied ist Antrieb der Entropieströmung und gibt die Richtung vor. Der Entropieübertrag ist aber nur reversibel, wenn der Temperaturunterschied exakt Null ist; sonst entsteht Entropie wie in jedem Diffusionsprozess. Diese beiden widersprüchlichen Forderungen kann man nur im Geiste gleichzeitig erfüllen: Man denkt sich den Grenzwert einer Folge von immer kleiner werdenden Temperaturunterschieden, die einen immer kleiner werdenden Entropiestrom zur Folge haben. Im Grenzwert ist der Entropiestrom betragsmäßig unendlich klein, aber er darf noch Entropiestrom genannt werden. Das ist der ganze Trick.

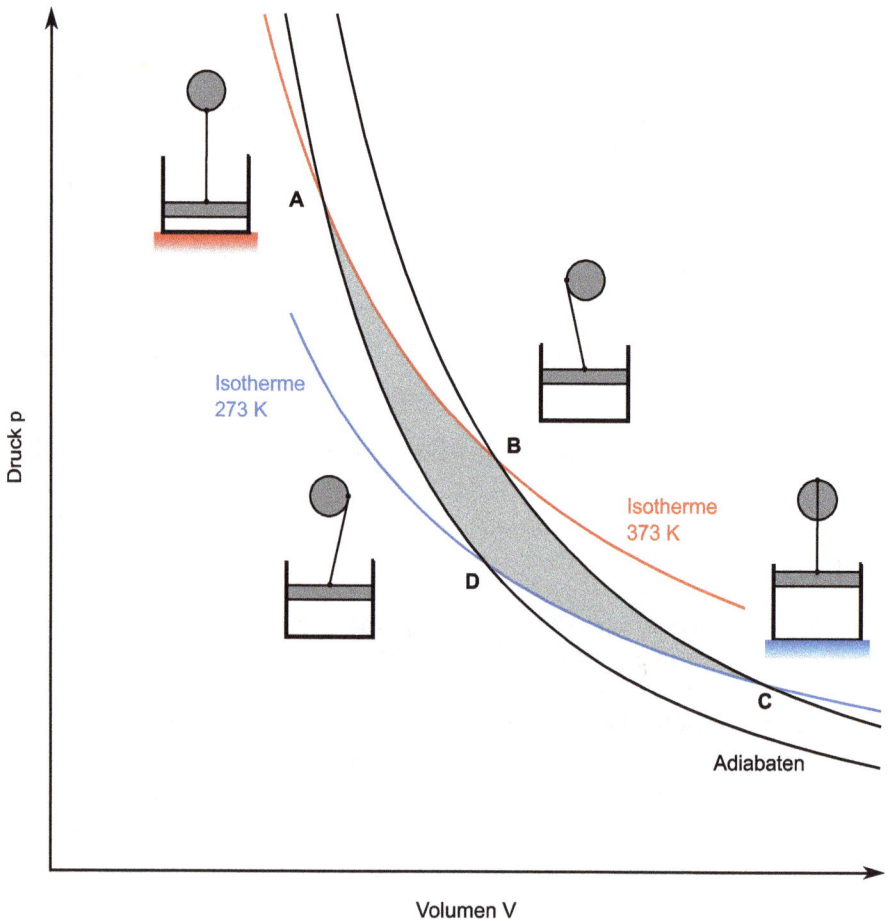

Abb. 4.7: Carnot-Kreisprozess im *p,V*-Diagramm. Zum Zeitpunkt A ist das Gas maximal komprimiert. Der Zylinder wird in Kontakt mit dem heißen Wärmereservoir gebracht. Das Gas expandiert
isotherm, d. h. es nimmt Entropie auf und vergrößert das Volumen. Bei B wird der Kontakt zum Wärmereservoir unterbrochen und die Expansion schreitet adiabatisch fort. Dabei kühlt das Gas ab
bis auf die Temperatur des kalten Reservoirs. Sobald diese in C erreicht ist, kommt der Zylinder in
Kontakt mit dem kalten Reservoir. Während der isothermen Kompression auf dem Weg von C nach
D wird Entropie an das kalte Reservoir abgegeben, bis der Punkt D erreicht ist; anschließend wird
adiabatisch komprimiert, bis das Gas die hohe Temperatur angenommen hat und der Zyklus bei A
geschlossen ist. Das Gas durchläuft die Zustände am Rand der grau unterlegten Fläche. Die Kraft auf
den Kolben ist proportional zum Druck. Demnach ist die Kraft auf den Kolben bei der Expansion von
A über B nach C im Mittel größer als bei der Kompression von C über D nach A.

> Die isotherme Übertragung von Entropie findet bei verschwindender Temperaturdifferenz unendlich langsam statt. Sie ist reversibel.

Im nächsten Schritt BC ist der Kontakt zum heißen Reservoir unterbrochen. Das Gas expandiert *adiabatisch*, das bedeutet ohne den Austausch von Entropie mit dem Äußeren. Da vereinbarungsgemäß keine Entropie im Innern des Motors erzeugt wird, ist dieser Schritt auch *isentrop*, d. h. die Entropie des Gases ändert sich nicht. Der Weg des Kolbens ist so lang, dass das Gas die richtige Temperatur T_k hat, wenn es mit dem kalten Reservoir in Berührung kommt. Aufgrund des infinitesimal kleinen Temperaturunterschieds wird Entropie reversibel in das kalte Reservoir abgegeben. Schließlich wird das Gas isentrop komprimiert, bis T_h erreicht ist.

Die einzelnen Schritte des Kreisprozesses und ihre Wege im p,V-Diagramm sind in Abb. 4.7 gezeigt. Bei der Expansion vom Zustand A über B nach C ist der Druck im Mittel größer als bei der Kompression von C über D nach A, das heißt der Kolben des Carnot-Motors treibt im zeitlichen Mittel eine Achse mechanisch an.

Oben wurde gezeigt, wie die Stirling-Maschine unter Beibehaltung der Drehrichtung als Wärmepumpe funktioniert. Das geht mit der Carnot-Maschine in Gedanken genauso. In Abb. 4.8 ist der Übergang vom Wärmemotor zur Wärmepumpe im p,V-Diagramm skizziert. Man sieht, dass sich der Umlaufsinn im p,V-Diagramm umkehrt. In der Literatur ist mit rückwärts (oder ccw = *counter clockwise*) laufender Carnot-Maschine immer der Umlaufsinn im p,V-Diagramm gemeint. Davon unbenommen kann man auch die mechanische Drehrichtung der Achse mit dem Exzenter vertauschen, beispielsweise den Motor zunächst in der angegebenen Reihenfolge arbeiten lassen und dann einen äußeren Antrieb in entgegengesetzter Richtung anlegen. In

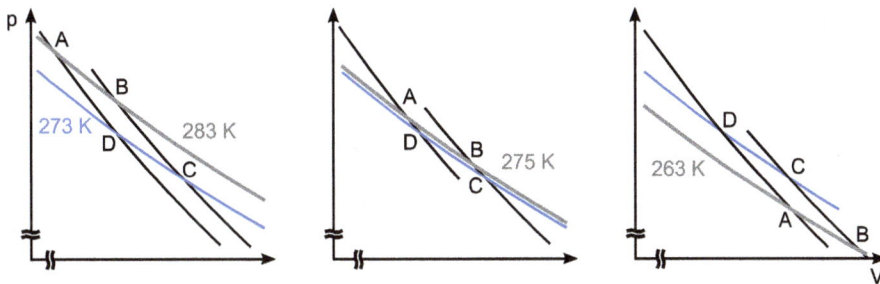

Abb. 4.8: Gedanklicher Übergang vom Carnot-Motor zur Carnot-Wärmepumpe im p,V-Diagramm. Das kalte Reservoir bleibt bei konstanter Temperatur. Die heiße Temperatur wird abgesenkt. Dabei wandert die dicke graue Isotherme durch A und B nach unten und nähert sich der blauen Isotherme des kalten Reservoirs. Bei verschwindendem Temperaturunterschied würde der Motor zum Stillstand kommen, aber dann wird der äußere Antrieb mit der gleichen mechanischen Drehrichtung eingeschaltet. Die Entropie fließt weiterhin vom blauen zum grauen Reservoir, nun jedoch von tiefer zu hoher Temperatur. Die Abfolge der Zustände bleibt wegen der unveränderten Drehrichtung ABCD, aber die Trajektorie im p,V-Diagramm wird jetzt gegen den Uhrzeigersinn durchlaufen.

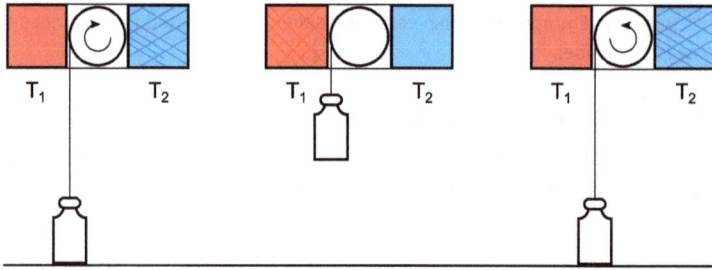

Abb. 4.9: Anheben einer Masse durch Carnot-Motor und Antrieb einer Carnot-Wärmepumpe durch eine absinkende Masse. Die beiden Carnot-Maschinen sind reversibel, also sind Ausgangs- und Endzustand identisch. Die Drehrichtung der Maschine ergibt sich aus einer infinitesimal kleinen Anfangsgeschwindigkeit der Masse.

diesem Fall wird die ursprünglich vom heißen zum kalten Reservoir geflossene Entropie ins heiße Reservoir zurückgepumpt. Das Konzept ist in Abb. 4.9 illustriert.

Die isotherme Übertragung der Entropie ist nur mit einer unendlich kleinen Entropiestromstärke vereinbar. Der Motor läuft unendlich langsam. Insofern ist nichts unpraktischer als eine Carnot-Maschine. Man kann sich im Geiste die unendliche lange Wartezeit vertreiben und sich Vorgänge mit endlichen Entropiemengen vorstellen. Dazu modifizieren wir das Wärmereservoir und nehmen zwei endliche Mengen von Phasengemischen unterschiedlicher Reinstoffe, zum Beispiel Eis–Wasser bei 273 K und das Gemisch aus festem und flüssigem Zinn bei 505 K. Man kann den tatsächlichen Entropiegehalt über die Anteile der jeweiligen flüssigen und festen Phasen direkt ablesen und sieht, ob und in welche Richtung Entropie geflossen ist. Für die Abb. 4.9 werden konkrete Zahlen genannt: Beim Übertrag von 42 Ct Entropie durch den Carnot-Motor wird eine Masse von 1.000 kg um einen Meter angehoben; dabei erstarren 361 g Zinn, und 34 g Eis schmelzen. Lässt man die Masse mittels Wärmepumpe wieder herab, wird die gleiche Menge Zinn geschmolzen, und das Eis erstarrt wieder.

4.3 Wasserfallanalogie

Im Kontext der Wärmemaschinen können wir gut über Entropie reden wie über eine strömende Substanz, solange die differenzierte Bedeutung des Begriffs Entropie gemäß Abb. 3.26 präsent bleibt. Zu Carnots Zeit gab es die Entropie noch nicht, aber das Caloricum als eine ihrer beiden Wurzeln. Beim Caloricum ist das Stoffliche stärker betont, fast wörtlich gemeint. Carnot hat die Erhaltung der Menge des Caloricums postuliert und die Analogie zum Wasserfall hergestellt. Die *Wasserfallanalogie* verwenden wir heute für reversible Wärmemaschinen. Abb. 4.10 zeigt die Idee. Der Antrieb einer Wassermühle ist näherungsweise reversibel. Man könnte mit dem Mühlrad eine Pumpe antreiben, die das durchgeflossene Wasser zurück in das obere Becken pumpt. Daher ist der mechanische Nutzen einer Wassermühle unabhängig von technischen

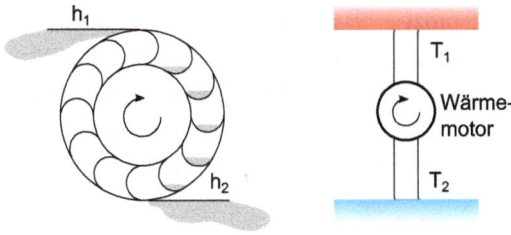

Abb. 4.10: Wasserfallanalogie. Bei einer Wassermühle fällt Wasser von einer Höhe h_1 auf die Höhe h_2 und treibt damit das Mühlrad an. Beim Wärmemotor fällt Entropie von der Temperatur T_1 auf die Temperatur T_2.

Details proportional zur Wasserstromstärke und zur Fallhöhe. Schon zu Carnots Zeiten war die Näherung so gut erfüllt, dass das quantitative Gesetz Allgemeingut war. Aus der Analogie folgt unmittelbar, dass der mechanische Nutzen eines Wärmemotors bei gegebener Wärmezufuhr proportional zur Temperaturdifferenz zwischen heißem und kaltem Reservoir ist, und zwar unabhängig von der Konstruktion des Motors. Das war seinerzeit alles andere als selbstverständlich, hat sich jedoch glänzend bestätigt.

Die Wasserfallanalogie ermöglicht quantitative Analyse. Der Nutzen einer Wassermühle ist proportional zum Höhenunterschied und zur Massenstromstärke, also proportional zur Fläche des Rechtecks ABCD im h,m-Diagramm in Abb. 4.11. Analog ist der Nutzen eines Wärmemotors proportional zum Temperaturunterschied und zur Entropiestromstärke. Die Wasserfallanalogie galt ursprünglich nur für den Entropiefall im Wärmemotor, aber die Idee lässt sich zwanglos auf Wärmepumpen verallgemeinern. Während der mechanische Nutzen eines Wärmemotors durch die Fläche seines Entropiefalls, also die eingeschlossene Fläche im T,S-Diagramm charakterisiert wird, gibt die entsprechende Fläche für eine Wärmepumpe den notwendigen mechanischen Antrieb an. Bei der Wärmepumpe sprechen wir vom *Entropiehub*.

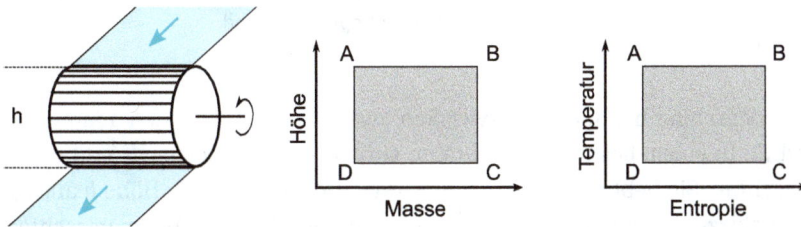

Abb. 4.11: Wasserfallanalogie im h,m-Diagramm und T,S-Diagramm. Eine Schaufel des Wasserrades wird zwischen A und B mit Wasser der Masse m befüllt. Dann fällt das Wasser in der Schaufel herab zum Punkt C. Auf niedriger Höhe wird die Schaufel geleert, womit Punkt D erreicht wird. Das Schaufelrad dreht sich weiter und erreicht schließlich den Ausgangspunkt A. Der erste Schritt A–B im Carnot-Kreisprozess ist isotherme Expansion im Kontakt mit dem heißen Reservoir unter Aufnahme der Entropie S. Es folgt die adiabatische Expansion von B nach C, isotherme Kompression von C nach D unter Abgabe der oben aufgenommen Entropie und schließlich die adiabatische Kompression zum Ausgangspunkt A. Der mechanische Nutzen des Carnot-Motors ist proportional zur Fläche im T,S-Diagramm.

Der Ausgangspunkt für den Carnot-Kreisprozess war die Festlegung auf eine ideale, reversible Maschine, die besser ist als jede reale Maschine. Für den reversiblen Prozess ist die Wasserfallanalogie sehr nützlich. Man ist vielleicht versucht, sie auf teilweise irreversible Prozesse zu verallgemeinern. Dabei kann nichts Sinnvolles herauskommen. Das macht nichts, denn man kann reversible und vollständig irreversible Prozesse separat betrachten.

4.4 Isentroper Wirkungsgrad

Im Stirling-Motor entsteht Entropie durch Diffusion und Reibung. Bei gleicher Temperatur und Entropiestromstärke ist sein mechanischer Nutzen geringer als der eines Carnot-Motors. Am Ausgang des Stirling-Motors ist die Entropiestromstärke größer als am Eingang, weil intern Entropie produziert wird. Man kann den gesamten Entropiestrom gedanklich aufteilen in den unveränderten Entropiestrom durch eine reversible Wärmemaschine und die vollständig irreversible Entropieproduktion, siehe Abb. 4.12. Auf diese Weise kann jeder reale Wärmemotor beschrieben werden. Dabei bleibt die Wasserfallanalogie für den reversiblen Anteil anwendbar. Nun wollen wir ein Maß für den relativen Anteil des reversiblen Prozesses am Gesamtgeschehen angeben.

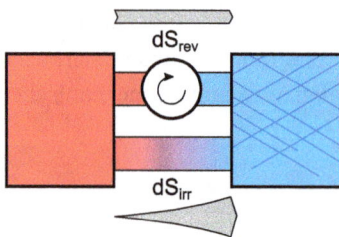

Abb. 4.12: Aufteilung eines teilweise irreversiblen Entropiestroms in einen reversiblen Entropiestrom durch einen Carnot-Motor und einen irreversiblen Entropiestrom durch einen Entropiewiderstand.

Eine Carnot-Maschine befindet sich zwischen zwei Reservoirs mit den Temperaturen T_1 und T_2. In einem bestimmten Zeitraum strömt die Entropiemenge S durch die Carnot-Maschine. Sie hebt eine Masse m im Gravitationsfeld auf die Höhe h an, wie in Abb. 4.13 skizziert. Unter gleichen Bedingungen hebt die reale Wärmemaschine, beispielsweise ein Stirling-Motor, die Masse nur auf die Höhe $\eta_S h$. Die Größe η_S heißt *isentroper Wirkungsgrad*.

> Der isentrope Wirkungsgrad setzt den Nutzen eines realen Prozesses ins Verhältnis zum idealen, reversiblen Prozess. Iso-entrop bedeutet *mengenmäßig gleich bleibende Entropie*.

Die Größe η_S könnte man *Reversibilitätsgrad* nennen und man wüsste unmittelbar, was gemeint ist. Andererseits ist isentroper Wirkungsgrad ein etablierter Fachbegriff,

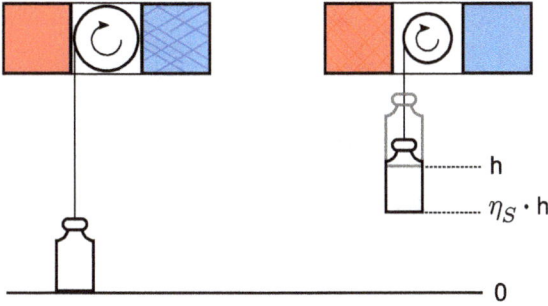

Abb. 4.13: Isentroper Wirkungsgrad. In den Wärmereservoirs befinden sich zwei Stoffe im Phasengemisch fest-flüssig, beispielsweise Zinn (505 K) und Wasser (273 K). Entropie geht vom flüssigen Zinn in das feste Eis über, wobei das Zinn fest wird und das Eis schmilzt.

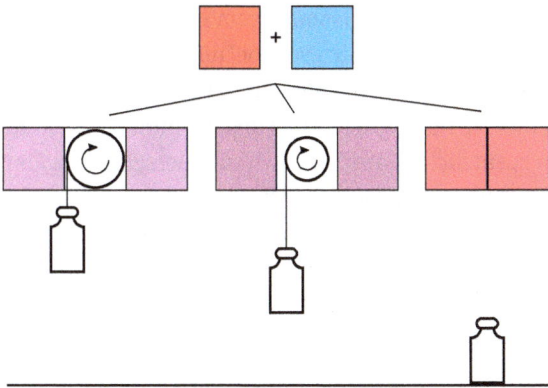

Abb. 4.14: Reversibler und irreversibler Temperaturausgleich unterschiedlich heißer Körper. Links: Reversibler Entropietransport durch einen reversiblen Wärmemotor. Mitte: Teilweise irreversibler Entropietransport. Rechts: Die Endtemperatur ist bei der irreversiblen Wärmeleitung am höchsten.

den man nicht ohne Not umbenennt. Abb. 4.14 verdeutlicht die Mittelstellung des realen Wärmemotors zwischen Carnot-Motor und Wärmeleitung. Zwei unterschiedlich heiße Körper werden an den heißen bzw. kalten Kontakt des Wärmemotors gebracht. Über den Carnot-Motor kommen die Körper ins thermische Gleichgewicht ohne Erzeugung von Entropie, also ist $\eta_S = 1$. Im Grenzfall $\eta_S \to 0$ strömt die Entropie ohne jeglichen Nutzen, es liegt die gewöhnliche Wärmeleitung vor. Ein Stirling-Motor erreicht bis zu $\eta_S \approx 0{,}70$ [94].

In diesem Abschnitt haben wir die thermodynamische Größe η_S durch einen mechanischen Vorgang, nämlich das Anheben einer Masse im Schwerefeld definiert. Puristen könnten den Wunsch haben, den isentropen Wirkungsgrad eines Wärmemotors allein mit thermodynamischen Prozessen zu definieren. Dazu verbindet man einen realen Motor mit einer idealen Wärmepumpe, wie in Abb. 4.15 gezeigt. Da der Sinn des Wärmemotors immer der mechanische Antrieb ist und auch die Wärmepumpe normalerweise nicht durch einen Wärmemotor angetrieben wird, bleiben wir bei der oben gegebenen mechanischen Definition von η_S. Sie ist auch praktikabel, denn das Anheben einer Masse ist stets reversibel. Demgegenüber ist die reversible Wärmemaschine in Abb. 4.15 nur vorstellbar.

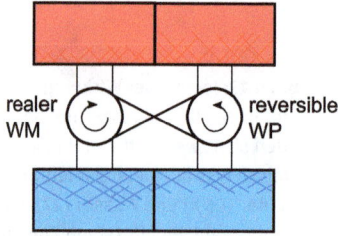

Abb. 4.15: Alternative Definition des isentropen Wirkungs-
grades. Im heißen Reservoir des realen Motors erstarrt die
Menge n eines Stoffs. Im gleichen Zeitraum schmilzt die
Wärmepumpe die Menge ηn des gleichen Stoffs.

4.5 Carnot-Motor mit Entropie aus Diffusion

Der Carnot-Motor befördert eine bestimmte Entropiemenge vom heißen ins kalte Reservoir. Wenn vor dem Eintritt in den Motor Entropie irreversibel diffundiert, beispielsweise durch Vermischung von heißen Flammengasen mit kühler Luft oder durch Wärmeleitung im Gehäuse, entsteht zusätzliche Entropie. Die Frage ist nun, ob diese zusätzliche Entropie im Motor einen zusätzlichen Antrieb bewirkt. Einerseits ist ja klar,
dass jeder irreversible Vorgang den Nutzen des Motors reduziert. Andererseits ist es
auch nicht von der Hand zu weisen, dass der Carnot-Motor sowohl mit Entropie aus
dem Reservoir als auch mit neu erzeugter Entropie laufen kann. Beide Argumente sind
im Einklang mit der folgenden quantitativen Analyse.

Das heiße Entropiereservoir habe die Temperatur T_0, das kalte T_2. Ein Carnot-
Motor, der in Reihe mit einem Wärmewiderstand ist, hat auf der heißen Seite die Temperatur $T_1 < T_0$. Die Entropiestromstärke am Eingang des Motors ist $dS_1 > dS_0$, denn
im Wärmewiderstand wird Entropie produziert. Gemäß Gl. (3.23) gilt für die Diffusion
von Entropie durch einen Widerstand

$$T_0 I_{S_0} = T_1 I_{S_1}. \tag{4.1}$$

Diese Gleichung definiert den Funktionsgraphen in Abb. 4.16, auf dem die rechte
obere Ecke jeder Fläche A_i liegt, die den Entropiefall im Carnot-Motor von T_i nach T_2

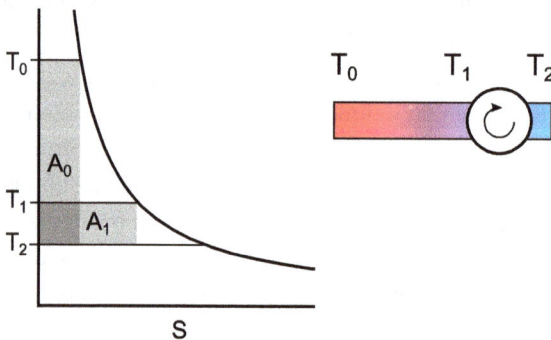

Abb. 4.16: Carnot-Motor mit irreversibler Entropievermehrung
vor dem Eingang.

repräsentiert. Die Flächen A_0 und A_1 werden ins Verhältnis gesetzt und umgeformt zu

$$\frac{A_1}{A_0} = \frac{I_{S_1}(T_1 - T_2)}{I_{S_0}(T_0 - T_2)} = \frac{T_0(T_1 - T_2)}{T_1(T_0 - T_2)} = \frac{1 - \frac{T_2}{T_1}}{1 - \frac{T_2}{T_0}} < 1. \tag{4.2}$$

Die Herleitung fußt auf einer quantitativen Beziehung zwischen der Temperatur und Entropie, die wir bisher mangels Messvorschrift für die Entropie erst in Kapitel 6 begründen werden. Wenn man das konzeptionell nicht akzeptieren möchte, bleibt die Überzeugung, dass ein irreversibler Prozess den Nutzen des Motors immer einschränkt und die neu erzeugte Entropie den Verlust nicht ausgleichen kann. Im Grunde bedient die Herleitung nur die Gewohnheit, berechnete Ergebnisse eher zu akzeptieren als qualitativ gewonnene.

4.6 Motoren mit Flammenheizung

Der idealisierte Carnot-Kreisprozess und der reale Stirling-Prozess sind einander sehr ähnlich. Beide basieren auf der periodischen Kompression und Expansion eines Gases, das von außen geheizt oder gekühlt wird. Wenn es gelingt, den Entropiestrom im Stirling-Motor annähernd isotherm zu führen, ist der Stirling-Motor fast reversibel. In der Praxis hat der Stirling-Motor einen Mangel gegenüber dem Carnot-Motor: Es gibt kein heißes Wärmereservoir, aus dem man unbegrenzt Entropie entnehmen könnte. Die kalte Seite kann man recht einfach kalt halten, indem man die angewärmte Luft austauscht und ggf. große Kühlrippen anbringt. Physikalisch gesagt, muss die Entropie am Ausgang des Stirling-Motors in die weitere Umgebung diffundieren. Bei kleinen Temperaturunterschieden von wenigen Kelvin wird dabei wenig Entropie produziert, die nicht der Rede wert ist. Auf der kalten Seite ist das Modell des Wärmereservoirs passend.

Auf der heißen Seite muss die durch den Motor abfließende Entropie bei hoher Temperatur ersetzt werden. In der Regel nutzt man dafür eine Flamme. Ein Brennstoff wie Erdgas, Benzin oder Kohle reagiert unter Entropieproduktion mit Luftsauerstoff bei einer Temperatur von etwa 2.000 K. Einerseits ist die hohe Temperatur sehr gut, denn die Entropie kann im Motor um einen großen Temperaturbetrag fallen. Andererseits müssen die Reaktionsprodukte Wasser und Kohlendioxid aus dem Bereich der Flamme abfließen und Platz für frischen Brennstoff machen. Dabei ist die Temperatur des Abgases mindestens die Temperatur des heißen Kontakts des Stirling-Motors. Solange das heiße Abgas keine Entropie an den Motor abgibt, diffundiert es nutzlos in die Umgebung. Die Situation verbessert sich etwas, wenn die Wärmeleitfähigkeit des Motors so hoch ist, dass er Entropie aufnimmt und das Abgas signifikant abgekühlt wird, beispielsweise auf 1.000 K. Dann ist aber auch der heiße Kontakt nur auf dieser Temperatur, und der nutzbare Temperaturfall ist verkürzt. Bei sehr starker Abkühlung der Flammengase wird zwar die Entropie der Flamme gut ausgenutzt, aber der Temperaturfall ist klein. Abb. 4.17 verdeutlicht das Problem.

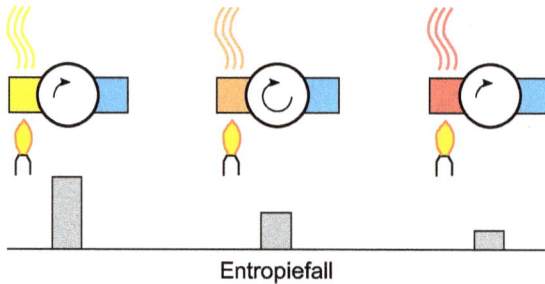

Entropiefall

Abb. 4.17: Die Übertragung der Entropie der Flammengase in den Motor verringert die Höhe des reversiblen Entropiefalls, die vom Motor genutzt werden kann. Von links nach rechts nimmt die Temperatur der Flammengase ab und die übertragene Entropie zu.

Ein flammengeheizter reversibler Wärmemotor hat den größten mechanischen Nutzen, wenn die Temperatur des heißen Kontakts das geometrische Mittel zwischen Flammentemperatur und Temperatur des kalten Kontakts ist. Der Beweis folgt in Abschnitt 6.13.

Es gibt eine thermodynamisch bessere Möglichkeit, nämlich den Brennstoff im Kolbenraum bei maximaler Kompression zu entzünden und das heiße Abgas anschließend im Kolben adiabatisch abzukühlen. Das ist das Prinzip des Diesel-Motors und des Otto-Motors. Diese Verbrennungsmotoren unterscheiden sich aus physikalischer Sicht nur im Detail und haben beide den Vorteil der adiabatisch gekühlten Abgase. Kolben-Verbrennungsmotoren vibrieren stark wegen der pulsierenden Entropieproduktion und der damit einhergehenden abrupten Druckschwankung. Das versucht man durch Kombination mehrerer phasenverschobener Zylinder zu kompensieren. In anspruchsvollen technischen Anwendungen werden diese Vibrationen schon lange nicht mehr toleriert. Deshalb sparen wir uns weitere Details und wenden uns gleich der Gasturbine zu.

4.7 Gasturbine

In der Gasturbine wird eine Drehbewegung angetrieben wie bei einer Windmühle. Mit einem einzigen gleichförmig bewegten Teil, dem *Rotor*, läuft die Gasturbine ruhig und zuverlässig. Die typische Winkelgeschwindigkeit des Rotors ist kompatibel mit dem elektrischen Generator. Gasturbine und *Turbogenerator* auf einer gemeinsamen Achse bilden das denkbar einfachste elektrische Kraftwerk. In der Gasturbine wird nicht wie beim Kolbenmotor eine eingeschlossene Gasmenge als Ganzes verändert, sondern die verschiedenen Zustände des Gases werden räumlich getrennt durchlaufen. Die Abfolge der Zustände heißt *Joule-Prozess*. Abb. 4.18 zeigt ein Windrad in einem ringförmig geschlossenen Rohr, das durch eine Luftströmung angetrieben werden soll. Dazu ist ein Druckunterschied nötig, der von einer Pumpe hergestellt wird. Pumpe und Windrad heißen in diesem Kontext *Turbokompressor* und *Turboex-*

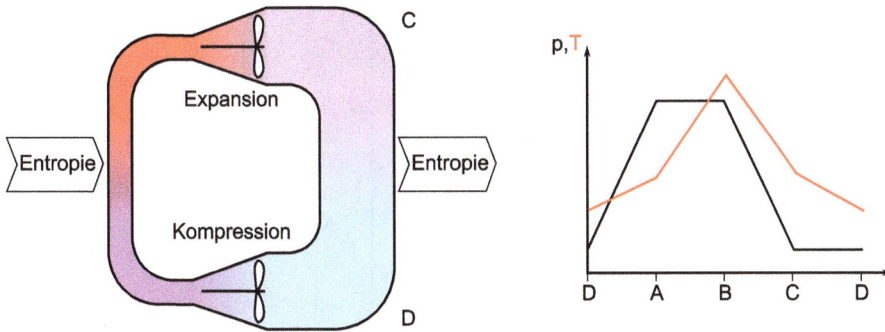

Abb. 4.18: Prinzip der Gasturbine. Kompression und Expansion erfolgen über Windräder mit fester mechanischer Verbindung.

pander, kurz Kompressor bzw. Verdichter und Turbine.[2] Da die Maschine nicht von außen in Bewegung gehalten werden soll, muss der Kompressor (Pumpe) vom Expander (Windrad) angetrieben werden. Die einmal in Gang gesetzte Strömung würde bestenfalls – wenn die Maschine reversibel wäre – bestehen bleiben, aber der mechanische Antrieb beispielsweise eines elektrischen Generators ist nicht möglich. Nun wird auf der Hochdruckseite Entropie zugefügt, und die gleiche Entropiemenge wird auf der Seite mit niedrigem Druck abgeführt. Das Gas enthält im Expander mehr Entropie als im Kompressor, seine Temperatur und sein spezifisches Volumen sind größer. Da an jeder Stelle des Rohres der Massenstrom gleich sein muss, weil kein Gas verschwinden kann, bedeutet das bei gleichen Abmessungen von Kompressor und Expander eine höhere Strömungsgeschwindigkeit im Expander. Das Drehmoment am Expander ist deshalb betragsmäßig größer als das entgegengesetzte Drehmoment am Kompressor. Die Summe der Drehmomente auf der gemeinsamen Achse ist der Antrieb für den elektrischen Generator oder ein anderes nützliches Gerät.

Für die Darstellung im p,V-Diagramm und im T,S-Diagramm in Abb. 4.19 verfolgt man in Gedanken ein kleines Gasvolumen auf dem Weg durch den Kreislauf. Im Zustand A ist das Gas auf den Druck p_A komprimiert, und es hat eine erhöhte Temperatur T_A. Durch Entropiezufuhr steigt die Temperatur weiter auf T_B. Der Druck bleibt konstant bei $p_B = p_A$, anders als beim Kolbenmotor. Das Gas wird adiabatisch expandiert und erreicht den Zustand C mit niedrigem Druck p_C und Temperatur T_C. Die Abgabe von Entropie erfolgt als Abkühlung auf T_D bei konstantem Druck $p_D = p_C$.

Nun kümmern wir uns um den Entropiewiderstand des Rohres, der den Entropietransport behindert. Da in dem ringförmigen Rohr in Abb. 4.18 auf der rechten Seite

---

2 Traditionell wird sowohl die ganze Maschine als auch der Turboexpander allein als Turbine bezeichnet. In der gehobenen Fachsprache findet man gelegentlich den Turboexpander, aber nicht den Entspanner, den es als Komplement zum Verdichter geben müsste.

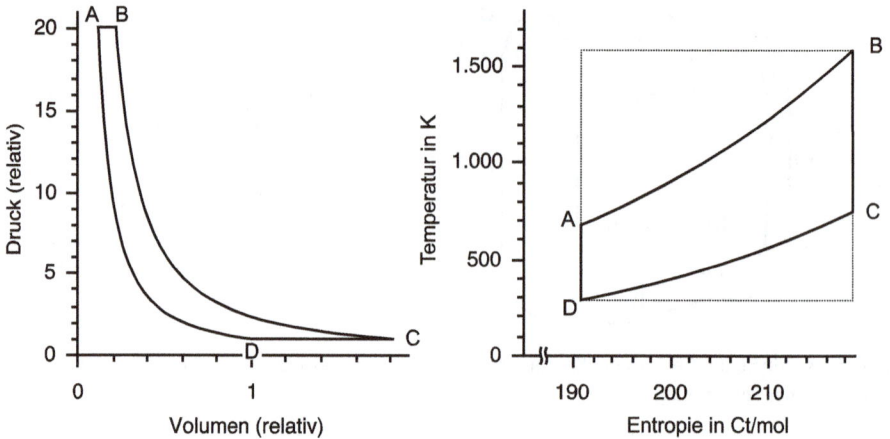

Abb. 4.19: p, V- und T, S-Diagramm für den Gasturbinenprozess. Das gestrichelte Rechteck im T, S-Diagramm bezeichnet den Entropiefall des Carnot-Motors zwischen T_B und T_D. Der Entropiefall der Gasturbine ist kleiner, weil die Entropie nicht bei konstanter Temperatur zugeführt und abgeführt wird.

überall der gleiche Druck herrscht, kann es dort aufgeschnitten und zu einem linearen Rohr umgeformt werden. Man kann dann kein beliebiges Gas mehr verwenden, sondern muss Luft nehmen, was man der Einfachheit halber sowieso vor hatte. Zwischen Verdichter und Turboexpander wird die Entropie zugeführt, indem Treibstoff im Luftstrom verbrannt wird. Die Verbrennung selbst ist irreversibel, aber es entsteht keine zusätzliche Entropie durch Wärmeleitung. Auch die Abgabe der Entropie ist denkbar einfach: Sie wird durch das Abgas mitgenommen und verteilt, während am Einlass kühle Frischluft einfließt. Abb. 4.20 zeigt das Prinzip. Die quantitative Beschreibung der offenen Gasturbine ist kompliziert, weil sich die Stoffmenge und chemische Zusammensetzung des Gases durch die Brennstoffzufuhr ändern. Für die grundsätzlichen physikalischen Aspekte ist das unerheblich.

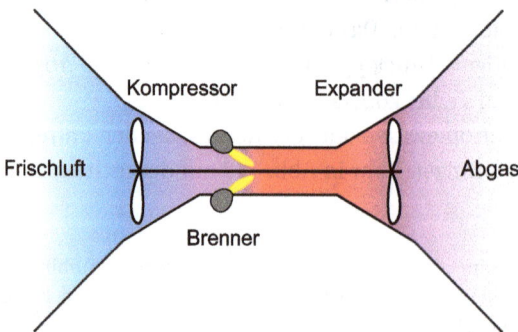

Abb. 4.20: Prinzip der offenen Gasturbine. Die Entropiezufuhr erfolgt durch die Flamme im Bereich der komprimierten Luft. Im Expander kühlen die Flammengase ab. Das Abgas ist heißer als die Frischluft, denn es enthält bei gleichem Druck wie die Frischluft zusätzlich die Entropie der Verbrennung. Der Expander treibt auf gemeinsamer Achse den Kompressor an.

Ein einfacher Computerlüfter ist ein Kompressor für einen Druckunterschied von typisch 100 Pa. Mit ausgefeilter Technik kann man bis zum Tausendfachen des Werts kommen, aber mehr als 100 kPa Druckunterschied sind mit einem einzelnen Propeller nicht möglich; das entspricht einer Verdopplung des Luftdrucks. Für eine brauchbare Gasturbine ist ein viel höheres Druckverhältnis von $p_B/p_C = 8 \ldots 25$ notwendig. Es werden dafür mehrere *Schaufelräder* in Reihe gebracht und der Druck stufenweise erhöht bzw. gesenkt.

Abb. 4.21: Turbinenschaufeln auf dem Rotor am Eingang des Verdichters. Abgesehen von den riesigen Ausmaßen haben die Schaufeln große Ähnlichkeit mit einem Ventilator. Sie haben auch die gleiche Aufgabe, nämlich den Transport von Luft in einen Bereich höheren Drucks. Wollte man den Verdichter mit der Nenndrehzahl 3.000 min^{-1} elektrisch antreiben, wären etwa zwanzig große Windkraftanlagen notwendig. Damit verglichen ist der Verdichter nicht riesig, sondern winzig. ©Siemens.

Das erwünschte Drehmoment auf der Achse der Expansionsturbine bedeutet die Aufnahme von Drehimpuls aus dem Gas durch Umlenkung der Strömung an den Schaufeln. Das Gas erhält Drehimpuls mit entgegengesetztem Vorzeichen. Ein zweiter Propeller müsste den entgegengesetzten Drehsinn haben, um den Drehimpuls des Gases wieder zu neutralisieren, was aber auf einer starren Achse nicht möglich ist. Deshalb muss der Drehimpuls des Gases in das Gehäuse und letztlich in die Erde abgeleitet werden. Vor den Rotorschaufeln liegt jeweils ein Kranz von Leitschaufeln, die dem Gas soviel Drehimpuls entziehen, dass die Bilanz über alle Stufen ausgeglichen bleibt und das Abgas die Maschine in linearer Strömung verlässt. Effektiv stößt sich der Rotor über die Leitschaufeln am Erdboden ab. Das Prinzip ist in Abb. 4.22 skizziert, und die technische Ausführung zeigt Abb. 4.23.

Der isentrope Wirkungsgrad von Verdichter und Turboexpander ist mit jeweils mehr als 0,9 sehr hoch: Die adiabatische Kompression und Expansion ist nahezu reversibel. Auch die Entropiezufuhr und -abfuhr erfolgen praktisch ohne Entropiewi-

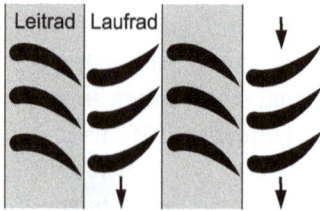

Leitrad | Laufrad

Abb. 4.22: Zwischen den festen, grau unterlegten Leiträdern befinden sich die beweglichen Laufräder. Die Laufräder bilden zusammen den Rotor. Das von links nach rechts mäandernde Gas überträgt Impuls nach oben auf das Leitrad und Impuls nach unten auf das Laufrad. Der Impuls des Gases bleibt Null.

Abb. 4.23: Der Läufer einer Gasturbine wird in das Unterteil des Gehäuses gelegt. Die unteren halben Ringe der Leitschaufeln kommen vor den farblich passenden Schaufelringen des Läufers zu liegen. Das Oberteil wird später aufgesetzt, wenn der Rotor gelagert ist. Die helle Farbe der Schaufeln stammt von der Keramikbeschichtung, mit der die Schaufeln vor den heißen reaktiven Abgasen geschützt werden. Die Kamera blickt etwa in Richtung der Gasflamme. ©Siemens.

derstand. Von daher könnte die Gasturbine ein nahezu idealer Wärmemotor genannt werden. Man denkt beim Wort „ideal" vielleicht an den Carnot-Motor und würde im T,S-Diagramm ein Rechteck erwarten. Trotz der guten Ausgangslage der nahezu reversiblen Prozessschritte ist man in der Praxis weit davon entfernt. Das T,S-Diagramm in Abb. 4.19 zeigt die Zustandsänderungen für eine ideale, reversible Gasturbine. Die eingeschlossene Fläche ist deutlich kleiner als das Rechteck, das den Entropiefall des Carnot-Motors repräsentiert, d. h. der Nutzen des Entropiefalls ist geringer als beim Carnot-Motor. Insbesondere der Punkt C, der den Zustand des Abgases bezeichnet, liegt bei ziemlich hoher Temperatur. Das ist leicht einzusehen:

> Die Entropie, die im Motor durch Verbrennung erzeugt wird, muss von der Maschine abgegeben werden. Mit Gasen ist das nur bei erhöhter Temperatur möglich.

Im Abschnitt 4.6 hatten wir das Problem der heißen Abgase schon erörtert. Es wurde behauptet, ein Motor mit interner Verbrennung habe gegenüber dem flammengeheizten Stirling-Motor bzw. dem äußerlich geheizten reversiblen Wärmemotor den Vorteil der adiabatischen Abkühlung der Abgase. Anscheinend funktioniert das nicht so gut wie erwartet.

Wenn man in Gedanken den Druck in der Brennkammer erhöht, so erhöht sich das *Druckverhältnis* von Brennkammerdruck zu Atmosphärendruck. Die Temperatur in der Brennkammer bleibt fest, aber durch die stärkere adiabatische Expansion wird das Abgas weiter abgekühlt. Abb. 4.24 zeigt das *T,S*-Diagramm für Brennkammerdruck 20 bar und 400 bar. Im zweiten Fall ist die eingeschlossene Fläche beinahe ein Rechteck. Der Entropiefall des Joule-Kreisprozesses ähnelt dann dem des Carnot-Kreisprozesses. Das hohe Druckverhältnis ist also der Schlüssel zur effizienten Gasturbine.

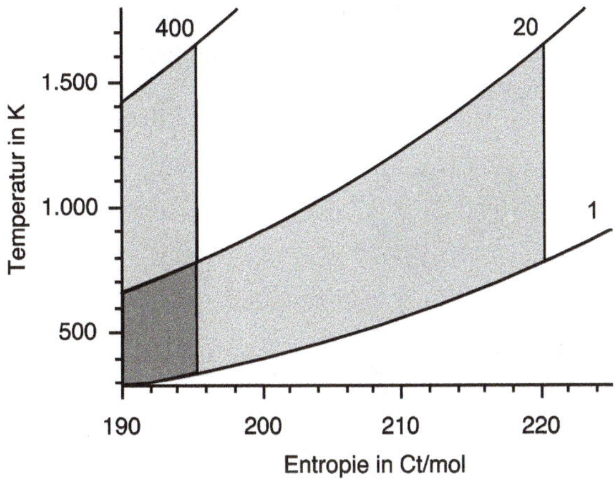

Abb. 4.24: Formänderung des Graphen des Joule-Kreisprozesses bei Erhöhung des Druckverhältnisses. Bei $p/p_0 = 400$ ist die eingeschlossene Fläche fast rechteckig. Bei $p/p_0 = 650$ würde die hohe Temperatur des Entropiefalls allein durch die Kompression erreicht werden, und der Entropiefall wäre ein infinitesimal schmales Rechteck.

Der praktischen Umsetzung steht die restliche Irreversibilität der adiabatischen Kompression und Expansion entgegen. Ein isentroper Wirkungsgrad von 0,9 ist eben doch nicht nahe genug bei Eins, um das Druckverhältnis beliebig zu erhöhen. Mit steigendem Druckverhältnis nähern sich die Eckpunkte der Temperaturen für Kompression und Expansion einander an und der Anteil des Drehmoments des Turboexpanders, der vom Kompressor aufgenommen wird, geht gegen Eins. Es bleibt fast nichts für den externen Generator übrig, und schon bei geringster Irreversibilität wird aus fast nichts gar nichts. Anders ausgedrückt: Die geringe Entropiestromstärke, die noch eingebracht werden kann, wenn die Frischluft schon knapp unterhalb Brennkammertemperatur ist, reicht gerade, um die Turbine gegen den geringen Reibungswiderstand am

Laufen zu halten. Es ist Aufgabe der Ingenieure, unter quantitativer Abwägung aller realen Einflüsse das Druckverhältnis numerisch zu optimieren. Die relativ hohe Abgastemperatur von 900 K ist das Ergebnis dieser technischen Optimierung, das man akzeptieren muss.

Unabhängig vom Druckverhältnis gilt: Die Temperatur T_B soll am Eingang des Turboexpanders so hoch wie möglich sein, damit der Entropiefall hoch ist. Mechanisch ausgedrückt: Die Übermacht des Drehmoments des Turboexpanders gegenüber dem Verdichter ist dann am größten, und es bleibt ein großes Drehmoment für den Generator übrig. Die Gastemperatur in der Brennkammer einer modernen Gasturbine liegt mit 1.670 °C deutlich oberhalb der Schmelztemperatur des Metalls, aus dem die Turbine gemacht ist. Das funktioniert nur mit einem besonderen Verfahren zur thermischen Isolation der Turbinenschaufeln, der *Filmkühlung*. Kalte Luft wird in die am stärksten belasteten Bauteile geleitet und tritt über kleine Löcher an die Oberfläche, wo sich ein schützender Film kühler Luft bildet. Der Verlust durch Entropieproduktion bei späterer Vermischung ist kleiner als der Gewinn durch höhere Gastemperatur beim Eintritt in die Turbine, die durch Filmkühlung erst ermöglicht wird. Die effektive Gastemperatur beim Eintritt in das erste Turbinenrad beträgt etwa 1.640 K (1.370 °C); sie ist die Temperatur T_B im T,S-Diagramm. Durch den Temperaturgradienten im Kühlfilm liegt die Temperatur der Schaufeln nochmals deutlich niedriger. Anders wäre ein zuverlässiger Dauerbetrieb gar nicht möglich.

Abb. 4.25: Erstes und zweites Laufrad des Turboexpanders. Aus den Löchern in den Schaufeln strömt kalte Luft, die einen kühlenden Film um die Schaufeln bildet. ©Siemens.

Eine Gasturbine hat ein Druckverhältnis von p/p_0 = 19 und eine Turbineneintrittstemperatur von 1.640 K. Wie groß sind die Temperaturen beim Eintritt in die Brennkammer und die Abgastemperatur? – Die Frischlufttemperatur T_0 ist nicht angegeben, aber 290 K ist eine vernünftige Annahme. Der Adiabatenkoeffizient κ = 1,4 für Luft. Die Adiabatengleichung (1.15) wird umgeformt zu

$$\frac{T}{T_0} = \left(\frac{p}{p_0}\right)^{\frac{\kappa-1}{\kappa}} \tag{4.3}$$

und das Druckverhältnis eingesetzt. Die Temperatur der Luft steigt im Kompressor um einen Faktor 2,32 auf 673 K. In der Brennkammer erhöht die Erdgasflamme die Temperatur auf 1.640 K. Bei der anschließenden adiabatischen Expansion sinkt die Temperatur wieder um den gleichen Faktor 2,32 auf 707 K. Die reale Abgastemperatur liegt mit 900 K deutlich höher als berechnet. Das liegt am kleineren Adiabatenkoeffizient des Abgases wegen des Gehalts an CO_2 und Wasser [83]. Mit einem realistischen $\kappa = 1,28$ berechnet man die Abgastemperatur 861 K. Hinzu kommt eine weitere Temperaturerhöhung durch Irreversibilität im Turboexpander.

Die zweite bedeutende Anwendung der Gasturbine neben der Stromerzeugung ist der Antrieb von Verkehrsflugzeugen. Anstelle des Generators wird ein Propeller auf die Achse gesetzt. Der Propeller beschleunigt einen Luftstrom gegen die Flugrichtung, wodurch das Flugzeug Impuls in die gewünschte Richtung aufnimmt. Am besten geht es, wenn der Propeller nicht frei vor der Tragfläche rotiert, sondern in den geführten Luftstrom der Turbine eingebaut wird; man spricht von einem *Mantelstromtriebwerk*. Es ist im Prinzip aufgebaut wie ein riesiger Computerlüfter, nur dass der Antrieb nicht durch Elektromotor, sondern Gasturbine erfolgt. 10 % der ins Triebwerk einströmenden Luft gelangen in die eigentliche Gasturbine, die der Kraftwerksturbine entspricht. Das ausgestoßene heiße Abgas trägt nur nebensächlich zum Vortrieb bei. 90 % der Luft werden durch das Gebläse (Fan) beschleunigt. Diese Strömung umhüllt die Gasturbine wie ein Mantel. Der Druckunterschied im Mantelstrom ist klein, und ohne Entropiezufuhr ist dieser Teil der ausgestoßenen Luft kalt. Daher ist das Mantelstromtriebwerk effizienter als das Strahltriebwerk, bei dem die gesamte beschleunigte Gasmenge durch die Brennkammer strömt. Das Strahltriebwerk wurde nur in den 1950er und 1960er Jahren für Verkehrsflugzeuge eingesetzt. Lediglich beim Militär findet man noch diese Bauart, weil damit Überschallgeschwindigkeit möglich ist. Als Treibstoff für Flugzeuge wird Kerosin verwendet, ein besonders hochwertiges Gemisch flüssiger Kohlenwasserstoffe. Kerosin soll aus Sicherheitsgründen einen kleinen Siededruck haben. Der Schmelzpunkt muss möglichst niedrig sein, denn bei −55 °C in Reisehöhe dürfen keine festen Bestandteile ausflocken. Diese gegensätzlichen Anforderungen lassen sich nur durch ein Destillat mit engem Siedebereich erfüllen.

Abb. 4.26: Triebwerk eines Verkehrsflugzeugs Airbus A320. Durch die Zwischenräume der großen Gebläseschaufeln sieht man den Bildhintergrund. In diesem Bereich wird die Luft durch das Gebläse beschleunigt. Der Einlass der Gasturbine ist im Zentrum sichtbar; ihr Abgasstrom trägt nur unwesentlich zum Schub bei. ©Airbus.

⚡ Das Wort Gasturbine ist doppeldeutig: Sowohl der Brennstoff Erdgas als auch das gasige Medium könnten namensgebend sein. Bei der Gasturbine ist der Aggregatzustand des Mediums das entscheidende Merkmal. Gasturbinen können genauso gut mit Kerosin, Diesel oder anderen flüssigen Treibstoffen beheizt werden.

4.8 Dampfturbine

Mechanischer Antrieb durch strömenden Wasserdampf ist seit der Antike bekannt. Abb. 4.27 zeigt die Aeolipile des Heron von Alexandria. Wasserdampf wird seitlich in eine Kugel geleitet und tritt über zwei Düsen in tangentialer Richtung aus. Dadurch dreht sich die Kugel. Der Dampfmotor hat einen praktischen Vorteil gegenüber den oben besprochenen Gasmotoren: Der Kessel enthält eine Wassermenge, aus der etwa das 1.600-fache Volumen von Dampf hervorgebracht werden kann. Der Heronsball kann eine lange Zeit laufen, bevor Wasser in den Vorratsbehälter nachgefüllt werden muss. Der Druck im Ball ergibt sich aus der Temperatur des Dampfs. Man braucht keine Pumpe, um den Druck aufzubauen, sondern nur den Kessel dicht zu halten. Deshalb waren Dampfmaschinen die ersten industriell genutzten Wärmemotoren. Die *Dampfturbine* ist dem Kolben-Dampfmotor, also der klassischen Dampfmaschine im engeren Sinne, weit überlegen. Die Hauptanwendung der Dampfturbine ist die Stromerzeugung mit Turbogenerator.

Abb. 4.27: Aeolipile, auch Heronsball genannt. ©Anna Donhauser.

Das Drehmoment für den Generator entsteht durch adiabatische Expansion von gasigem Wasserdampf im Turboexpander. Abgesehen von quantitativen Details wie Druck und Temperatur ist dieser Prozessschritt vollkommen analog zur Gasturbine. Der

Dampfprozess, *Clausius–Rankine-Kreisprozess*[3] genannt, findet in einem geschlosse-nen Kreislauf statt. Er funktioniert prinzipiell mit jeder Flüssigkeit, doch für Kraftwer-ke nimmt man Wasser – wegen der vorteilhaften thermodynamischen Eigenschaften, nicht wegen der geringen Anschaffungskosten. Der Clausius–Rankine-Kreisprozess unterscheidet sich wesentlich vom Joule-Kreisprozess durch die Art der Entropieab-gabe. Im *Kondensator* kommt gesättigter Dampf mit einer Wand in Berührung, die nur wenige Kelvin kühler ist als der Dampf. Der Dampf macht den Phasenübergang zum Wasser und gibt dabei Entropie ab. Die Dichte der Entropiestromstärke ist sehr hoch, und der Entropiewiderstand ist klein. Die andere Seite der Kondensatorwand steht mit der Außenwelt in Verbindung über einen Fluss oder einen Kühlturm. Die Entropieabgabe verläuft nahezu isotherm und damit weitgehend reversibel nahe der Umgebungstemperatur.

> Beim Clausius–Rankine-Kreisprozess wird der Entropiefall auf der kalten Seite maximal ausgenutzt wie beim Carnot-Kreisprozess.

Der geschlossene Kreislauf der Dampfturbine hat einen Bereich mit hohem Druck und einen Bereich mit niedrigem Druck. Die Trennung erfolgt einerseits durch den Turbo-expander, andererseits durch die *Speisewasserpumpe*. Die Aufteilung in zwei Bereiche konstanten Drucks ist analog zum geschlossenen Gasturbinen-Kreislauf. Es ist jedoch viel leichter, flüssiges Wasser auf hohen Druck zu bringen. Seine Temperatur steigt dabei nur unwesentlich, um 0,7 K bei 250 bar. Nur etwa 1 % des Antriebs des Turboex-panders wird von der Speisewasserpumpe beansprucht. Sie ist weder sprachlich noch mechanisch ein Bestandteil des Turbinenrotors. Wenn ein Dampfmotor nicht ständig laufen soll, z. B. ein Funktionsmodell für den Unterricht, kann man auf die Speise-wasserpumpe ganz verzichten und nutzt den Dampf aus einem Kesselvorrat wie bei der Aeolipile. In solchen Fällen ist der Druck durch den Siededruck des Wassers bei Kesseltemperatur gegeben.

Die beiden Vorteile des Dampfprozesses – Entropiefall bis 300 K und einfacher Druckaufbau – werden aufgezehrt durch einen gravierenden Nachteil. Die obere Tem-peratur ist auf 580 °C = 853 K beschränkt aufgrund der abnehmenden Festigkeit und Korrosionsbeständigkeit des Stahls bei höherer Temperatur. Effektiv wird der hohe En-tropiefall, der nach Verbrennung möglich wäre, doch nicht besser ausgenutzt als bei einer Gasturbine, denn die Abkühlung von der Flammentemperatur auf 850 K erfolgt diffusiv, also irreversibel.

Die geschlossene Rohrleitung ermöglicht die Verwendung beliebiger Entropie-quellen. Dafür kommen Solarkollektoren und geothermische Quellen infrage. Heute werden die meisten Dampfkraftwerke noch mit Kohle beheizt, was nicht nur wegen

[3] nach dem deutschen Physiker Rudolf Julius Emanuel Clausius (1822–1888) und dem schottischen Physiker und Ingenieur William John Macquorn Rankine /ˈraŋkɪn/ (1820–1872).

der CO_2-Emission, sondern auch wegen zahlreicher Giftstoffe wie Quecksilber etc. nicht zukunftsfähig ist. Ein Sonderfall ist die Müllverbrennung, bei der ebenfalls toxische Abgase entstehen, die aber wenigstens andere problematische Reststoffe reduziert.[4]

Mit den bisher gelegten fachlichen Grundlagen kann schon ein recht komplexes System verstanden werden, und das wollen wir uns nicht entgehen lassen. Wie beim Joule-Prozess kann man ein Stoffpaket auf dem Weg durch den Apparat verfolgen. Abb. 4.28 zeigt das Prinzip. Abb. 4.29 zeigt das T,S-Diagramm für Wasser, denn es kommt gleich auf konkrete Zahlen an. Die Isobaren, Linien konstanten Drucks, sind Funktionen $T(S)$. Die Isobare für Normaldruck 101,3 kPa ist zuvor in Abb. 3.7 gezeigt worden.

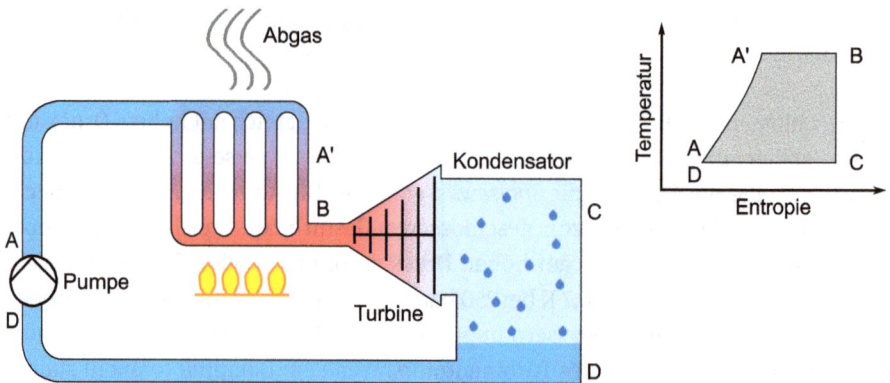

Abb. 4.28: Wasserkreislauf der Dampfturbine (links) und Clausius–Rankine-Prozess im T,S-Diagramm (rechts). Im Zustand D hat das Wasser niedrigen Druck und Temperatur. Mit der Pumpe wird der Druck erhöht, ohne dass sich die Temperatur nennenswert ändert. Im Wärmetauscher nimmt das Wasser Entropie aus den Flammengasen auf, die im Gegenzug abgekühlt werden. Dabei geht das Wasser zwischen A' und B in den gasigen Zustand über. In der Turbine kühlt der Dampf ab. Im Kondensator wird dem kühlen Dampf weiter Entropie entzogen, so dass das Wasser vollständig kondensiert.

Im Kraftwerk und in anderen großen Dampfturbinenanlagen wird der Druck auf der Hochdruckseite von der Speisewasserpumpe bestimmt. Für einen ersten Gang durch das T,S-Diagramm in Abb. 4.30 wählen wir den Druck 1 MPa = 10 bar. Gasige und flüssige Phase haben beide die Siedetemperatur 180 °C, und die Entropiezufuhr treibt le-

---

4 Die Beheizung mit Kernspaltung von Uran im unterkritischen Wasserbad ist wegen der niedrigen Temperatur unvorteilhaft, abgesehen vom Unfallrisiko und hohen Investitionskosten. Sie wird daher nur noch in Ländern verfolgt, die Interesse an angereichertem Uran und Plutonium für Atomwaffen haben.

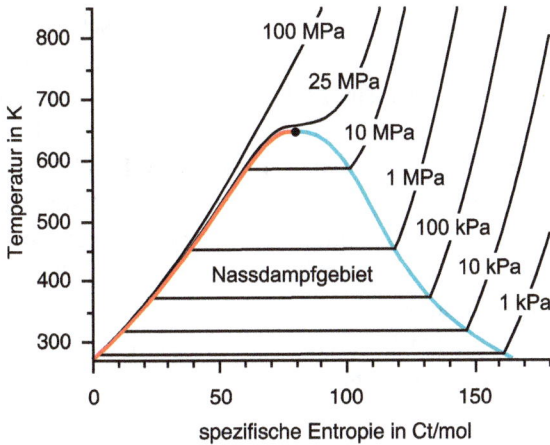

Abb. 4.29: T,S-Diagramm von Wasser. Die rote Siedelinie grenzt die flüssige Phase nach links ab, die blaue Taulinie grenzt die gasige Phase nach rechts ab. Treffpunkt ist der kritische Punkt. Unterhalb der Glocke ist das Phasengemisch, *Nassdampfgebiet* genannt. Das Verdampfen von Wasser bei konstantem Druck geschieht mit zunehmender Entropie und gleichbleibender Temperatur auf einem horizontalen Geradenabschnitt.

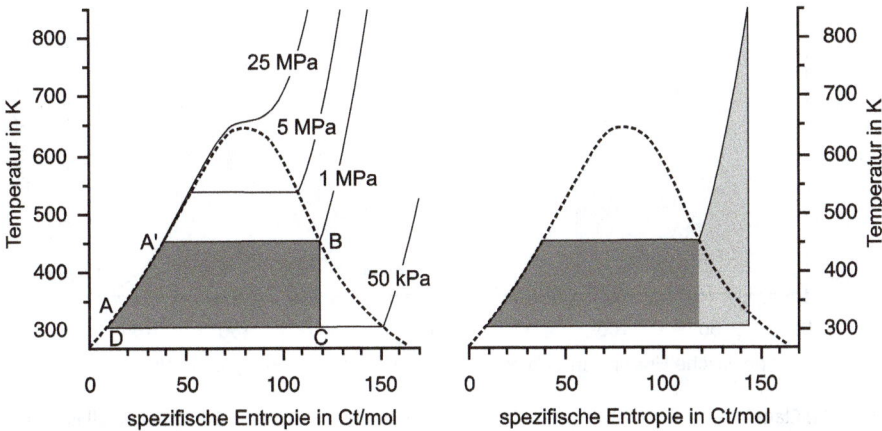

Abb. 4.30: Clausius–Rankine-Prozess für Dampf bei 1 MPa. Links: Der Kreisprozess startet im Zustand A mit flüssigem Wasser bei 303 K und 1 MPa. Durch Entropiezufuhr steigt die Temperatur gemäß Siedelinie an bis zur Siedetemperatur 453 K, dem Zustand A'. Das Wasser verdampft, und die Entropie nimmt bei konstanter Temperatur zu, bis der Zustand B auf der Taulinie erreicht ist. Der Sattdampf tritt in die Turbine ein, wo der Druck durch adiabatische Expansion von 1 MPa auf 50 kPa und die Temperatur auf 306 K abnimmt. Im Zustand C am Turbinenausgang ist bereits viel Wasser flüssig geworden. Weiterer Dampf kondensiert isotherm durch Abgabe von Entropie in die Umwelt, bis das Wasser in reiner flüssiger Phase vorliegt (D). Die Speisewasserpumpe erhöht den Druck des flüssigen Wassers adiabatisch von 0,05 bar auf 10 bar. Da Wasser kaum kompressibel ist, erhöht sich die Temperatur nur unmerklich. Die Punkte D und A liegen auf dieser Skala übereinander. Rechts: Durch weitere Entropiezufuhr werden die Punkte B und C nach rechts verschoben, damit C nahe an der Taulinie liegt und kein Wasser in der Turbine kondensiert. Die Temperatur des Dampfs steigt dabei bis 850 K, zur technisch gerade noch beherrschbaren Grenze.

diglich den Phasenübergang an. Wenn der Dampf in der Turbine adiabatisch expandiert, kühlt er sich so stark ab, dass gasiges Wasser kondensiert. Das folgt aus dem senkrechten Verlauf der adiabatischen Expansion im T,S-Diagramm und der Form der Taulinie. Flüssige Wassertropfen kann man aber in der Turbine nicht gebrauchen. Deshalb wird der Kreisprozess durch Überhitzung des Dampfs modifiziert: Durch weitere Entropiezufuhr steigt die Temperatur stark an, und der Zustand B beim Eintritt in die Turbine ist hinreichend weit von der Taulinie entfernt. Nach der adiabatischen Expansion ist das Wasser im Punkt C kalt und gasig. Aus elementarer physikalischer und technischer Sicht stellt das rechte Diagramm einen funktionierenden Kreisprozess dar. Er kann durch Erhöhung des Drucks verbessert werden, und zwar durch zwei weitere Maßnahmen, die in Abb. 4.31 dargestellt sind.

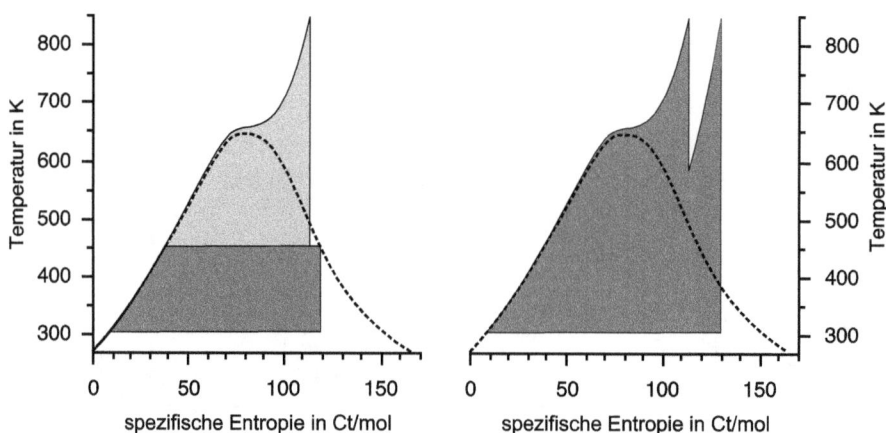

Abb. 4.31: Clausius–Rankine-Prozess für überkritischen Dampf bei 25 MPa. Der Entropiefall ist höher als der Entropiefall bei 1 MPa (dunkel getönt), und er ist sogar etwas schmaler. Deshalb wird die eingesetzte Entropie aus den Verbrennungsgasen besser ausgenutzt. Allerdings hat man sich das Problem mit dem Wassergehalt des Dampfs im Niederdruckbereich der Turbine zurückgeholt. Das wird mit dem Zwischenerhitzer gelöst, dessen Prinzip rechts gezeigt ist.

Die vom reversiblen Prozessweg eingeschlossene Fläche repräsentiert den Entropiefall. Der Entropiefall wird höher, wenn man zu höherem Druck geht, weil die Siedelinie A'–B nach oben wandert. Diese zusätzliche Höhe kann vollständig für zusätzliches Drehmoment am Turboexpander genutzt werden, denn an den Entropiemengen ändert sich nichts, nur die Fläche wird größer. Ein typischer Wert für den Druck ist 25 MPa. Oberhalb 22 MPa ist Wasser überkritisch und siedet nicht. Das bedingt lediglich die Dimensionierung einzelner Bauteile im Dampferzeuger, hat aber keine grundsätzliche Bedeutung für die Funktion der Anlage. Die Temperatur im Hochdruckbereich bleibt weiterhin auf 850 K beschränkt, weil das Material nicht mehr aushält. Durch den höheren Druck gegenüber dem 1 MPa-Prozess wird diese Maximaltemperatur mit weniger Entropie erreicht. Das ist einerseits beabsichtigt, andererseits holt man sich das Problem der Kondensation von Wasser in der Turbine zurück. Der Dampf muss mehr Entropie enthalten, als man bei 850 K und 25 MPa hineinbekommt, damit man einigermaßen trocken auf 303 K expandieren kann. Deshalb wird der Dampf in einer ersten Turbine von 25 MPa auf 5 MPa entspannt. Die Temperatur sinkt dabei auf 580 K, und der Dampf bleibt trocken, weil die Taulinie noch nicht erreicht ist. Anschließend wird der Dampf durch weitere Entropiezufuhr nochmals auf Maximaltemperatur 850 K erhitzt. Nun ist der Entropiegehalt groß genug, um nach adiabatischer Expansion in der zweiten Turbine den gasigen Zustand des Wassers bei 303 K zu erreichen. Der senkrechte Weg der adiabatischen Expansion im rechten Bild der Abb. 4.31 landet geringfügig im Nassdampfgebiet unterhalb der Taulinie. In der Realität wird noch etwas Entropie in der Turbine produziert, die mit eingeplant ist und den Punkt C nach rechts verschiebt; außerdem kann man einige % flüssiges Wasser tolerieren.

Abb. 4.32 zeigt das Schnittbild einer Dampfturbinenanlage. Bei der adiabatischen Expansion von 25 MPa auf 5 kPa sinkt der Druck um den Faktor 5.000. Das spezifische Volumen steigt um den gleichen Faktor. Deshalb sind eine Vielzahl von Stufen notwendig, die auf mehrere Einzelturbinen aufgeteilt werden müssen. Die Abb. 4.33 zeigt eine geöffnete Hochdruckturbine für den ersten Expansionsschritt von 25 MPa auf 5 MPa. Nach dem Zwischenerhitzer folgt die Entspannung von 5 MPa auf 5 kPa thermodynamisch in einem Schritt, aber in verschiedenen Bereichen der Turbinen-

Abb. 4.32: Schema einer Dampfturbinenanlage mit Hochdruckteil (links), Mitteldruckteil (Mitte) und zwei parallel laufenden Niederdruckturbinen (rechts). Mitteldruck- und Niederdruckturbine sind symmetrisch ausgeführt. Der Dampf strömt jeweils im Zentrum ein und teilt sich auf; es sind eigentlich zwei bzw. vier Turbinen. Alle Turbinenteile laufen auf einer gemeinsamen Achse mit dem Turbogenerator. Durch die symmetrische Anordnung der Turbinen wird die resultierende Kraft auf die Achse in Längsrichtung gering gehalten. Der Zwischenerhitzer ist nicht sichtbar. ©Siemens.

Abb. 4.33: Justage des Rotors einer Dampfturbine (Siemens SST-800). Das Oberteil des Gehäuses ist abgenommen. Die Leitschaufeln des Unterteils sind durch blaue Pfeile gekennzeichnet. Die Arbeiter überprüfen die Spalte zwischen Gehäuse und Rotor mit Lehren. Dampf, der durch diese unvermeidlichen Spalte strömt, trägt nicht zum Antrieb des Rotors bei und verringert somit den Reversibilitätsgrad der Turbine. Darum macht man diese Spalte so eng wie möglich – aber nicht so eng, dass sich der Rotor bei thermischer Ausdehnung festsetzen würde. Für die adiabatische Expansion in der Dampfturbine ist $\eta_S = 0{,}94$, ein bemerkenswert hoher Wert. ©Siemens.

Anlage. Im Niederdruckbereich sind die Rohrquerschnitte riesig, und es müssen mehrere Turbinen parallel genutzt werden, weil der Rotordurchmesser bei gegebener Drehzahl 3.000 min^{-1} an der technisch machbaren Grenze ist. Bemerkenswert ist der niedrige Druck im Kondensator, der noch unter dem Enddruck einer Wasserstrahlpumpe oder Membranpumpe liegt, also dem Druck, den man in der Schule schon als Vakuum bezeichnet. Der technische Aufwand für die Nutzung des unteren Endes des Entropiefalls ist erheblich – aber lohnend.

Der reale Dampfprozess ist nahezu reversibel: Die T,S-Diagramme sind gute Näherungen. Der Reversibilitätsgrad einer Dampfturbine beträgt bis zu 0,94. In den Prozessschritt der Entropiezufuhr durch die Rauchgase muss man viele Gedanken und Material investieren, um die Entropieerzeugung durch Diffusion klein zu halten. Von der Verbrennungstemperatur bei rund 2.000 K bis zur maximalen Dampftemperatur um 850 K fällt die Entropie irreversibel. Damit muss man leben, weil höhere Temperatur technisch nicht möglich ist. Sobald das Rauchgas eine Temperatur in der Nähe der Dampftemperatur hat, muss der Temperaturunterschied von heißem Rauchgas und Dampf möglichst gering sein. Bei kleinem Temperaturunterschied ist allerdings auch die Entropiestromdichte klein. Man braucht große Oberflächen, die bei dem hohen Druck von 25 MPa sehr viel Material erforderlich machen. Der Vorteil der hohen Entropiestromdichte beim Phasenübergang, der bei der Kondensation ausgenutzt wird, steht bei überkritischer Prozessführung nicht zur Verfügung. Des-

Abb. 4.34: Kohlekraftwerk. An den Dampferzeugern in den vergitterten Türmen ist der hohe Aufwand sichtbar, die Entropie aus dem Abgas der brennenden Kohle in den hochverdichteten Dampf zu übertragen. Man kennt ein ähnliches Problem vom Heizkörper zuhause: Das Wasser kann heiß sein, aber die Übertragung der Entropie in die Luft ist langsam. Im Dampferzeuger muss die Entropie aus dem Abgas in die dampfführenden Rohre fließen, und das geht ebenso schlecht. Ein thermodynamisches Problem spiegelt sich in der Architektur wider. ©Siemens.

halb nimmt der Dampferzeuger viel größeren Raum ein als der Kondensator und gibt dem Kraftwerk das charakteristische Aussehen, siehe Abb. 4.34. Die Rauchgase strömen gegenläufig zum Wasser bzw. Dampf. Zuerst kommen sie mit Überhitzer und Zwischenüberhitzer in Kontakt, ganz zuletzt mit dem kalten Wasser direkt nach der Speisewasserpumpe. Man kann die Rauchgase nicht auf 300 K abkühlen, weil sie noch durch die Rauchgasreinigung strömen müssen, aber das ist nur eine technische Angelegenheit.

4.9 Kombinationskraftwerk

Carnot war theoretischer Physiker und Ingenieur:

> Einer der schlimmsten Nachteile des Dampfes ist, dass er nicht bei hohen Temperaturen angewendet werden kann, ohne die Anwendung von Gefäßen von ungewöhnlicher Stärke notwendig zu machen. Für die Luft gilt nicht das Gleiche, da hier keine notwendige Beziehung zwischen der elastischen Kraft und der Temperatur besteht. Die Luft erscheint demnach geeigneter als Dampf, um die bewegende Kraft des Falls des Wärmestoffs bei höheren Temperaturgraden zu gewinnen; bei niederen Graden ist vielleicht der Wasserdampf bequemer. Man kann sich sogar die Möglichkeit denken, dieselbe Wärme folgeweise auf Luft und auf Wasserdampf wirken zu lassen. Es würde genügen, der Luft nach ihrem Gebrauch noch eine hohe Temperatur zu lassen, und sie, statt sie in die Atmosphäre auszustoßen, um einen Dampfkessel zu führen, wie wenn sie unmittelbar aus der Feuerung käme.

So wird das auch gemacht, seltsamerweise erst seit den 1990er Jahren in großem Umfang. Man heizt die Dampfturbine mit dem Abgas der Gasturbine. Zufällig liegt die Abgastemperatur gerade richtig, dass man den Entropiefall teilen und auf bewährte Anlagen zurückgreifen kann. Im einfachsten Fall werden Gas- und Dampfturbine (GuD) auf einer gemeinsamen Welle mit dem elektrischen Generator untergebracht. Da beim GuD-Prozess der Entropiefall höher und schmaler ist und die aufwändige Abgasreinigung entfallen kann, ist der Wärmetauscher zwischen den Turbinen erheblich kleiner als bei Kohlekraftwerken. Das T,S-Diagramm in Abb. 4.35 verdeutlicht die Mengenverhältnisse der umgesetzten Entropie.

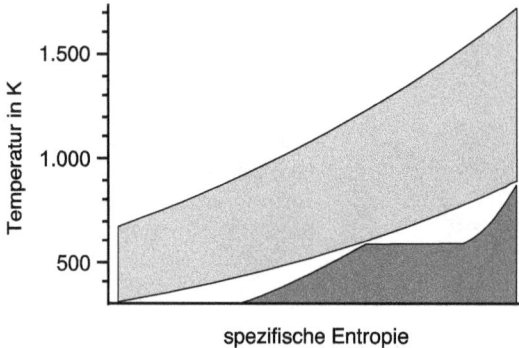

Abb. 4.35: T,S-Diagramm des Gas- und Dampf-Prozesses. Die Lücke zwischen der hellen Fläche des Gas-Prozesses und der dunklen Fläche des Dampfprozesses soll möglichst klein sein. Deshalb gibt es keinen Zwischenerhitzer im Dampfprozess. Beide Flächen zusammen repräsentieren den Entropiefall der Anlage. Die GuD-Turbine ist überwiegend eine Gasturbine.

Für einen quantitativen Vergleich mit dem idealen Carnot-Kreisprozess nimmt man $T_1 = 1.640\,\text{K}$ und $T_2 = 300\,\text{K}$ an. Moderne Kraftwerke mit Kombinationsturbinen nutzen bis zu 76 % des Entropiefalls des Carnot-Kreisprozesses bei gleichen Temperaturen. Die fehlenden 24 % entstehen durch Diffusion der Flammengase, sämtliche mechanische Reibungen und irreversible Strömungen, sowie durch Irreversibilität im elektrischen Teil der Anlage und alles, was zum Betrieb notwendig ist. Ein reversibler Wärmemotor, der wie ein Stirling-Motor von außen beheizt wird, könnte wegen der Diffusion der Flammengase bei den gegebenen Temperaturen maximal 70 % des Entropiefalls nutzen. Demgegenüber ist das reale GuD-Kraftwerk substanziell effizienter; der Vorteil der adiabatischen Expansion der Flammengase im ersten Schritt und des Phasenübergangs bei der Entropieabgabe im zweiten Schritt kommen voll zum Tragen. Das Gas- und Dampfkraftwerk ist eine Glanzleistung des Maschinenbaus.

4.10 Wärmepumpe

In Abschnitt 4.2 haben wir Umkehrbarkeit von Antrieb und Nutzen der Wärmemaschinen analysiert und mit der Stirling-Maschine auch ein praktisches Beispiel kennen gelernt. Hier sollen drei technische Anwendungen der Wärmepumpe besprochen werden. Aufgrund der veränderten Aufgabenstellung ist es nämlich oft nicht damit getan, einen vorhandenen Wärmemotor an der Achse mechanisch anzutreiben, um Entropie in ein Gebiet höherer Temperatur zu pumpen.

Die bekannteste Wärmepumpe ist der Kühlschrank. Aus einem annähernd dichten Behälter wird Entropie herausgepumpt und dadurch das Innere abgekühlt. Die Entropie wird auf der Rückseite des Kühlschranks abgegeben.

Wärmepumpen werden je nach Anwendungszweck auch als Klimaanlagen, Kältemaschinen oder Kryogeneratoren bezeichnet.

Diese Begriffe legen nahe, dass Wärmepumpen vornehmlich zur Kühlung verwendet werden, aber sie sind auch als Heizung nützlich, und zwar in Wohnräumen und Fahrzeugen. In Lebensmittelgeschäften und Restaurants können sogar beide Seiten der Wärmepumpe nützlich sein, nämlich einerseits für das Kühlregal und andererseits für Warmwasser und für die Raumheizung im Winter.

Wie beim Wärmemotor wollen wir zunächst die Funktion der Wärmepumpe am Beispiel des Kühlschranks phänomenologisch begründen. Allseits bekannt ist die Verdunstungskälte. An heißen Sommertagen kann man Getränkeflaschen an einen windigen und schattigen Ort stellen und mit einem nassen Handtuch umwickeln. Die Getränke bleiben angenehm kühl. Besonders tiefe Temperaturen kann man damit jedoch nicht erreichen. Man bräuchte einen Stoff mit höherer Verdunstungsrate, wie zum Beispiel Alkohol. Den möchte man aber aus verschiedenen Gründen nicht einfach in die Umgebung diffundieren lassen, sondern wiedergewinnen. Diese Argumente können in der Schule leicht experimentell untermauert werden, und wenn man es mit Alkohol durchführt, stehen die Chancen gut, dass die Schüler von selbst auf die Idee der Wiederverwendung kommen.

Man braucht also einen geschlossenen Stoffkreislauf, in dem ein Medium – technisch *Kältemittel* genannt – in einem bestimmten Bereich verdampfen kann und dabei Entropie aufnimmt. Dieser Schritt ist die Umkehrung der Kondensation im Clausius–Rankine-Kreisprozess. Der nächste Schritt ist die Verflüssigung des Mediums durch Erhöhung des Drucks. Ein Kreisprozess kommt zustande, wenn in dem geschlossenen Rohr in einem Teil hoher Druck, in dem anderen Teil niedriger Druck herrscht. Nach dem Kompressor muss also noch eine Komponente eingeführt werden, an der Druck wieder abfällt. Das kann die Umkehrung einer Pumpe sein, beispielsweise ein Turboexpander, der durch die Strömung des flüssigen Mediums angetrieben wird. In Hinblick auf minimale Entropieerzeugung wäre es das Beste. In der Praxis benutzt man jedoch eine Kapillare, das ist ein dünnes Rohr mit großem Strömungswiderstand. Mit dieser sehr einfachen technischen Lösung erreicht man trotzdem ein gutes Resultat. Wir erinnern uns, dass im Dampfkraftwerk die Speisewasserpumpe nur etwa ein Hundertstel des Antriebs der Turbine in Anspruch nimmt, weil das Wasser unter Druck kaum komprimiert wird. Würde man umgekehrt bei der Entspannung des flüssigen Mediums in der Wärmepumpe einen Turboexpander verwenden, könnte der Kompressor zu 1 % von diesem unterstützt werden, aber 99 % müssten weiterhin vom äußeren Elektromotor aufgebracht werden. Bei einem kleinen Kühlschrank lohnt sich das nie. Der Kreisprozess einer Dampfwärmepumpe ist in Abb. 4.36 skizziert.

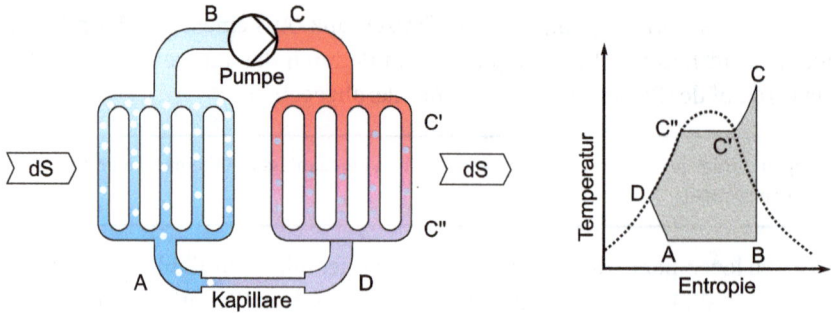

Abb. 4.36: Kreisprozess einer Dampf-Wärmepumpe. Von B nach C adiabatische Kompression im Verdichter. Das heiße Medium gibt Entropie ab. Bei C' beginnt die Bildung der flüssigen Phase, die bei C" vollständig ist. Je nach Temperatur am Wärmetauscher kühlt die Flüssigkeit weiter zum Punkt D. Die Entspannung in der Kapillare von D nach A ist nicht adiabatisch, sondern es wird Entropie erzeugt. Das flüssige Medium verdampft teilweise wieder und kühlt sich dabei ab. Im Verdampfer geht das hauptsächlich noch flüssige Medium von A nach B vollständig in die gasige Phase über und nimmt bei konstant niedriger Temperatur Entropie auf.

Der typische isentrope Wirkungsgrad von Wärmepumpen ist mit 0,4 bis 0,6 schlechter als bei Kraftwerken. Das liegt vor allem an der geringen Größe: Gewöhnliche Reibung und Wärmediffusion kommen stärker zur Geltung.

Bei Kältemaschinen liegt die warme Seite bei Raum- oder Umgebungstemperatur um 300 K fest. Unterhalb von −40 °C = 233 K beginnen Schwierigkeiten bei der Auswahl des Stoffs für den Dampfprozess. Grundsätzlich ist es nicht schlimm, wenn das Medium im Kreisprozess den kritischen Punkt überschreitet, aber es muss unbedingt auf der Hochdruckseite nach Abgabe der Entropie vollständig zur Flüssigkeit kondensiert sein. Nur dann expandiert die Flüssigkeit unter geringer Entropiezunahme in der Kapillare. Mit anderen Worten: Als Medium sind nur solche Stoffe geeignet, deren kritische Temperatur über der Umgebungstemperatur liegt. Diese Stoffe haben relativ hohe Siedepunkte. Mit dem Druck sinkt zwar die Siedetemperatur, aber die Dichte und damit die Menge der in einem Zyklus transportierten Entropie sinkt entsprechend; man kann das also nicht sehr weit treiben. Tab. 4.1 zeigt Siedetemperaturen bei Normaldruck und bei 1 MPa sowie den Siededruck bei −20 °C für verschiedene historische und moderne Kältemittel. Ammoniak ist das bevorzugte Kältemittel für industrielle

	T (100 kPa) K	T (1 MPa) K	p (253 K) kPa
Propan R-290	231	300	243
Isobutan R-600a	261	339	72
Ammoniak R-717	240	298	188
R-134a	247	312	132
Freon R-12	243	314	149

Tab. 4.1: Siedetemperaturen und Siededruck von Kältemitteln bei −20 °C, der Temperatur eines Gefrierfachs im Haushalt.

Anlagen. Haushaltskühlschränke laufen mit Isobutan. R-134a (1,1,1,2 Tetrafluorethan) ist noch weit verbreitet, aber wegen seines hohen Treibhauseffekts und der giftigen Zerfallsprodukte nicht mehr akzeptabel. R-12 (Difluordichlormethan) war das häufigste Kältemittel der 1950er Jahre bis zum Verbot der FCKW in 1989. In Bezug auf die Siedetemperaturen sind die Stoffe sehr ähnlich.

Unterhalb von −40 °C werden Stirling-Wärmepumpen konkurrenzfähig gegenüber der Dampf-Wärmepumpe. Sie haben zwar von vornherein einen geringeren isentropen Wirkungsgrad, aber sie unterliegen keinerlei Beschränkung bezüglich des Schmelzpunkts des Mediums. Wasserstoff und Helium sind aufgrund ihrer großen Wärmekapazität die bevorzugten Medien für Stirling-Maschinen. Man kann ohne Kompromisse deren gute Eigenschaften bei sehr niedriger Temperatur nutzen [93], [76]. Abb. 4.37 zeigt eine Stirling-Wärmepumpe für die Luftverflüssigung. Der kalte Kontakt liegt unterhalb 77 K, der heiße Kontakt wird mit Leitungswasser bei rund 290 K gehalten. Eine besondere Ausführung der Stirling-Wärmepumpe beruht auf resonanter Kolbenbewegung ohne feste mechanische Kopplung; sie kommt für Proben- und Detektorkühlung im Forschunglabor und sogar auf Satelliten zum Einsatz [94], [76].

Abb. 4.37: Luftverflüssigungsanlage mit Stirling-Wärmepumpe. Der isentrope Wirkungsgrad der Stirling-Maschine ist 0,24. Die Destillationskolonne auf der linken Seite dient der Abscheidung von reinem Stickstoff aus der Luft [42].

4.11 Raumheizung

Die Kombination von Wärmemotor und Wärmepumpe ist effektiv eine Raumheizung. Man kann Motor und Pumpe elektrisch koppeln oder noch einfacher direkt auf einer Achse unterbringen. Elektrische und mechanische Bewegungen sind nur Zwischenschritte. Am Eingang des Wärmemotors wird Entropie hineingesteckt, und am Ausgang der Wärmepumpe kommt Entropie heraus, die in das zu beheizende Zimmer strömt. Diese Anordnung nennen wir Wärmemotor-Wärmepumpe-Kombinationsmaschine, kurz WMP.

Das erscheint als eine abgehobene Idee, denn Heizen geht viel leichter, wie jeder Neandertaler weiß: Einfach ein Feuer im Raum anzünden. Die moderne Erdgasheizung basiert auf dieser Idee. Bei einer Zentralheizung kann man mit dem Wasser, das die Heizkörper durchströmt die Flammengase fast bis auf Zimmertemperatur abkühlen. Besser kann es nicht gehen – oder doch?

Der technisch ausgereiften Ofenheizung schreibt man regelmäßig die optimale Ausnutzung des Brennstoffs zu. Dadurch erscheint die vorliegende Analyse spitzfindig.

Bei der Ofenheizung diffundiert die Entropie der heißen Flamme irreversibel bis auf Raumtemperatur. Das ist zweifellos ein großer Verlust. Wie oben beim flammengeheizten Wärmemotor in Abschnitt 4.6 stehen wir hier vor der Frage, ob man mit der durch Diffusion neu entstehenden Entropie das Zimmer heizen kann. Die Antwort lautet wieder: Ja, aber es ginge noch besser, wenn man die Diffusion vermeiden würde. Wir analysieren das Heizen mithilfe der reversiblen WMP. Es wird sich später zeigen, dass der antizipierte Vorteil auch bei realen WMPn deutlich in Erscheinung tritt, nämlich im Kontext größerer Netzwerke für Elektrizität und Wärme.

Abb. 4.38 zeigt das Prinzip der WMP im T,S-Diagramm. Die Fläche des Entropiefalls des Wärmemotors ist A; die entsprechende Fläche des Entropiestroms der Pumpe ist A'. Die Flächen sind gleich groß. Die Breite der Rechtecke ist proportional zur Entropiestromstärke. Mit einem kleinen Entropiestrom im Wärmemotor kann die Wärmepumpe einen großen Entropiestrom antreiben. Durch Diffusion der Flammengase von 1.640 K auf die Vorlauftemperatur der Heizungsanlage bei 310 K (37 °C) entsteht Entropie. Deshalb ist die Entropiestromstärke am Heizkörper größer als in der Flamme. Quantitativ ist die Erhöhung der Entropiestromstärke gegeben durch die Gl. (3.23), TI_S = const. Eine fiktive Wärmepumpe, die Entropie von einer Außentemperatur 280 K auf die Vorlauftemperatur 310 K pumpt mit der gleichen Entropiestärke wie die Ofenheizung, hätte eine viel kleinere Fläche im T,S-Diagramm als der Entropiefall im Wärmemotor, siehe Abb. 4.39. Die vom Motor angetriebene reversible

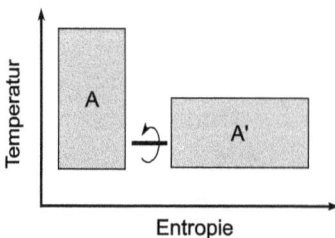

Abb. 4.38: Prinzip der kombinierten Wärmemotor-Wärmepumpe (WMP) in der Wasserfallanalogie dargestellt. Der reversible Motor arbeitet mit dem hohen Entropiefall einer heißen Flamme und treibt über eine mechanische Achse die reversible Wärmepumpe an, die viel Entropie eine kleine Temperaturdifferenz hinaufpumpt. Die Fläche des Entropiefalls A ist gleich der Fläche des Entropiehubs A'.

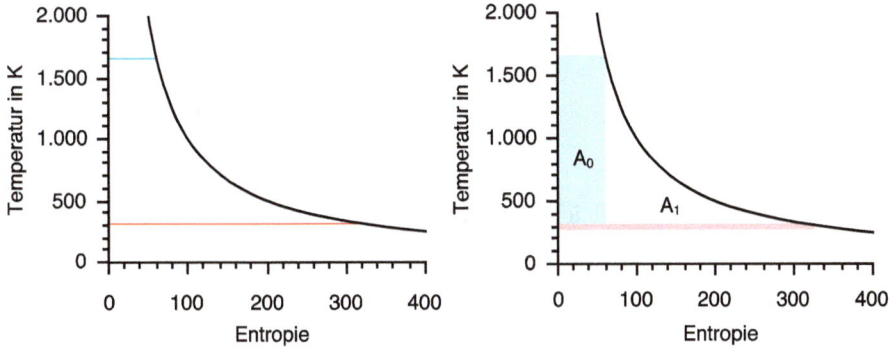

Abb. 4.39: Links: Die Entropiestromstärke einer Ofenheizung ist bei Flammentemperatur geringer als nach der Diffusion der Entropie auf 310 K. Die Längen der blauen und der roten Linie sind jeweils das Maß für die Entropiestromstärke. Rechts. Ein reversibler Wärmemotor hat den Entropiefall mit der Fläche A_0; die Entropiestromstärke ist durch die Breite des Rechtecks gegeben. Wollte man die Ofenheizung durch eine reversible Wärmepumpe ersetzen, so wäre deren Entropiehub durch das Rechteck mit der kleineren Fläche A_1 charakterisiert, die einer kleineren Leistung entspricht. Man sieht sofort, dass $A_1 < A_0$ ist, aber die Höhe des Rechtecks A_1 ist kaum mehr als eine Linienstärke. Im nächsten Bild wird deshalb eine unrealistisch hohe Ofentemperatur gewählt.

Wärmepumpe (WMP) hat im T,S-Diagramm die Fläche A_0'. Das Rechteck der WMP hat die gleiche Höhe wie das rote Rechteck der Ofenheizung in Abb. 4.39; deshalb ist sie viel breiter – so breit, dass die Darstellung mit den realistischen Zahlen unübersichtlich ist. Deshalb ist für Abb. 4.40 zugunsten der übersichtlichen Darstellung die unrealistische Vorlauftemperatur von 550 K gewählt.

Die Gleichung TI_S = const. ermöglicht den quantitativen Vergleich von ofenäquivalenter Wärmepumpe mit A_1 und reversibler Wärmepumpe mit A_0'. Die Fläche A_1 ist

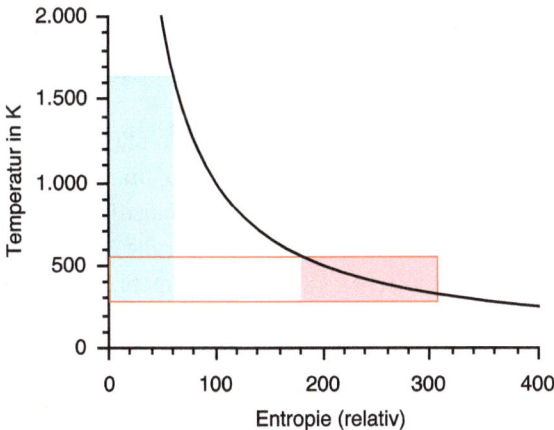

Abb. 4.40: Eine reversible Wärmepumpe, die durch den Motor mit dem blauen Entropiefall angetrieben wird, treibt den rot umrahmten Entropiehub an. Zum Ersatz der Ofenheizung bräuchte man nur den ungefüllten Teil des Rahmens. Der rot gefüllte Bereich ist der Vorteil der reversiblen WMP gegenüber der Ofenheizung.

gemäß Gl. (4.2) bestimmt durch

$$A_1 = A_0 \left(\frac{1 - \frac{T_2}{T_1}}{1 - \frac{T_2}{T_0}} \right). \tag{4.4}$$

Da die Flächen A_0' und A_1 gleich hoch sind, gilt das gleiche Verhältnis auch für die Entropieströme einer WMP-Heizung und einer Ofenheizung,

$$I_{S_{\text{Ofen}}} = I_{S_{\text{WMP}}} \left(\frac{1 - \frac{T_2}{T_1}}{1 - \frac{T_2}{T_0}} \right). \tag{4.5}$$

Für $T_0 = 1.640\,\text{K}$, $T_1 = 310\,\text{K}$ und $T_2 = 280\,\text{K}$ erhalten wir $I_{S_{\text{Ofen}}} = 0{,}18 \cdot I_{S_{\text{WMP}}}$. Die reversible WMP liefert am Heizkörper bei 310 K aus der gleichen Menge Erdgas gut fünfmal mehr Entropie als die Ofenheizung.

Mit einer Wärmemotor-Wärmepumpe-Kombinationsmaschine (WMP) kann man mit der gleichen Menge Brennstoff deutlich besser heizen als mit der gewöhnlichen Ofenheizung. Im Alltag findet man jedoch keine direkt vergleichbaren Häuser, so dass eine unmittelbare Erfahrung dieser Tatsache praktisch nicht möglich ist.

4.12 Kraft-Wärme-Kopplung

Die Abwärme von Wärmemotoren kann zum Heizen verwendet werden. Bei der Gasturbine haben wir das Prinzip schon kennengelernt, wo mit dem Abgas eine Dampfturbine betrieben wurde. Aber auch das Wasser im Kondensator des Dampfkraftwerks kann noch warm genug sein, um für die Heizung von Wohnräumen zu dienen. Es gibt zwei technische Lösungen: Zum einen das zentrale Großkraftwerk mit Verteilung der Wärme in einer ganzen Stadt durch eine Fernwärmeleitung, zum anderen den kleinen Hubkolbenmotor mit Generator und Warmwasserkessel für das Einfamilienhaus. Mittelgroße Anlagen für mehrere zusammenhängende Wohn- oder Geschäftshäuser bezeichnet man auch als Nahwärme-Systeme.

Die Nutzung der Abwärme für die Raumheizung ist auf den ersten Blick eine sehr vorteilhafte Anordnung. Scheinbar gibt es die Wärme kostenlos dazu, und man muss sich nur um die Verteilung kümmern. Wenn man jedoch so etwas zuhause installieren möchte, wird man enttäuscht: Ein Wärmemotor, der ausreichend für die Heizung dimensioniert ist, gibt zwar Strom ins Netz ab, aber er verbraucht auch mehr Brennstoff. Dann kommt die Frage nach der Wirtschaftlichkeit. Physikalisch ist zu konstatieren, dass man den Entropiefall nicht wie im reinen Kraftwerksbetrieb bis Umgebungstemperatur ausnutzen kann, sondern die Entropie von höherer Temperatur weiterleiten muss. Nützliche Abwärme bekommt man also nicht ohne Verlust an anderer Stelle.

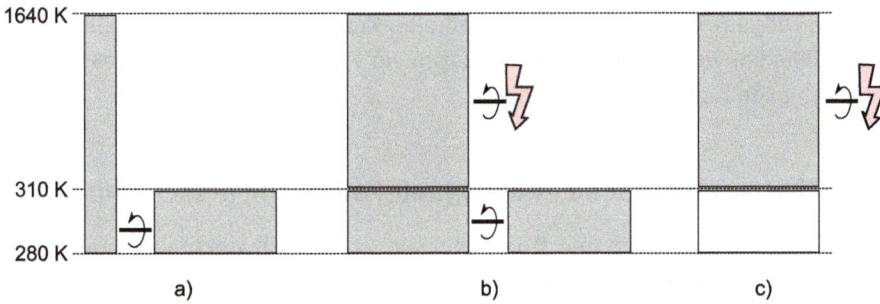

Abb. 4.41: Äquivalenz von reversibler Wärmemotor-Wärmepumpe (WMP) und Kraft-Wärme-Kopplung (KWK). a) Die WMP treibt mit einem schmalen fallenden Entropiestrom von 1.640 K auf 280 K einen breiten Entropiestrom von 280 K nach 310 K an. b) Der fallende Entropiestrom wird so verbreitert, dass fallende und steigende Entropiestromstärke gleich sind. Der fallende Entropiestrom treibt nun zwei getrennte Wärmemotoren an: Zwischen 1.640 K und 310 K einen elektrischen Generator, der in das Netz einspeist, und zwischen 310 K und 280 K eine reversible WMP. c) Man muss nicht die Entropie von 310 K auf 280 K durch den Wärmemotor fallen lassen und mit einer Wärmepumpe gleich wieder auf 310 K pumpen. Der Schritt wird einfach weggelassen, und die Entropie für die Raumheizung wird dem Ausgang des Kraftwerks entnommen.

Die Kraft-Wärme-Kopplung und die Heizung mit WMP sind im Idealfall äquivalent. Mögliche Unterschiede können höchstens technischer Natur sein. Abb. 4.41 zeigt den Entropiefall jeweils mit reversiblen Maschinen. Für die Heizung ist Entropie bei der Vorlauftemperatur 310 K notwendig, damit in der Wand des Zimmers eine Temperaturdifferenz von 30 K zur Außentemperatur von 280 K aufrecht erhalten wird. Die Entropie kann mit einer Wärmepumpe aus der Umgebung in das Zimmer gepumpt werden. Fall (a) zeigt den direkten Antrieb einer Wärmepumpe durch einen Wärmemotor. Der Entropiestrom der Wärmepumpe ist größer, weil der Temperaturunterschied kleiner ist – die Flächen der Entropiefälle sind gleich. Fall (b) ist ein theoretischer Zwischenschritt zur Kraft-Wärme-Kopplung. Der Wärmemotor ist so vergrößert, dass die Entropiestromstärke dem Wert der Pumpe in Fall (a) entspricht. Der Entropiefall wird dann auf zwei Motoren aufgeteilt, die zwischen 1.640 K und 310 K sowie 310 K und 280 K laufen. Der zweite Motor treibt wieder die Wärmepumpe direkt an. Der erste Motor speist Elektrizität ins Netz. Im Fall (c) werden der untere Motor und die Wärmepumpe einfach weggelassen, weil die Entropie nur im Kreis gepumpt wird. Die Entropie aus dem Ausgang des oberen Motors wird direkt für die Heizung des Zimmers benutzt. Die Fälle (b) und (c) sind offensichtlich gleichwertig, und (b) unterscheidet sich nur durch den stärkeren Motor, der elektrischen Strom an anderer Stelle antreibt. Deshalb sind (a) und (c) in Bezug auf die Ausnutzung des Brennstoffs für die Heizung bei 310 K gleichwertig.

Für drei gegebene Temperaturen ist die Kraft-Wärme-Kopplung genauso wie die Wärme-Motor-Pumpe die perfekte Brennstoff-Heizung, an der die Ofenheizung gemessen werden muss. Wie bei der letzteren gilt die Gl. (4.5). In der Praxis ist der Unterschied nicht ganz so groß, weil bei dezentralen Kraftwerken der Reversibilitätsgrad relativ klein ist, während bei großen Anlagen ein Fernwärmenetz mit einer Vorlauftemperatur von rund 90 °C notwendig ist.

4.13 Thermoelektrische und magnetokalorische Maschinen

Technische Wärmemotoren und Wärmepumpen sind oft mit elektrischen Generatoren und Motoren verbunden, so dass effektiv eine Kopplung von Entropiestrom und elektrischem Strom vorliegt. Diese Kopplung ist auch ohne mechanische Zwischenschritte möglich, nämlich mittels *Peltier-Element*. Technisch werden Peltier-Elemente überwiegend zum Kühlen von elektronischen Bauteilen benutzt, wo es auf die geringe Größe besonders ankommt und die gewöhnliche Wärmepumpe nicht infrage kommt. Man nimmt dann den relativ kleinen Reversibilitätsgrad mangels Alternative in Kauf. Jedes Peltier-Element kann als Wärmemotor betrieben werden. Abb. 4.42 zeigt ein Beispiel.

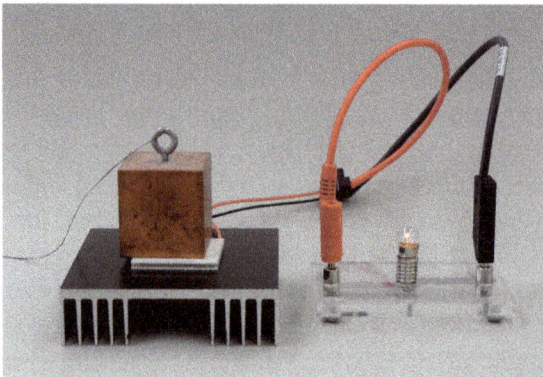

Abb. 4.42: Peltier-Element als Wärmemotor. Ein heißer Kupferklotz liegt auf einer Unterlage bei Raumtemperatur, dazwischen das Peltier-Element. Der Strom reicht für eine kleine Glühlampe.

Der *magnetokalorische Effekt* ist die Temperaturänderung eines ferromagnetischen Körpers bei Änderung seiner Magnetisierung. In den letzten Jahren gab es interessante technische und materialwissenschaftliche Entwicklungen, durch die magnetokalorische Wärmepumpen als Konkurrenz zu den gewöhnlichen Wärmepumpen hervortreten [56].

4.14 Technische Begriffe

Wärmemaschine, Wärmemotor und Wärmepumpe sind nicht die alleinigen Möglichkeiten, die Dinge zu benennen. Weder Fachkulturen noch Alltagssprache geben ein konsistentes System von Begriffen. Die Lokomotive auf dem Kapitelbild hat eine Dampfmaschine; sie wird von heißem Dampf durchströmt und treibt die Lokomotive an. Eine Elektrolokomotive hat keine Elektromaschine, sondern einen Elektro*motor*. Genauso gut könnte man Dampfmotor und Elektromaschine sagen, aber diese Begriffe sind nicht gebräuchlich. Logisch ist das nicht.

Die Ingenieure haben eine eigene systematische Fachsprache entwickelt, die einerseits zu sperrig für den Schulunterricht ist, andererseits auch keiner strengen physikalischen Systematik folgt. Beispielsweise unterscheidet man Kraftmaschinen und Arbeitsmaschinen, wobei ohne auswendig zu lernende Definition unklar bleibt, welcher der Kategorien der Wärmemotor und welcher die Wärmepumpe zuzuordnen wäre. Wir wollen auf die ursprünglichen Wortbedeutungen blicken und daraus Begriffe ableiten, die einerseits systematisch sind, andererseits umgangssprachlich verständlich bleiben.

Die *Mühle* gewinnt aus der Strömung von Luft oder Wasser den mechanischen Antrieb einer Achse. Ursprünglich stand das Pulverisieren von Getreide im Vordergrund, so dass der Vorgang des Mahlens unmittelbar mit dem Begriff verbunden war. Allerdings ist der Begriff schon seit langem verallgemeinert. Insbesondere spricht man heute bei modernen Anlagen zur Stromerzeugung von Windmühlen. Eine *Pumpe* ist die Umkehrung der Mühle: Durch mechanischen Antrieb an der Achse wird Luft oder Wasser transportiert.

Als Wärmepumpe wird üblicherweise ein Gerät bezeichnet, das „Wärme", genauer gesagt Entropie, von Stellen geringer zu Stellen hoher Temperatur pumpt. Bei diesem Begriff wird implizit die physikalische Größe Entropie, umgangssprachlich als „Wärme" bezeichnet, wie ein strömendes Fluid aufgefasst. Der elektrische Generator, der Ladung von niedrigem auf hohes Potential bringt, ist eine Ladungspumpe. In Analogie zur mechanischen Mühle könnte man den Wärmemotor Entropiemühle und den Elektromotor Ladungsmühle nennen. Wenn man das konsequent ausarbeiten würde, hätte man eine Menge systematischer Begriffe, die niemand versteht. Es ist besser, mit den etablierten Begriffen zu arbeiten und bei aufkommender Unzufriedenheit selbst zu versuchen, Ordnung in die Sache zu bringen. Damit ist man auf Schülerfragen bestens vorbereitet.

Das Wort *Maschine* lässt sich etymologisch auf das griechische Wort μηξανη (mechane) und das lateinische *machina, Werkzeug*, zurückführen. Eine Wärmemaschine verbindet einen thermischen mit einem mechanischen Vorgang so, wie die elektrische Maschine einen elektrischen Strom mit einer mechanischen Bewegung verbindet. Maschine nehmen wir wie Ingenieure als Oberbegriff für Mühlen und Pumpen, beziehungsweise Motoren und Generatoren. Weit verbreitet ist das Wort Wärme*kraft*maschine (WKM) für den Wärmemotor; das übernehmen wir aber nicht, denn der mechanische Aspekt steckt schon im Wort Maschine.

Technische Wärmemaschinen koppeln Entropiestrom und Drehmoment. Der beabsichtigte Nutzen ist beim Wärmemotor das Drehmoment und bei der Wärmepumpe der Entropiestrom von niedriger zu hoher Temperatur.

Das *Kraftwerk* ist leider gänzlich inkompatibel zu den obigen systematischen Ansätzen. Es bezeichnet die Kombination von Wärmemotor und elektrischem Generator und hat mit Kraft gar nichts zu tun. Dennoch halten wir an dem Wort fest, weil jegliche systematische Neuschöpfung ohne zusätzliche Erläuterung unverständlich bliebe. Kraftwerke *erzeugen Strom*. Manche Physiker stoßen sich an dieser Formulierung, denn bei Strom denkt man an Ladung, und Ladung kann weder erzeugt noch vernichtet werden. Das gewohnheitsmäßige Denken über atomare Angelegenheiten ist nicht dem Sprecher anzulasten. Der Strom als Ereignis im Leiter ist wohl erzeugbar durch Induktion oder chemische Reaktion. Induktion und Produktion haben den gleichen lateinischen Wortstamm *ducere* (führen, veranlassen), und der Generator ist auf Deutsch der Erzeuger. Induktion von Strom in einem Generator und Produktion von Strom in einem Erzeuger ist wörtlich genommen das gleiche.

⚡ Wer den Begriff Stromerzeugung vermeiden möchte, darf weder die Begriffe Generator noch Induktionsgesetz verwenden.

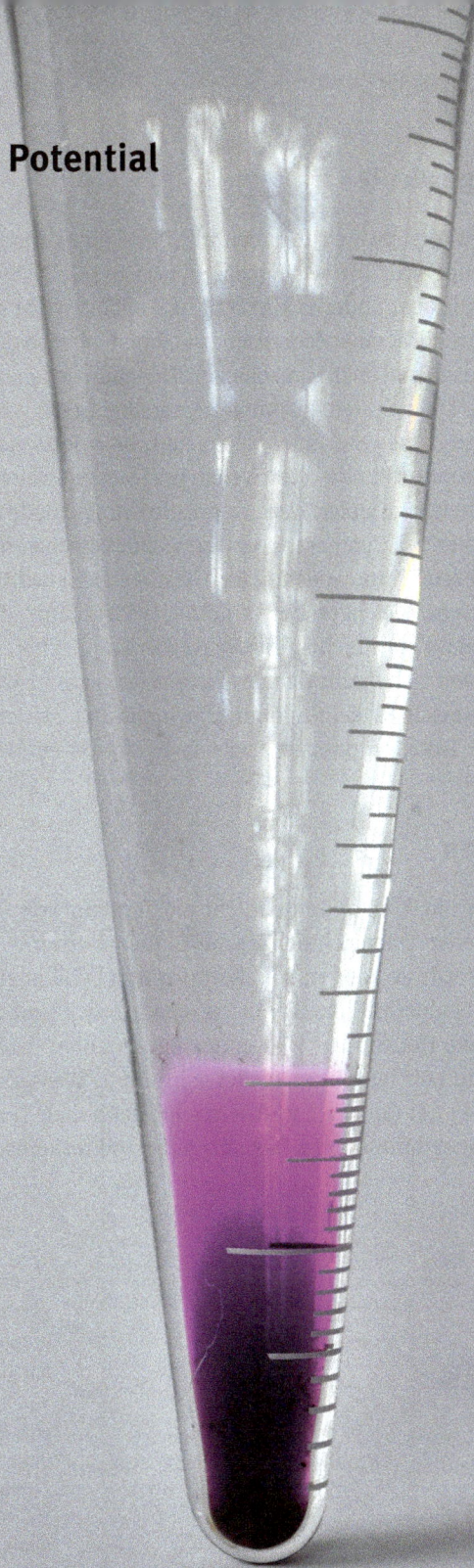

5 Chemisches Potential

5.1 Gleichgewichte

Im thermischen Gleichgewicht haben alle Teile eines thermodynamischen Systems die gleiche Temperatur. Inzwischen haben wir uns mit Systemen einheitlicher Temperatur befasst, die aber anderweitig nicht im Gleichgewicht sind. Die gehobene Masse im Gravitationsfeld ist ein mechanisches Beispiel, ebenso die gedehnte Feder. Der geladene Kondensator ist im thermischen und mechanischen, aber nicht im elektrischen Gleichgewicht. Diese Systeme können irreversibel in ein vollständiges Gleichgewicht übergehen, und dabei wird Entropie erzeugt, beispielsweise im elektrischen Widerstand. Die Entropie diffundiert im System und erzeugt weitere Entropie. Am Ende hat die Entropie ihren maximalen Wert, wenn alle Unterschiede in elektrischem Potential, Gravitationspotential, Temperatur und so weiter verschwunden sind.

Das in diesem Sinne *vollständige* Gleichgewicht wird von vielen Autoren das *thermodynamische Gleichgewicht* genannt. Leider hängt der Erfolg dieser Definition davon ab, dass man nichts übersieht. Das kann schon im Alltag passieren. Beispielsweise lösen sich Kochsalz oder Zucker langsam in Wasser auf. Es gibt keinen Temperaturunterschied, keine elektrische Spannung, keinen Unterschied im Gravitationspotential. Trotzdem passiert etwas. Es muss also ein Ungleichgewicht geben.

5.2 Diffusion

Das Experiment in Abb. 5.1 verdeutlicht die Tendenz von Stoffen, sich zu verteilen. Stoffe *diffundieren*. Offensichtlich ist die Diffusion ein irreversibler Prozess. Das Experiment mit der Tinte können Schülerinnen und Schüler einfach im Unterricht oder als Hausaufgabe durchführen. Diffusion passiert nicht nur in Fluiden, sondern auch in festen Stoffen. Holz nimmt Wasser aus der feuchten Luft auf und quillt, während es bei trockener Luft im Winter wieder schrumpft. Wasserstoff diffundiert in Platin, was man sich in der Chemie zunutze macht. Bei hohen Temperaturen können Festkörper ineinander diffundieren. Deshalb gehen mikroskopisch kleine Halbleiterstruk-

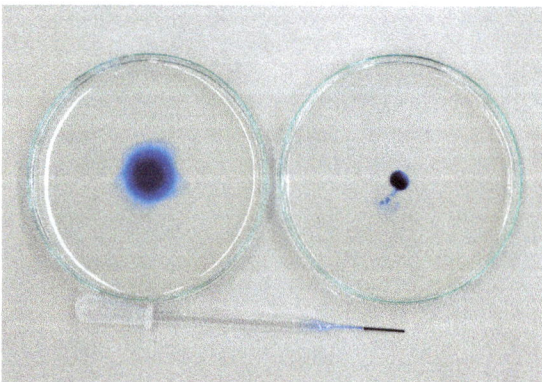

Abb. 5.1: Diffusion von Tinte in Wasser im Schülerexperiment. Mit einem Tropfer, der unten zur Kapillare ausgezogen wird, kann eine kleine Menge Tinte im Wasser direkt über dem Boden der Petrischale appliziert werden. Der Tropfen in der linken Schale hatte zehn Minuten vor der Photographie das Aussehen wie rechts.

https://doi.org/10.1515/9783110495799-005

turen bei Hitze weit unterhalb des Schmelzpunkts kaputt. Manche organischen Stoffe vervielfachen ihr Volumen durch Aufquellen in Wasser, beispielsweise die Gelatine in Abb. 5.2.

Abb. 5.2: Diffusion von Wasser in Gelatine. Anstelle der üblichen Gummibärchen ist hier Glutinleim gezeigt, der als Holzleim nützlich ist und keine Verschwendung von Essbarem darstellt. Zur Anwendung wird der gequollene Leim bei 50 °C geschmolzen.

Wir wissen schon, dass elektrischer Strom nur bei einer Potentialdifferenz fließt, und dass der Entropiestrom einen Temperaturunterschied voraussetzt. Das analoge Potential für die extensive Größe Stoffmenge n heißt *chemisches Potential* μ. Die Einheit ist

$$[\mu] = \frac{\text{kg m}^2}{\text{s}^2\text{mol}} \tag{5.1}$$

Die Einheit Gibbs /gɪbz/ mit $1\,\text{G} = \text{kg m}^2\text{s}^{-2}\text{mol}^{-1}$ hat eine ähnliche Stellung wie die Einheit Ct für die Entropie [46]: Beide vereinfachen die Formulierungen in der einführenden Literatur, sind aber keine SI-Einheiten.

> Stoffmenge strömt von Stellen hohen chemischen Potentials zu Stellen niedrigen chemischen Potentials.

Das chemische Potential eines Stoffs nimmt mit seiner Konzentration zu, deshalb diffundieren Stoffe von Orten hoher Konzentration zu Orten niedriger Konzentration. Bei gasigen Reinstoffen sind Partialdruck und Konzentration proportional, also steigt das chemische Potential linear mit dem Druck. Man kann folgendermaßen argumentieren, warum Luft aus einem Luftballon entweicht: Innen ist das chemische Potential der Luft größer, und deshalb strömt sie nach außen. Selbstverständlich ist die mechanische Erklärung über den Druckunterschied viel eingängiger, und es soll gar nicht gefragt werden, ob denn Druck oder chemisches Potential die fundamentale Größe sei. Wichtig ist an dieser Stelle, dass beide Erklärungen möglich sind.

Wir betrachten eine Menge reinen Wassers in einem abgeschlossenen Behälter mit flüssiger und gasiger Phase. Bei gegebener Temperatur T_0 bildet sich ein Gleichgewicht, das durch den Siededruck p_0 charakterisiert ist. Betrachtet man nur die Substanzmenge und die Temperatur, so sind verschiedene Zustände mit Druck $p \neq p_0$ denkbar. Doch nur bei $p = p_0$ befindet sich das System im *chemischen Gleichgewicht*, das durch ein einheitliches chemisches Potential im ganzen System charakterisiert ist.

Wenn man keine chemischen Reaktionen, sondern nur verschiedene Aggregatzustände hat, spricht man auch vom *Phasengleichgewicht*. Wir haben im Kapitel 2 an den gesunden Menschenverstand appelliert, um zu verstehen, was ein Phasengleichgewicht ist. Das funktioniert sehr gut, denn letztlich sind solche Gleichgewichte Erfahrungstatsachen. Die spätere Einführung der Größe μ erscheint vielleicht als unnötige theoretische Komplikation. Das chemische Potential wird erst sinnvoll, wenn man es mit Vorgängen zu tun hat, die ansonsten rätselhaft blieben.

5.3 Stofftransport durch chemische Potentialdifferenz

Das folgende Experiment stellt ein solches Rätsel dar. Der Apparat in Abb. 5.3 ist ein Demonstrator für das *selbstkühlende Bierfass* [99]. Die scheinbar spontane Abkühlung und Erhitzung eines Systems an verschiedenen Stellen ist ungewöhnlich und kontraintuitiv. Nach einiger Überlegung scheint es doch realisierbar, wenn ein versteckter mechanischer oder elektrischer Antrieb im Innern des Systems vorhanden ist. Ein Kühlschrank mit eingebauter elektrischer Batterie würde das gleiche Verhalten zeigen und auch den gleichen Zweck erfüllen. In dem vorliegenden Fall gibt es aber weder ein mechanisches noch ein elektrisches Ungleichgewicht, und das ist der eigentliche Grund für das Rätsel. Das bestehende Ungleichgewicht wird durch eine Differenz im chemischen Potential beschrieben. Die Zeolith-Körner auf der rechten Seite absorbieren gasiges Wasser, was bedeutet: Für das absorbierte Wasser ist das chemische Potential sehr klein, sogar kleiner als das chemische Potential in der gasigen Phase. Deshalb sinkt der Druck der Gasphase, wodurch deren chemisches Potential geringer wird als in der flüssigen Phase. Dadurch wird der Phasenübergang von der flüssigen in die gasige Phase bei annähernd konstantem Druck angetrieben. Das verdampfende Wasser enthält viel Entropie, die der flüssigen Phase entnommen wird; diese kühlt sich dadurch ab. Die Verdunstungskälte kann auf ein Alltagsphänomen zurückgeführt werden. Neu ist hier die Pumpwirkung des Zeoliths.

Wenn das Ventil geöffnet bleibt, sublimiert gasiges Wasser von der festen Phase, bis schließlich gar kein Wasser mehr im Kolben übrig ist. Danach kann der Apparat regeneriert werden. Durch Erhitzen des Zeoliths steigt das chemische Potential des

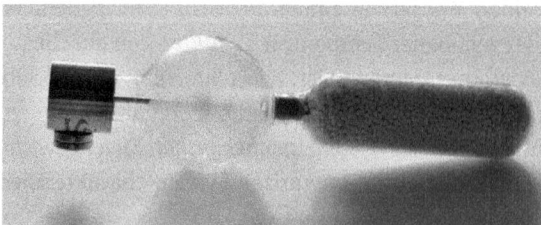

Abb. 5.3: Der hermetisch abgeschlossene Apparat befindet sich im thermischen Gleichgewicht. Mittels eines Magneten wird ein Ventil von außen geöffnet. Der Glaskolben auf der linken Seite wird so kalt, dass darin befindliches Wasser gefriert. Der rechte Teil mit den Körnchen wird heiß.

Wassers stark an und überschreitet den Wert für den Siededruck im Glaskolben. Dort kondensiert es an der kalten Wand, und die flüssige Phase bildet sich erneut.

Ähnlich funktioniert das Streusalz, mit dem im Winter die Straßen eisfrei gehalten werden. Das Salz hat in Lösung ein kleineres chemisches Potential als im festen Zustand und strebt daher die Lösung an. Es geht aber nicht ohne flüssiges Wasser, das deshalb aus der festen in die flüssige Phase gezwungen wird. Die Salzlösung kühlt sich dabei stark ab, weil die Gesamtentropie zusätzlich die Schmelzentropie enthalten muss und die Gesamtentropie nur für eine niedrigere Systemtemperatur reicht. In der *Kältemischung* nutzt man diesen Effekt gezielt aus, aber auf der Fahrbahn will man ihn nicht haben. Dort ist die Abkühlung der Lösung auch kein Problem, denn die Fahrbahn hat eine viel größere absolute Wärmekapazität als der hauchdünne Film der Salzlösung, der deshalb die Temperatur der Fahrbahn annimmt. Die Salzlösung bleibt flüssig und fließt ab oder wird von fahrenden Autos in die Umgebung versprüht.

Auf dem Ungleichgewicht im chemischen Potential beruht auch der Trinkvogel in Abb. 5.4, ein gern gezeigtes Experiment, das aber selten vollständig erklärt wird. In der Regel wird nur der Teil des Experiments gezeigt, für den das Alltagskonzept zur Verdunstungskälte ausreicht. Der feuchte Schnabel wird durch das verdunstende Wasser abgekühlt, und der Vorratsbehälter bleibt auf Raumtemperatur; es entstehen Stellen unterschiedlicher Temperatur. Dadurch wird prinzipiell ein Wärmemotor möglich, der sich hier durch Bewegung des Vogels äußert. Der zweite Teil des Experiments besteht darin, den Vogel und seinen Wasservorrat mit einer Glocke abzudecken: Die Bewegung hört dann nach etwa einer halben Stunde auf. Durch höhere Luftfeuchtigkeit, also ansteigenden Partialdruck des Wassers, steigt das chemische Potential des Wassers in der feuchten Luft, bis es den Wert der flüssigen Phase erreicht hat. Das ist beim Siededruck der Fall. Wasser kann nicht mehr vom Schnabel verdunsten, und folglich verschwindet der Temperaturunterschied; die Bewegung kommt zum Stillstand. Nach Abnehmen der Glocke startet der Vogel schnell von allein, weil in der Laborluft der Partialdruck des Wassers unterhalb des Siededrucks liegt.

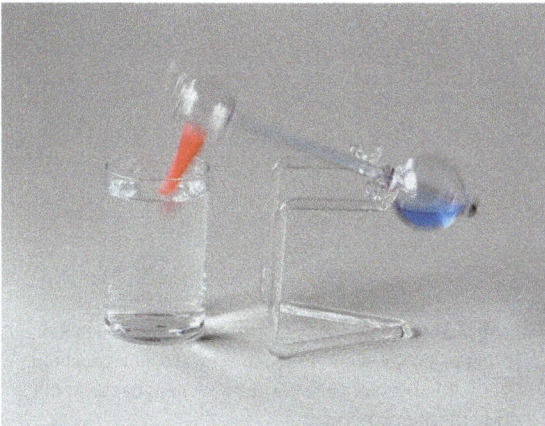

Abb. 5.4: Trinkvogel.

Der Trinkvogel ist ein Stoffmotor, der den Wärmemotor nur als Zwischenstufe hat. Man könnte sich überlegen, das Gelenk mit einem elektrischen Generator auszustatten und aus dem fortwährenden Stoffstrom Elektrizität zu gewinnen. Mit der elektrochemischen Reaktion geht das einfacher.

5.4 Elektrochemische Erscheinungen

Die Zitronenbatterie ist ein beliebtes Schülerexperiment. Blechstücke aus Kupfer und Zink werden in eine Zitrone gesteckt. Zwischen den Blechen bildet sich eine elektrische Spannung. Bei sorgfältiger Ausführung kann man zwischen den Blechen einen messbaren Strom fließen lassen. Für den Antrieb einer Lampe oder eines Motors ist die Leistung des elektrischen Stroms jedoch viel zu klein. Nimmt man größere Zinkplatten 80 mm x 120 mm und Bechergläser mit Salzwasser, kann man mit der *Tassenkrone* [58] eine Glühbirne 4 V, 40 mA zum Leuchten bringen, siehe Abb. 5.5. Beide Anordnungen ermöglichen eine zweite, ebenso wichtige Beobachtung: Während das Kupfer weitgehend blank bleibt, wird die Zinkplatte zerfressen. Es liegt eine chemische Reaktion vor. Man stellt sich leicht vor, dass in der Zitrone die Zitronensäure, die auch zur Entkalkung in Bad und Küche verwendet wird, für die Korrosion der Zinkplatte verantwortlich sei. Das ist aber nicht der entscheidende Punkt. Die Tassenkrone funktioniert auch mit Kochsalzlösung, die chemisch neutral ist. Es kommt auf das Kupfer an und auf die Leitfähigkeit der Lösung, weniger auf eine Säure oder Lauge.

Zink und Kupfer reagieren miteinander, wenn sie in Kontakt kommen. Beim Übergießen einer Mischung von Zink- und Kupferspänen mit Kochsalzlösung beobachtet man eine starke Erwärmung. Die Reaktion ist irreversibel. Bei der Tassenkrone ist die Reaktion nicht mehr vollständig irreversibel, sondern es wird ein elektrischer Vorgang

Abb. 5.5: Tassenkrone. Vier große Cu/Zn Zellen in Reihe bringen ein 4 V/4 mA Birnchen schwach zum Leuchten. Der Aufbau entspricht etwa 100 Zitronen, bestückt mit je zwei Blechen $8 \times 8 \, mm^2$.

angetrieben. Anstelle der Glühbirne könnte man einen Kondensator für die weitere Verwendung aufladen. Offensichtlich unterbindet die besondere Anordnung zweier getrennter Metallplatten in einer leitfähigen Lösung die spontane irreversible Reaktion. Um das zu verstehen, müssen wir die Beziehung von Stoffen und elektrischer Ladung klären.

5.5 Stoff und Ladung

Chemische Reaktionen werden durch Reaktionsgleichungen beschrieben. Wenn Eisen rostet, reagiert es mit Sauerstoff zu Eisenoxid gemäß

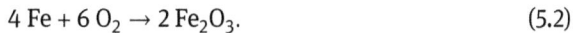

$$4\,\mathrm{Fe} + 6\,\mathrm{O}_2 \rightarrow 2\,\mathrm{Fe}_2\mathrm{O}_3. \tag{5.2}$$

Dieser Vorgang heißt Oxidation des Eisens. Das Symbol für Sauerstoff stammt von diesem Wort. Stoffe wie Schwefel oder Chlor können auf ähnliche Weise mit Eisen und anderen Metallen reagieren. Solche Reaktionen bezeichnet man ebenfalls als Oxidation. Beispielsweise verbrennt Eisenwolle in Chlor spektakulär zu braunem Eisenchlorid:

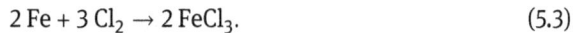

$$2\,\mathrm{Fe} + 3\,\mathrm{Cl}_2 \rightarrow 2\,\mathrm{FeCl}_3. \tag{5.3}$$

Elementares Eisen wird oxidiert, das elementare Chlor wird reduziert. Reduktion und Oxidation treten in der *Redoxreaktion* gemeinsam auf. Das Eisenchlorid löst sich in Wasser auf und *dissoziiert* zu ionisiertem Fe^{3+} und ionisiertem Chlorid Cl^-. Die ionisierten Stoffe sind elektrisch geladen, und zwar mit einem ganzzahligen Vielfachen z der Ladungsmenge 96.485 Coulomb/Mol, der Faraday-Konstanten[1] $\mathcal{F}$. Die molare Ladung $\hat{Q}$ von ionisierten Stoffen ist

$$\hat{Q} = z\mathcal{F}. \tag{5.4}$$

Dabei ist z die Ladungszahl; für $Fe^{3}+$ ist $z = 3$ und für Cl^- ist $z = -1$. Die gewaltigen Ladungsmengen sind in einer wässrigen Lösung nicht beobachtbar, weil sich die positiv geladenen Kationen und die negativ geladenen Anionen neutralisieren.

Wir importieren hier Resultate der Chemie, ohne uns mit deren Gewinnung auseinanderzusetzen. Es ist grundsätzlich möglich, die ganzzahligen Mengenverhältnisse in den Reaktionsgleichungen mit Schulmitteln experimentell zu erarbeiten und die hier dargelegten Grundzüge der Elektrochemie plausibel zu machen. Die Quantisierung der elektrischen Ladung, die heute so selbstverständlich hingenommen wird, konnte erst Anfang des 20. Jahrhunderts experimentell untermauert werden; dazu mehr im Kapitel 11.

---

1 nach Michael Faraday /ˈfarədɪ/ (1791–1867). Die Karriere des englischen Naturforschers vom Buchbinder zum führenden Experimentalphysiker seiner Zeit ist legendär.

Zum Anschluss an Literatur und Denkgewohnheiten wird mitgeteilt: Die Stoffmenge ist quantisiert. Die Elementarportion eines chemischen Elements heißt Atom, die Elementarportion von Verbindungen Molekül. Das Elektron ist die Elementarportion der Ladungsträger in Metallen. Ionen sind Atome oder Moleküle mit einem Mangel oder Überschuss von z Elektronen.

Die Quantisierung von Ladung und Stoff ist keine Voraussetzung für das Verständnis der elektrochemischen Vorgänge. Arrhenius [3] spricht 1901 von kontinuierlichen Elektrizitätsmengen und rechnet mit Stoffmenge Mol.[2] Seinerzeit waren elektrische Batterien technisch so ausgereift, dass man sie für den Fahrzeugantrieb verwenden konnte. Die Elementarladung des Elektrons wurde dagegen erst 1910 bestimmt [65]. Erfolgreiche Elektrochemie geht also ohne einzelne Elektronen. Für praktische Berechnungen benutzt man auch heute immer die Faraday-Konstante $\mathcal{F}$, das Produkt aus Elementarladung $e = 1{,}602176634 \cdot 10^{-19}$ C und Avogadrokonstante $N_A = 6{,}02214076 \cdot 10^{23}$ mol^{-1}. Alle Gleichungen für Atome und Moleküle haben die gleiche Form, wenn sie auf die Stoffmenge und nicht auf die Zahl der Moleküle und Elektronen bezogen sind. Durch den Querschnitt eines Metalldrahtes fließt bei einer Stromstärke von $I = 1$ A pro Sekunde eine Stoffmenge von $I/\mathcal{F} = 1{,}04 \cdot 10^{-5}$ mol Elektron e$^-$.

In einer wässrigen Lösung von Kaliumchlorid KCl befinden sich die Ionen K$^+$ und Cl$^-$. In dieser Lösung erfolgt elektrischer Strom durch den gegensinnigen Transport beider Ionen. Das Kation K$^+$ strömt im elektrischen Potential abwärts, das negative Anion Cl$^-$ strömt im elektrischen Potential aufwärts. Da es die doppelte Menge Ladungsträger gibt, ist die Stoffstromstärke für K$^+$ und Cl$^-$ jeweils halb so groß wie im Metall. Der elektrische Widerstand kommt von der Streuung der Ladungsträger an ihrer materiellen Umgebung. Reinstes Wasser enthält H$_3$O$^+$ und OH$^-$ Ionen in sehr geringer Konzentration von jeweils 10^{-7} mol/ℓ und ist daher ein schlechter Leiter. Eine gegebene Stromstärke erfordert immer die gleiche Stoffstromstärke, dividiert durch Ladungszahl z. Wenn wenig ladungstragender Stoff vorhanden ist, muss dieser eine hohe Geschwindigkeit haben; das erhöht die Reibung an der Umgebung.

5.6 Elektrochemische Zelle

Mit dem chemischen Rüstzeug können wir nun den Prototypen einer elektrochemischen Zelle, das *Daniell-Element* analysieren; sein Aufbau ist in Abb. 5.6 gezeigt. Das Daniell-Element hat eine einfache Reaktionsgleichung und funktioniert in der Praxis

---

2 Svante Arrhenius (1859–1927), Pionier der Elektrochemie und 1903 mit dem Nobelpreis geehrt, fasst Elektrizität als Kontinuum, aber Ionen und Atome als Elementarportion der Materie auf. In der Chemie hat man um 1900 so fest an die Existenz von Atomen geglaubt, dass man auf den direkten experimentellen Nachweis verzichten konnte.

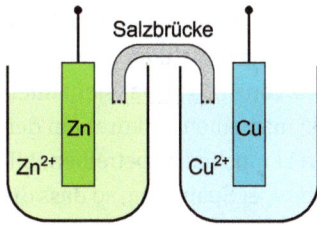

Abb. 5.6: Daniell-Element. Die linke Halbzelle ist metallisches Zink in ZnSO$_4$-Lösung, die rechte Halbzelle ist Kupfer in CuSO$_4$-Lösung. Die elektrische Verbindung zwischen den Halbzellen erfolgt mit einer nichtmetallischen Salzbrücke.

besser als die Vorversuche. Die Zitronenbatterie und ihre Abwandlungen sind bei näherer Betrachtung ziemlich kompliziert [72]. Das Daniell-Element besteht aus zwei getrennten elektrochemischen *Halbzellen*, nämlich einer Kupferplatte in CuSO$_4$-Lösung und einer Zinkplatte in ZnSO$_4$-Lösung. Die Lösungen der Metallsulfate dissoziieren zu Zn^{2+} bzw. Cu^{2+} und SO$_4^{2-}$ und sind deshalb gute elektrische Leiter. Sie werden in dieser Funktion als *Elektrolyt* bezeichnet. Die beiden Halbzellen werden über eine Salzbrücke elektrisch miteinander verbunden und bilden insgesamt eine ganze elektrochemische Zelle. Die Salzbrücke besteht aus einem Rohr, das mit konzentrierter Kaliumchlorid- oder Kaliumnitrat-Lösung gefüllt ist und Kontakte aus porösem Material hat. Im Unterschied zu den Metallen, die mit den Elektrolyten reagieren, ist die Salzbrücke ein chemisch inerter Leiter.

In der Zink-Halbzelle steht die metallische Platte in Kontakt mit der ZnSO$_4$-Lösung. Das metallische Zink hat die Tendenz, sich im Elektrolyt aufzulösen: Sein chemisches Potential ist hoch. Beim Auflösen geht das neutrale Metall Zn^0 in zweifach positiv ionisiertes Zink Zn^{2+} über, es wird oxidiert. Dadurch entsteht ein elektrisches Ungleichgewicht, denn gelöstes Zn^{2+} hinterlässt positive Ladung in der Zinkplatte. Direkt an der Oberfläche der Zinkplatte entsteht ein elektrisches Feld, das schließlich die Bildung von neuem Zn^{2+} unterbindet. Das ursprüngliche chemische Potential μ kann den Stoffstrom von der Metallplatte in den Elektrolyt hinein nicht mehr antreiben, weil ein elektrisches Potential ϕ dagegen hält. Die Summe aus beiden Potentialen, das *elektrochemische Potential* $\bar{\mu}$, ist Null. Bezüglich dieses elektrochemischen Potentials $\bar{\mu}$ befindet sich das System im Gleichgewicht. Das elektrochemische Potential für den Stoff i ist

$$\bar{\mu}_i = \mu_i + z_i \mathcal{F} \phi \tag{5.5}$$

mit der Ladungszahl z und der Faraday-Konstanten $\mathcal{F}$. Beim metallischen Zink ist das chemische Potential μ_{Zn} positiv. Die Ladungszahl ist $z = +2$ für Zn^{2+} und die Faraday-Konstante $\mathcal{F} = 96.485$ C/mol. Das elektrische Potential ϕ ist negativ, denn die Zinkplatte ist negativ geladen.

Das elektrochemische Potential ist keine neue Größe, sondern eine spezielle Form des chemischen Potentials, bestehend aus einem rein stofflichen und einem rein elektrischen Summanden.

Die Grenzschicht an der Oberfläche der Zinkplatte wirkt sich auf die komplette Halbzelle aus. Zwischen dem metallischen Zink und dem Elektrolyt besteht im elektrochemischen Gleichgewicht eine elektrische Potentialdifferenz von $-0,77$ V. Das sieht interessant aus, ist jedoch nicht ohne weiteres nutzbar. Steckt man einen Zinkdraht in den Elektrolyten, um die Spannung zu messen oder sogar ein Lämpchen zu betreiben, bildet sich sofort eine zweite $Zn|Zn^{2+}$-Halbzelle mit gegensinniger Spannung, so dass die Spannung zwischen den Kontakten verschwindet. Deshalb braucht man ein anderes Metall mit einem anderen elektrochemischen Gleichgewicht. Hier kommt die zweite Halbzelle ins Spiel. Beim Daniell-Element ist besteht diese aus Kupfer in Kupfersulfat-Lösung. Für Kupfer Cu ist das chemische Potential gegenüber dem Cu^{2+}-Elektrolyten positiv. Cu^{2+} hat also die Tendenz, sich in metallischer Form auf der Cu-Platte niederzuschlagen. Im elektrochemischen Gleichgewicht besteht eine Spannung von $+0,33$ V.

Zwischen den Elektrolyten der beiden Halbzellen verschwindet die Spannung, weil die Salzbrücke ein guter elektrischer Leiter ist. Zwischen den metallischen Cu- und Zn-Kontakten ist die Spannung die Differenz der beiden Einzelspannungen, also 1,10 V. In der Schule arbeitet man in der Regel nicht mit einer Salzbrücke, sondern mit einem porösen Tonbecher und einer konzentrischen Anordnung der Elektrolyten wie in Abb. 5.7. Die elektrochemische Reaktion läuft genauso ab, man muss lediglich mit einer kleinen Kontaktspannung von einigen mV am Tonbecher rechnen, die den quantitativen Chemiker stört, den Anwender aber nicht.

Abb. 5.7: Daniell-Element. Der helle Tonbecher trennt den inneren $CuSO_4$-Elektrolyten vom äußeren $ZnSO_4$-Elektrolyten. In dieser Anordnung kann eine angeschlossene Glühbirne bei 1,04 V und 20 mA mehrere Tage glimmen. Dabei werden mehr als 1 g Zn und Cu übertragen. Der höhere Aufwand mit getrenntem $ZnSO_4$- und $CuSO_4$-Elektrolyten gegenüber der einfachen Tassenkrone wird durch das Ergebnis gerechtfertigt.

Ersetzt man die Kupfer-Halbzelle durch eine Silber-Halbzelle, erhält man damit eine andere Spannung. Ebenso kann man die Zink-Zelle austauschen, und so weiter. Durch Vergleiche erhält man die elektrochemische Spannungsreihe in Tabelle 5.1. Der Nullpunkt wird durch die Wasserstoff-Normalelektrode festgelegt. Die Wasserstoff-Elektrode realisiert man durch Umspülen einer metallischen Platinelektrode mit ga-

Tab. 5.1: Elektrochemische Spannungsreihe. Die Salze sind in wässriger Lösung bei 298 K, 100 kPa mit einer Konzentration von $1\,mol/\ell$.

	$Li|Li^+$	$Na|Na^+$	$Al|Al^{3+}$	$Zn|Zn^{2+}$	$Fe|Fe^{2+}$	$H_2|OH^-$	$Cu|Cu^{2+}$	$Ag|Ag^+$
V	$-3,04$	$-2,71$	$-1,66$	$-0,762$	$-0,447$	0	$+0,342$	$+0,800$

sigem Wasserstoff in saurem Elektrolyten. Die Tabelle ist nur ein winziger Ausschnitt der Möglichkeiten. Das elementare Metall muss nicht zwingend ein Teil der Halbzelle sein. Es gibt Redoxreaktionen von Metalloxiden und Nichtmetallen. Im Abschnitt 9.3 besprechen wir die Blei-Zelle mit den beiden Halbzellen $Pb|SO_4^{2-}$ und $PbO_2|SO_4^{2-}$, in der PbO_4 zu $PbSO_4$ reduziert wird.

Mit einer elektrochemischen Zelle kann längere Zeit ein elektrischer Strom angetrieben werden, das ist ihre hauptsächliche Anwendung. Mit dem Daniell-Element in Abb. 5.7 ist eine maximale Stromstärke von 100 mA möglich. Sobald ein Strom zwischen den Polen der Zelle durch einen äußeren Leiter ermöglicht wird, wird das elektrochemische Gleichgewicht gestört. In der negativ geladenen Zn-Halbzelle steigt das elektrochemische Potential etwas an, weil Landung vom positiven Cu-Pol zuströmt. Deshalb überwiegt das chemische Potential μ, und metallisches Zn^0 kann als Zn^{2+} in Lösung gehen. An der Kupfer-Kathode fällt das elektrische Potential ab, und Cu^{2+} wird zu Cu^0 reduziert. Die Redoxreaktion

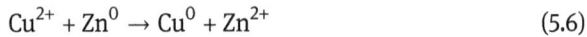

$$Cu^{2+} + Zn^0 \rightarrow Cu^0 + Zn^{2+} \tag{5.6}$$

ist der Antrieb für den elektrischen Strom. Innerhalb der Halbzellen fließt der elektrische Strom durch ionische Ladungsträger Zn^{2+} bzw. Cu^{2+} sowie SO_4^{2-}.

Warum gibt es keinen Kurzschluss, wenn zwei Metallplatten auf unterschiedlichem elektrischem Potential in einer leitfähigen Lösung stehen? – So lange die Metallpole keinen äußeren Kontakt haben, ist die Spannung innerhalb des Elektrolyten Null. Die Voraussetzung für einen Stromfluss ist nicht erfüllt. Die Spannung an den Polen stammt aus den Grenzschichten, die sich genau in diesem Zustand im elektrochemischen Gleichgewicht befinden.

Nun können wir anders auf das Freihand-Experiment blicken, bei dem Kupfer und Zink in Salzlösung miteinander reagieren. Die Reaktion findet statt, weil zwischen den Körnern elektrische Verbindungen bestehen und die Phasengrenze zum Elektrolyten eine Spannung erzeugt. In reiner metallischer Form reagieren Zink und Kupfer nicht miteinander.

5.7 Galvanik

Zwei $Cu|Cu^{2+}$-Halbzellen mit $CuSO_4$-Elektrolyt bilden zusammen eine elektrochemische Zelle mit der Zellenspannung Null. Auf die Trennung in zwei Behälter mit Salzbrücke kann man natürlich verzichten und beide Elektroden in den gleichen Behälter hängen. Durch äußere elektrische Verbindung der beiden Pole würde mangels Spannung kein Strom fließen; die Zelle bliebe im Gleichgewicht. Das Gleichgewicht kann durch Anlegen einer äußeren Spannung gestört werden. Es bilden sich eine positiv geladene Anode und eine negativ geladene Kathode, und ein Strom fließt durch den Elektrolyt. An der Anode wird Cu^0 zu Cu^{2+} oxidiert und geht in Lösung, an der Kathode wird Cu^{2+} zu Cu^0 reduziert. In der Bilanz ändern sich die Mengen an Cu^0 und Cu^{2+} nicht. Effektiv treibt der elektrische Potentialunterschied einen Stofftransport an. Dieser akademisch anmutende Prozess ist die Grundlage der technisch bedeutsamen elektrolytischen Reinigung von Kupfer. Während fast alle technischen Metalle als Legierung verwendet werden, braucht man Kupfer in möglichst reiner Form, weil dessen elektrische und thermische Leitfähigkeiten am größten sind. Reines Kupfer ist zudem gut zu bearbeiten und korrosionsbeständig. Bei der elektrolytischen Raffination wird Rohkupfer oder Recycling-Kupfer in Anoden gegossen, die durch eine elektrische Spannung von etwa 0,35 V angetrieben binnen drei Wochen auf Kathoden übergehen. Die Reinheit des Materials auf der Kupfer-Kathode beträgt 99,99 %. Unedle Verunreinigungen wie Eisen oder Zink scheiden sich nicht auf der Kathode ab, weil die Spannung zu gering für die Reduktion ist. Edle Verunreinigungen wie Silber und Gold gehen gar nicht erst in Lösung, weil die Spannung zu gering für die Oxidation ist. Sie krümeln aus der sich auflösenden Anode heraus und bilden den wertvollen Anodenschlamm. Die Kupferraffination kann ohne Weiteres in der Schule demonstriert werden, siehe Abb. 5.8.

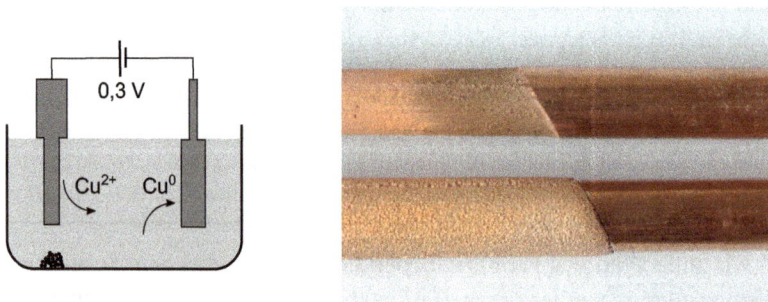

Abb. 5.8: Elektrisch angetriebener Transport von Kupfer in $CuSO_4$-Lösung. Bei einer Spannung von 350 mV geht Kupfer an der Anode in Lösung und scheidet sich an der Kathode ab. Bei der Raffination von Rohkupfer bildet sich der Anodenschlamm aus unlöslichen Edelmetallen. Rechts sind zwei Kupferstäbe $\varnothing$ 8 mm gezeigt, mit denen in 30 Stunden 7,22 g Kupfer bei 350 mV Spannung elektrisch übertragen wurden. Integration der Stromstärke als Funktion der Zeit ergibt einen Wert für die Faraday-Konstante $\mathcal{F}$ mit nur 1,7 % Fehler.

Eine Kupferraffinerie produziert jährlich 200.000 Tonnen Elektrolytkupfer aus Altmetall [5]. Wie groß
wäre die mittlere Stromstärke, wenn man alle Zellen parallel schalten würde? – Der Stoffstrom von
der Anode zur Kathode beträgt $2 \cdot 10^8$ kg/a oder 6,34 kg/s, das sind 99,8 mol/s. Da $z = 2$, wird pro
Sekunde die Ladung 199,6 $\mathcal{F}$ übertragen. Die Stromstärke beträgt $1,93 \cdot 10^7$ A.

Wenn man in der Kupfer-Zelle die Kupfer-Kathode durch einen Körper aus anderem
Material ersetzt, scheidet sich das Kupfer als dünner Film auf diesem ab: Der Körper
wird galvanisch verkupfert. Je nach Material des zu verkupfernden Körpers muss man
die Spannung anpassen, weil das Ausgangsmaterial ein anderes elektrochemisches
Gleichgewicht im $CuSO_4$-Elektrolyten hat. Neben Kupfer werden Chrom, Nickel und
Gold galvanisch abgeschieden.

5.8 Elektrolyse

Im Daniell-Element stehen die Reaktionspartner im elektrochemischen Gleichgewicht
bei einer Spannung U_0. Wird diese Spannung kleiner durch Verbindung der Pole mit
einem äußeren elektrischen Leiter, wird Zink oxidiert und Kupfer reduziert. Durch
Anlegen einer äußeren Spannung $U > U_0$ wird die Redoxreaktion umgekehrt: Zink
wird reduziert und Kupfer wird oxidiert. Die Erzwingung einer Redoxreaktion durch
von außen aufgezwungenen elektrischen Strom heißt *Elektrolyse*. Für die industrielle
Herstellung von unedlen Metallen aus ihren Oxiden oder Salzen vermeidet man den
Einsatz von edlen Metallen als Anode aus Kostengründen. Vielmehr sucht man nach
elektrochemischen Verhältnissen, bei denen an der Anode Sauerstoff entsteht, der in
gasiger Form aufsteigt. Ferner muss man die Wasserstoffproduktion an der Kathode
verhindern. Das ist Sache der Chemie. Das metallische Natrium wurde zuerst 1807
von Humphry Davy /ˈdeɪvi/ durch Elektrolyse von geschmolzenem NaOH dargestellt.
Das Verfahren wird bis heute technisch genutzt. Mengenmäßig bedeutender ist die
Elektrolyse von flüssigem NaCl bei 600 °C, mit der Cl_2 als Rohstoff für die chemische
Industrie gewonnen wird.

Im 19. Jahrhundert waren die Wärmemotoren in der Form der Kolben-Dampfmaschine große und teure Geräte, die durch Personal ständig überwacht werden mussten. Betriebe hatten in der Regel eine einzige Dampfmaschine, deren Drehbewegung über ein System von Achsen und Riemen, die sogenannte Transmission, auf mehrere Werkzeuge wie Bohrmaschinen und Drehbänke übertragen wurde. Abb. 6.1 zeigt den Maschinensaal einer Fabrik um 1890. Heute sieht eine Werkhalle ganz anders aus: Die Maschinen werden einzeln durch eigene Elektromotoren angetrieben, die an das überregionale Stromnetz angeschlossen sind. Das Stromnetz wird durch Kraftwerke gespeist, also durch eine Vielzahl elektrischer Generatoren, die alle bei einer Winkelgeschwindigkeit von $2\pi \cdot 50\,\mathrm{s}^{-1}$ die richtige Phase haben und zusammen wie *ein* Generator wirken. Die Übertragung mechanischer Bewegung durch elektrischen Strom soll in der Schule mit zwei gekoppelten Kurbelgeneratoren wie in Abb. 6.2 gezeigt werden.

Abb. 6.1: Maschinensaal um 1890. Drei Wellen laufen links, rechts und in der Mitte durch die Halle; sie werden vom zentralen Dampfmotor angetrieben. Die Maschinen können bei Bedarf über Riemen an eine der Antriebswellen gekoppelt werden. Ein Riemen ist links neben dem Arbeiter im Vordergrund sichtbar. ©Siemens.

Im Haushalt gibt es einige Geräte, die Bewegung aus Strom gewinnen, wie den Küchenmixer oder den Staubsauger. Ebenso wichtig sind Lampen, der Herd und das Telefon, in denen es nicht auf mechanische Bewegung ankommt, sondern auf Licht,

https://doi.org/10.1515/9783110495799-006

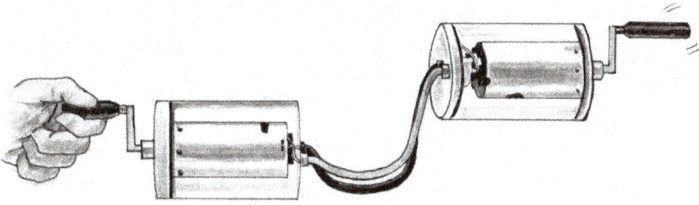

Abb. 6.2: Kurbelgenerator. An der linken Kurbel wird der Generator gedreht, und dabei wird ein elektrischer Strom induziert. Dieser treibt den Elektromotor an, an dem die zweite Kurbel befestigt ist. Die Kurbeln sind nicht starr verbunden wie über eine Welle, aber die mechanische Kopplung ist deutlich spürbar, wenn man die freie Kurbel anfasst. ©Anna Donhauser.

Wärme und Information. Der Betreiber eines Kraftwerks kann natürlich nicht unterscheiden, welcher Nutzen aus dem Strom gezogen wird, und er muss es auch nicht. Für die Rechnungsstellung an die Kunden ist nur interessant, bildlich gesprochen, wie sehr sich die Belegschaft des Kraftwerks an der Kurbel des Generators anstrengen muss, oder mechanisch ausgedrückt: Wie groß das Drehmoment an der Achse ist. Ein anderes Kraftwerk hat gar keinen Generator, sondern produziert elektrischen Strom aus Sonnenlicht mittels photovoltaischer Zellen. Man könnte zur Beurteilung des Nutzens dieses photovoltaischen Kraftwerks ein äquivalentes Drehmoment einführen, aber viel besser ist eine Größe, die keinem der Teilgebiete Mechanik, Elektrik, Wärme und so weiter entstammt – die *Energie*.

> Die Energie bewertet mechanische, elektrische, thermische und chemische Vorgänge quantitativ.

6.1 Quantitativer Vergleich

Eine angehobene Masse kann beim Herabsinken über einen Hebel oder eine Welle eine andere Bewegung antreiben. Alltagsbeispiele gibt es wegen der weiten Verbreitung des elektrischen Stroms keine mehr, außer der klassischen Pendeluhr. Bei der Kuckucksuhr in Abb. 6.3 profitiert nicht nur das Zeigerwerk, sondern auch Ton und Bewegung des Kuckucks vom Abstieg der Massestücke. Nach acht Tagen muss die Uhr aufgezogen, also die Massen von Hand angehoben werden.

Die Möglichkeit des Antriebs durch angehobene Masse wird mit Energie bewertet. Der Nutzen steigt mit dem Betrag der Masse m und der Höhe h. Allgemein ist zu berücksichtigen, dass die Gewichtskraft der Masse etwas mit dem Ort auf der Erdoberfläche variieren kann. Die Stärke des Antriebs und damit der Nutzen der angehobenen Masse ist proportional zur Gravitationsfeldstärke g, auch Erdbeschleunigung genannt. Die Energie ist also proportional zu m, h und g, deshalb also

$$E = mgh. \tag{6.1}$$

Abb. 6.3: Die Kuckucksuhr ist ein Beispiel für einen komplexeren Apparat mit rein mechanischem Antrieb. Die langsam absinkenden Massestücke treiben nicht nur das Uhrwerk an, sondern auch den Ruf des hölzernen Kuckucks, der auf einer Luftpumpe und zwei Pfeifen basiert. ©Anna Donhauser.

Die Einheit der Energie E hat einen eigenen Namen, Joule /dʒuːl/. Sie ist zusammengesetzt aus den Grundgrößen durch

$$[E] = \mathrm{J} = \frac{\mathrm{kg\,m}^2}{\mathrm{s}^2}.$$ (6.2)

Ein Körper von 102 g Masse, der im Gravitationsfeld um einen Meter absinken kann, um ein Gerät anzutreiben, ist mit der Energie 1 Joule bewertet.

Die Energie eines elektrischen Stroms kann man mit einem Elektromotor, der einen Körper im Gravitationsfeld anhebt, bestimmen. Die Einheiten für Stromstärke und Spannung sind so gewählt, dass

$$1\,\mathrm{J} = 1\,\mathrm{V\,A\,s}.$$ (6.3)

Nun wollen wir die Energie der Masse und die Energie des elektrischen Stroms in einheitliche Form bringen, wieder am Beispiel eines Uhrenantriebs. Beim elektrischen Strom fließt bei konstanter Spannung pro infinitesimaler Zeiteinheit dt die Ladungsmenge dQ. Anstelle der Spannung U schreiben wir allgemein das elektrische Potential ϕ_E, das auf einen festen Nullpunkt, in der Regel das Erdpotential, bezogen wird. Die Energie des Antriebs im Zeitintervall dt ist

$$dE = \phi_e dQ.$$ (6.4)

Bei der fallenden Masse tritt das Gravitationspotential ϕ_g an die Stelle des elektrischen Potentials. Die analoge Formel hat die Form

$$dE = \phi_g dm,$$ (6.5)

wobei das Masseelement dm analog zur Ladung dQ ist.

Die differentielle Schreibweise dE für die Energie ist in der Thermodynamik weit verbreitet. Sie ist eine starke formale Vereinfachung, aber auch sehr praktisch. Ein Beispiel wird vorgerechnet: Ein Wasserkraftwerk habe als Vorratsbehälter einen kreisförmigen See mit konstant schräger Böschung, siehe Abb. 6.4. Das Potential ϕ_g auf der Höhe h' im homogenen Gravitationsfeld der Stärke g ist $\phi = gh'$. Man normiert

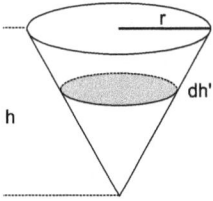

Abb. 6.4: Ein Stausee für ein Wasserkraftwerk mit Auslauf am Boden.

das Potential auf der Höhe des Auslaufs auf Null. Dann bedeutet das Ergebnis aus $dE' = \phi dm'$ die zusätzliche Energie des Wassers im Behälter, bezogen auf den Auslauf am Boden. Die Energie dE' ist mit dieser Normierung

$$\phi_m = gh' \tag{6.6}$$

Auf der Höhe h' befinde sich eine Scheibe der infinitesimal kleinen Dicke dh'. Sie hat die Masse

$$dm' = \rho dV' \tag{6.7}$$

und das Volumenelement als Funktion der Höhe h',

$$dV'(h') = \pi r'^2 dh'. \tag{6.8}$$

Der Radius r' auf der Höhe h' ergibt sich aus dem Oberflächenradius r gemäß Strahlensatz,

$$\frac{r'}{r} = \frac{h'}{h}. \tag{6.9}$$

Nach Einsetzen der Beziehungen in Gl. (6.5) erhalten wir

$$dE' = g\rho\pi \frac{r^2}{h^2} h'^3 dh. \tag{6.10}$$

Die Integration in den Grenzen

$$\int_0^E dE' = g\rho\pi \frac{r^2}{h^2} \int_0^h h'^3 dh \tag{6.11}$$

ergibt

$$E = g\rho\pi r^2 \frac{1}{4} h^2. \tag{6.12}$$

Die Energie beträgt die Hälfte der Energie des Wassers in einem zylindrischen Wasserbehälter gleichen Radius. Beim Zylinder kann die Energie des Schwerpunkts bei $\frac{1}{2}h$ einfach aus $E = mgh$ berechnet werden.

Wenn man solch ein Wasserkraftwerk tatsächlich baut, wird die gewonnene elektrische Energie geringer sein als die berechnete Energie des gehobenen Wassers. Wenn man den leeren Behälter wieder vollpumpt, ist die Energie der tatsächlich notwendigen Elektrizität größer als die berechnete Energie des Wassers. Das ist kein Wunder, denn Wasserturbine und Wasserpumpe sind nicht reversibel. Während des Vorgangs wird Entropie erzeugt. Die Energie wird erst zu einer praktikablen Größe, wenn sie nicht nur für reversible, sondern auch für irreversible Vorgänge gilt. Wir brauchen eine Bewertung der Entropie mit Energie.

6.2 Mechanisches Wärmeäquivalent

Vollständig irreversible Vorgänge, die durch unterschiedliche Prozesse gleicher Energie angetrieben werden und die bei einer bestimmten Temperatur T, in der Regel bei Umgebungstemperatur enden, ergeben jeweils die gleiche Menge an neu erzeugter Entropie. Diese Entropiemenge kann indirekt über Temperaturerhöhung eines Körpers mit der Wärmekapazität C_p bestimmt werden oder direkt aus der Menge Eis, die zu Wasser geschmolzen wird. Konkretes Beispiel: Eine elektrische Ladung von 1.000 Coulomb, die im Widerstand eine Potentialdifferenz von 1 Volt irreversibel herabfällt, schmilzt durch Entropieentstehung im Widerstand 3 g Eis. Ein Körper von 102 kg Masse, der um einen Meter irreversibel fällt, schmilzt ebenfalls 3 g Eis. Die Energie beträgt jeweils 1 kJ.

Als Mitte des 19. Jahrhunderts der Energiebegriff entstand, gab es noch keine Definition der Entropie. Auch die Energie selbst wurde durch mechanische Begriffe umschrieben. Die quantitative Wärmewirkung irreversibler mechanischer Prozesse bezeichnete man als *mechanisches Wärmeäquivalent*. Das mechanische Wärmeäquivalent ist zuerst von James Joule[1] gemessen worden. Diese bahnbrechende Arbeit ist in jüngerer Zeit reproduziert worden [84], [40]. Abb. 6.5 zeigt eine originalgetreue Kopie seines Apparates. Ein Video [41] ist sehr geeignet, die Messung im Unterricht nachzuvollziehen. Eine langsam herabsinkende Masse treibt ein Rührwerk in einem Wasserbehälter an, und die Temperaturerhöhung wird gemessen. Die Messdaten kann man auf gleiche Masse für Wasser und fallenden Körper umrechnen und erhält dann die Höhe, aus der man Wasser irreversibel fallen lassen muss, um es um 1 °C zu erwärmen: 427 m. Das *elektrische Wärmeäquivalent* bei Entropieproduktion im elektrischen Widerstand kann im Schülerexperiment bestimmt werden, weil Spannung, Stromstärke und Zeit mit hoher Genauigkeit messbar sind.

Wir beenden die historische Betrachtung und wenden uns direkt der Beziehung zwischen Entropie und Energie zu. Im Wärmemotor strömt Entropie von hoher Tem-

---

1 James Prescott Joule /dʒuːl/ (1818–1889) war ursprünglich ein erfolgreicher Brauer mit viel Freizeit, aber eigentlich ein Pionier der Thermodynamik, dessen Arbeiten von seinen Zeitgenossen ohne weiteres anerkannt wurden.

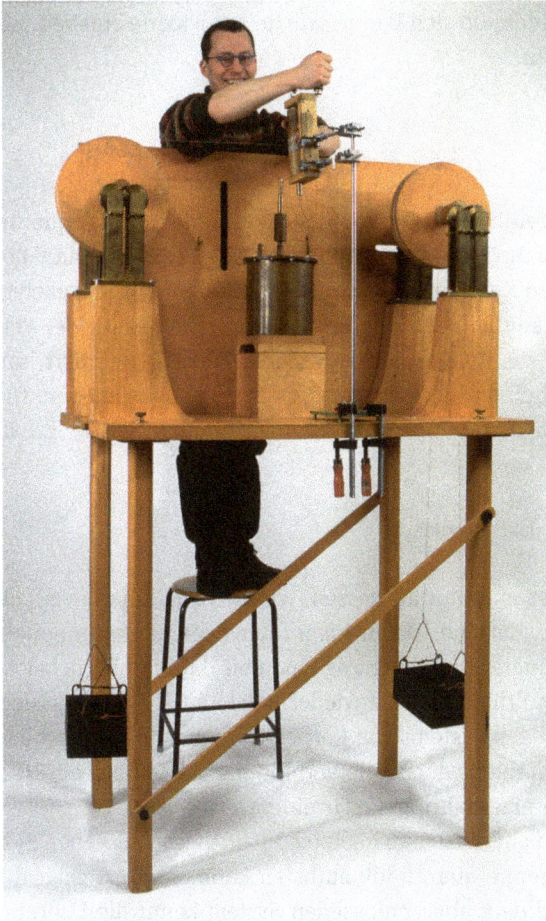

Abb. 6.5: Kopie der Rührapparatur von Joule zur Bestimmung des mechanischen Wärmeäquivalents. Das Kopieren von wissenschaftlichen Apparaten, Musikinstrumenten, Werkzeug, Kleidung, und so weiter ist ein etabliertes Verfahren der historischen Forschung. Es ermöglicht Erkenntnisse, die mit schriftlichen Quellen nicht zu gewinnen sind. ©W. Golletz, Universität Oldenburg.

peratur zu niedriger Temperatur, analog zur Wassermühle, bei der Masse von hohem zu niedrigem Gravitationspotential strömt, und auch analog zum Elektromotor, bei dem Ladung von hohem zu niedrigem elektrischem Potential strömt. Die Temperatur kann man in diesem Kontext als *thermisches Potential* bezeichnen. Die Energie ist das Produkt aus der Temperatur T und der fallenden Entropiemenge dS,

$$dE = TdS. \tag{6.13}$$

Die Wasserfallanalogie gilt bekanntlich nur für reversible Wärmemotoren. Die Formel gilt zunächst für reversible Prozesse. Aber wir erinnern uns: Die Entropie, die man dem Eingang eines reversiblen Wärmemotors zuführt, entsteht durch einen irreversiblen Vorgang, hauptsächlich durch Verbrennung, also durch eine irreversible chemische Reaktion. Deshalb kann man die Gültigkeit der Gleichung $dE = TdS$ ohne weiteres auf irreversible Prozesse anwenden. Wer das nicht glaubt, möge die Natur aufmerksam beobachten und prüfen, ob sich Widersprüche zur Theorie ergeben. Bis heute sind keine gefunden worden.

6.3 Erhaltung der Energie

Die Energie haben wir zuerst eingeführt, um verschiedene reversible Prozesse quantitativ miteinander zu vergleichen. Die Energie kann beispielsweise von einer angehobenen Masse auf einen geladenen Kondensator übertragen werden und umgekehrt. Sie ist das, was bei diesem Vorgang konstant bleibt, das liegt in der Natur der Vergleichbarkeit. Zuletzt haben wir die Energie für irreversible Prozesse definiert, um diese mit reversiblen mechanischen und elektrischen Vorgängen zu vergleichen. Die Energie bleibt auch bei irreversiblen Vorgängen konstant. Es gilt universell der Erhaltungssatz:

Energie kann weder erzeugt noch vernichtet werden.

Bei einer Bilanz der Energie muss man nur aufpassen, wirklich alle Beiträge aufzuschreiben. Es ist eine Erfahrungstatsache: Wann immer der Energieerhaltungssatz verletzt schien, hat man bei genauerer Untersuchung einen bis dahin unberücksichtigten Beitrag gefunden, der den Erhaltungssatz wieder herstellte. Typisch passiert das bei Betrachtung eines komplexen Systems von Körpern, das man als abgeschlossen annimmt, und in Wirklichkeit hat es doch eine Verbindung zur Außenwelt. Deshalb wird oft betont, dass der Energieerhaltungssatz in einem *abgeschlossenen System* gilt. Eine Einschränkung ist das nicht, weil man in einem nicht abgeschlossenen System die Zu- oder Abfuhr von Energie quantitativ auflisten kann. Abb. 6.6 zeigt die Idee. Zwischen dem offenen und dem abgeschlossenen System kennt die Literatur noch das geschlossene System, das definitionsgemäß keine Materie, aber Energie mit der Umgebung austauschen kann. Das Präfix ab- darf man nicht unter den Tisch fallen lassen.

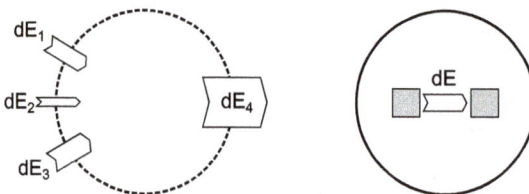

Abb. 6.6: Energiebilanz für ein offenes System (links): Die Energie des Systems bleibt konstant, wenn die Addition aller Energieströme Null ergibt. Rechts: Abgeschlossenes System.

Haben wir nun den Energieerhaltungssatz erfunden oder entdeckt, hineingesteckt oder herausbekommen? Hineingesteckt wurde die Idee einer Vergleichsgröße im Sinne von: *Etwas* verschwindet bei A und taucht bei B in gleichem Maße wieder auf. Trotzdem kann man nicht sagen, dass die Energie eine triviale Erfindung sei. Vielmehr kommt es darauf an, die richtigen Größen zu finden, die man vergleichen kann und dabei nichts zu übersehen. Der Energieerhaltungssatz ist über einen langen Zeitraum durch Beobachten und Denken entstanden [26].

Die Bedeutung des Energieerhaltungssatzes für die Physik kann gar nicht hoch genug eingeschätzt werden. Energie ist *die* Verbindungsgröße zwischen den einzelnen Teilgebieten der Physik, und der Erhaltungssatz macht das Rechnen außerordentlich bequem und übersichtlich. Deshalb rechnet man auch gern mit Energie innerhalb der Mechanik oder innerhalb der Elektrizitätslehre, obwohl es dabei auf die ursprüngliche Idee der Vergleichsgröße gar nicht ankommt. Dabei wird leider schnell übersehen, dass die Energie kein Phänomen, sondern ein Konzept ist.

Die Energie wird in vielen didaktischen Konzepten als der eigentliche Antrieb von Vorgängen gesehen. Schüler bräuchten nur zu verstehen, was Energie ist; die Auseinandersetzung mit technischen Details sei entbehrlich. Man verliert dabei den Bezug zur Lebenswelt der Schüler, da die Energie selbst nie Phänomen, sondern immer nur „Rechenmünze" ist [92].

Das Kapitelbild erinnert daran.

6.4 Leistung

Bisher haben wir von endlichen und infinitesimal kleinen Energiemengen dE gesprochen, beispielsweise von der Energieänderung eines infinitesimal kleinen Tropfens der Masse dm, der von Potential ϕ_g auf das Potential $\phi_g' = 0$ fällt,

$$dE = \phi_g dm. \tag{6.14}$$

Durch Division mit dem Differential der Zeit dt erhalten wir die Gleichung für die Massestromstärke $\frac{dm}{dt}$,

$$\frac{dE}{dt} = \phi_g \frac{dm}{dt}. \tag{6.15}$$

Die Ableitung der Energie nach der Zeit ist die *Energiestromstärke* oder *Leistung P*,

$$P = \frac{dE}{dt}. \tag{6.16}$$

Die Leistung P hat die Einheit Watt,[2]

$$[P] = W = \frac{J}{s} = \frac{kg\,m^2}{s^3}. \tag{6.17}$$

---

[2] James Watt /wɒt/ (1736–1819) war ein schottischen Erfinder, der die Dampfmaschine zur Anwendungsreife entwickelte.

Aus physikalischer Sicht ist die Energie mit ihrem Erhaltungssatz die zentrale Größe, aber in der Technik kommt es meistens auf die Leistung an, vor allem, wenn man es mit kontinuierlich ablaufenden Prozessen zu tun hat. Die differentielle Schreibweise wie in Gl. (6.14) wird beiden Aspekten gerecht: Man formuliert Energie und hat mit Division durch dt sofort die entsprechende Gleichung für die Leistung. Wir werden diese Schreibweise daher bevorzugt verwenden und nur in Einzelfällen integrieren, nämlich wenn konkret Zahlenwerte für Energie zu berechnen sind.

Für eine fließende Ladung Q, die von ϕ_e auf $\phi'_e = 0$ fällt, ist die Energieänderung

$$dE = \phi_e dQ. \tag{6.18}$$

Durch die Normierung auf $\phi'_e = 0$ wurde eigentlich eine Aussage über eine Potentialdifferenz, also die elektrische Spannung U gemacht, also ist die Leistung

$$\frac{dE}{dt} = U \frac{dQ}{dt}. \tag{6.19}$$

Das ist in anderer Schreibweise die aus der Elektrizitätslehre bekannte Gleichung

$$P = UI, \tag{6.20}$$

denn $\frac{dQ}{dt}$ ist die elektrische Stromstärke.

Die Einheit Watt ist eine recht kleine Einheit, und man hat es oft mit kW, MW, und so weiter zu tun. Aus der Leistung wird die Energieeinheit kWh abgeleitet,

$$1\,\text{kWh} = 3.600.000\,\text{J} = 3,6\,\text{MJ}. \tag{6.21}$$

Im Alltag hat man es eher mit kWh zu tun als mit MJ; so werden beispielsweise Erdgas und Elektrizität in kWh abgerechnet. Die Physik bevorzugt die Energieeinheit Joule, während technische Texte kWh und J nebeneinander verwenden. Man kommt nicht umhin, beides zu können.

---

i Im Wasserkraftwerk Iffezheim fallen pro Sekunde 1.000 m^3 Wasser um 11 m und treiben Turbinen an. Wie groß ist die Leistung? Wir nehmen an, dass irreversible Prozesse vernachlässigbar sind. Der Massestrom ist 10^6 kg/s, die Erdbeschleunigung $g = 9,81$ m/s^2. Nach Gl. (6.15) ist

$$P = \frac{dE}{dt} = \phi_g \frac{dm}{dt} = gh \frac{dm}{dt}, \tag{6.22}$$

damit ergibt sich die Leistung $1,08 \cdot 10^8$ W oder 108 MW.

6.5 Energieverbrauch

Im Alltag wird viel „Energie verbraucht", nämlich durch Lampen, Haushaltsgeräte, beim Auto fahren, beim Heizen und so weiter. Energie ist zweifellos ein Wort der Alltagssprache.

Das Alltagskonzept „Energieverbrauch" ist unvereinbar mit dem Energieerhaltungssatz.

Einwand: Nicht alles, was verbraucht ist, muss notwendigerweise verschwinden. Der Wasserzähler im Haus misst den Wasserverbrauch, ein Zimmer mit verbrauchter Luft muss dringend gelüftet werden, und der Gaszähler misst den Erdgasverbrauch. Beim Wasser ist leicht nachvollziehbar, dass es nicht verschwindet, sondern nur schmutzig ist. Der Wasserlieferant stellt sogar die Rücknahme des Abwassers in Rechnung. Das Erdgas hingegen ist verbrannt und verschwunden. Die Luft im Zimmer ist ein Mischfall: Bei genauer Betrachtung ist der Sauerstoffgehalt gesunken und der CO_2-Gehalt gegenüber dem natürlichen Wert stark gestiegen. Aber macht das genau den Zustand „verbrauchte" Luft aus, oder ist es eher ein unspezifischer Mief? Der Alltagsbegriff Verbrauch legt nicht fest, ob etwas verschwindet oder nur verändert wird.

Die Schwierigkeiten von Schülerinnen und Schülern mit dem Energieerhaltungssatz sind evident. Deshalb ist in der Fachdidaktik der Begriff *Energieentwertung* aufgekommen [6]. Die Mehrdeutigkeit des Begriffs Verbrauch wird damit umgangen. Es ist erwiesenermaßen eine Möglichkeit, die Schwierigkeiten mit dem Alltagsbegriff Energieverbrauch zu mildern, wenn man sorgfältig vorgeht.

Der Begriff Energieentwertung passt jedoch nicht zur Auffassung der Energie als Währung der Physik. Die Gleich*wertigkeit* von gleichen Energiebeträgen haben wir besonders hervorgehoben. Sie soll jetzt nicht relativiert werden. Deshalb sprechen wir von Energie*verbrauch* und geben ein klares Kriterium an, wie Energie verbraucht wird:

Energie wird durch irreversible Vorgänge verbraucht.

Das ist der wichtigste Satz im ganzen Buch. Er ist kurz und prägnant. Trotzdem muss man aufpassen, was man sagt. Klar ist der vollständig irreversible Prozess. Beim Fall eines angehobenen Steins, der Entladung eines Kondensators über einen elektrischen Widerstand oder bei der Bildung eines thermischen Gleichgewichts durch Wärmeleitung wird Energie vollständig verbraucht. Bei Prozessen, die reversible und irreversible Anteile haben, können Missverständnisse entstehen. Die alltagssprachliche Formulierung „Energie wird bei Wärmeerzeugung verbraucht" ist aussagenlogisch immer wahr, aber sie widerspricht erstens der Auffassung nützlicher Wärme für den Wärmemotor und zweitens der nützlichen Wärme in alltäglichen Situationen wie Kaffee kochen oder Duschen. Beim Wärmemotor ist die Temperatur die richtige Größe: Wenn Entropie oberhalb von Umgebungstemperatur vorliegt, kann man ihre Energie nutzen. Im Alltag kommt noch die subjektive Nützlichkeit hinzu. Die Energie von warmem Abwasser in der Duschwanne kann physikalisch mit einem Wärmemotor genutzt werden, aber im Alltagskontext ist sie ganz entwertet, weil die Verteilung im Abwasserrohr schon vorhergesehen wird.

⚡ Die Formulierung *Energie wird bei „Wärmeerzeugung" verbraucht* ist logisch korrekt, aber zu stark verkürzt, denn „Wärmeerzeugung" ist die Voraussetzung für einen nützlichen Wärmemotor.

Der Betrieb eines Wärmemotors ähnelt dem Versuch, sich den Pelz zu waschen, ohne sich nass zu machen: Man möchte so wenig Entropie erzeugen wie möglich, aber ganz ohne geht es nicht, dann wäre es kein Wärmemotor. Entropie bei hoher Temperatur, wie sie in einer Flamme entsteht, hat viel Energie. Deshalb reicht bei hoher Temperatur schon ein kleiner Entropiestrom für eine große Leistung. Je kleiner der Temperaturunterschied zwischen dem Eingang und dem Ausgang des Wärmemotors wird, desto geringer ist der Energieunterschied zwischen einströmender und ausströmender Entropie. Mit Entropie bei Umgebungstemperatur ist kein Wärmemotor möglich.

> Die Energie von Entropie bei Umgebungstemperatur ist vollständig verbraucht.

Andere Autoren sagen: Die Energie der „Wärme" ist bei Raumtemperatur vollständig entwertet. Dabei bleibt entweder unklar, was Wärme eigentlich ist, oder Wärme wird als Energieform bezeichnet. Das ist äußerst problematisch, denn

---

Energie unterscheidet *per definitionem* nicht zwischen reversiblen und irreversiblen Prozessen. Energieverbrauch allein durch Energie zu erklären, ist unmöglich.

Wenn man nicht präzise und verständlich definiert, was Verbrauch oder Entwertung von Energie ist, bleibt die Erhaltung der Energie ominös und wird von Schülern schlecht angenommen. Man versucht oft, die Energieerhaltung durch eindrückliche Beispiele zu illustrieren, vor allem durch Schwingungen. Das Fadenpendel ist sehr beliebt, weil es beinahe frei von irreversiblen Prozessen ist. Eine Masse wird angehoben, sie beginnt eine Bewegung und erreicht anschließend wieder die Ausgangshöhe. Nach einer Sekunde wird sichtbar, dass die Energie erhalten ist, und das wiederholt sich zigmal. Der Energieerhaltungssatz wird rhythmisch eingetrichtert wie eine Latein-Deklination.

Alltagsbeispiele für Energieverbrauch betreffen stets den Antrieb von irreversiblen Prozessen. Schülerinnen und Schüler können keine Verbindung zwischen Erhaltung und Verbrauch von Energie herstellen, wenn diese in disjunkten Kontexten erläutert werden. Das angestrebte wissenschaftliche Konzept des Erhaltungssatzes erfordert unbedingt die Einbeziehung irreversibler Prozesse.

Zur didaktischen Rekonstruktion des eigenen Physikunterrichts lohnt es sich sehr, in dieser entscheidenden Frage andere Bücher zu Rate zu ziehen, um sich ein eigenes Bild zu machen. Martin Buchholz [15] klärt die Frage des Energieverbrauchs wissenschaftlich fundiert und mit engem Bezug zur Alltagssprache.

6.6 Energiegewinnung

Energieverbrauch ist definitionsgemäß irreversibel. Deshalb kann es keinen Prozess geben, der den Verbrauch rückgängig macht. Da aber unverbrauchte Energie ständig notwendig ist, muss man sie verfügbar machen, ohne sie zu erzeugen. Man kann lediglich auf einen Vorrat zugreifen. Nun findet man angehobene Massen und geladene Kondensatoren nicht ohne weiteres in der Landschaft. Die angehobene Masse ist recht einfach künstlich zu bekommen, nämlich durch Aufstauen von Regenwasser im Wasserkraftwerk. Die verfügbare Leistung ist meistens zu gering für eine flächendeckende Versorgung. Heute besteht noch der überwiegende Teil der Energiegewinnung im Bergbau von Erdgas, Erdöl und Kohle. Abgesehen vom Problem des Treibhauseffekts ist der Vorrat an fossilen Brennstoffen begrenzt, so dass diese Art Energiegewinnung keine Zukunft hat.

> Als Energiegewinnung bezeichnet man das Aufbereiten geeigneter Substanzen und Körper für den Antrieb irreversibler Prozesse.

Bei der regenerativen Energiegewinnung beutet man keine Lagerstätten aus, sondern man nutzt die natürliche Bewegung von Wasser und Luft zum Antrieb von Maschinen, heute überwiegend elektrischen Generatoren. Das Wettergeschehen wird vom Sonnenlicht angetrieben, das auch direkt elektrisch genutzt werden kann, nämlich mittels Solarzellen. Wenn man einen Stausee über den Generator entleert hat, braucht man nur zu warten und er füllt sich wieder auf. Das meint man mit dem Adjektiv regenerativ oder erneuerbar. Für das Verständnis des Energieverbrauchs als unumkehrbarem Vorgang ist es hilfreich anzumerken, dass auch die Sonne aus einem Vorrat zehrt und deshalb eine begrenzte Lebensdauer von einigen Milliarden Jahren hat. Regenerative Energiequellen sind demnach Vorräte unverbrauchter Energie von unvorstellbar großem Ausmaß. Erneuerbar im engeren Wortsinn sind sie nicht.

6.7 Innere Energie und Enthalpie

Ein warmer Körper hat Entropie, die mit Energie bewertet ist. Wenn dieser Körper sich bewegt, hat er zusätzliche Energie durch den Impuls, und wenn er im Gravitationsfeld angehoben ist, kommt weitere Energie hinzu. In der Thermodynamik trennt man gern die mechanischen Anteile der Gesamtenergie ab und beschränkt sich auf die *innere Energie*. Neben der Entropie trägt der Stoff selbst zur inneren Energie bei. Der stoffliche Anteil der inneren Energie ist insbesondere bei chemischen Reaktionen interessant, denn das Reaktionsprodukt kann Energie von außen aufnehmen oder abgeben.

Man will wissen, wie viel Energie aus einem Kubikmeter oder einem Kilogramm eines Brennstoffs wie Erdgas oder Benzin durch Verbrennung freigesetzt werden kann. In Tabellen findet man allerdings keine Zahlenwerte für Energie E, sondern für *Enthal-*

pie H. Die Enthalpie ist die Energie, korrigiert durch einen Summanden pV:

$$H = E + pV. \tag{6.23}$$

Das ist auf den ersten Blick verwirrend, aber schließlich eine große Vereinfachung. Verbrennen wir ein Stück Holz, entsteht dabei gasiges CO_2. Das Gas hat unter Atmosphärendruck ein viel größeres Volumen als der Holzscheit. Es vergrößert das Gesamtvolumen der Atmosphäre um einen bestimmten Betrag, und das ist nur möglich, wenn sich die Atmosphäre nach oben ausdehnt. Die Gasmasse wird im Gravitationsfeld angehoben.

Wenn man Energie bilanziert, muss man sich über die Systemgrenzen klar sein. Im einfachsten Fall hat man ein abgeschlossenes System, also ein wohldefiniertes Volumen V, das undurchlässig ist für Stoff, Ladung, Entropie und die damit verbundene Energie. Die Verbrennung von Holz in der Atmosphäre kann offensichtlich nicht als abgeschlossenes System behandelt werden, ohne das Gravitationsfeld und die ganze Atmosphäre zu berücksichtigen. Das ist sehr unpraktisch, und die Enthalpie schafft Abhilfe. Der Summand pV in der Enthalpie berücksichtigt den Effekt der Volumenveränderung bei konstantem Druck.

> Die Enthalpie ist eine modifizierte Energie, mit der man bei konstantem Druck rechnen kann wie mit einem abgeschlossenen System.

Das betrifft nicht nur die chemische Reaktion, sondern auch banale Vorgänge wie thermische Ausdehnung von flüssigem Wasser. Die folgende Rechnung illustriert die Beziehung zwischen Energie und Enthalpie von Wasser. Die Werte aus einer Dampftafel sind beim Tripelpunkt auf Null normiert. Das ist weitaus üblicher als die Angabe absoluter Werte bezogen auf den Temperaturnullpunkt.

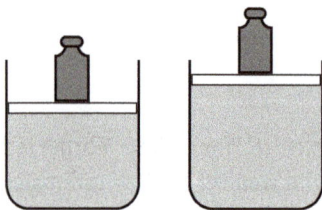

Abb. 6.7: Skizze zum Enthalpie-Argument.

---

i   Wir vergleichen die innere Energie E und Enthalpie H von 1 kg flüssigem Wasser bei 10 °C und bei 90 °C. Aus der Dampftafel entnehmen wir $\tilde{V}(10°C) = 1,0003$ ℓ/kg, $\tilde{E}(10°C) = 42,018$ kJ/kg, $\tilde{H}(10°C) = 42,119$ kJ/kg sowie $\tilde{V}(90°C) = 1,0359$ ℓ/kg, $\tilde{E}(90°C) = 376,96$ kJ/kg, $\tilde{H}(90°C) = 377,06$ kJ/kg. Die Tabellenwerte sind mit 1 kg zu multiplizieren. Man denke sich das Wasser in einem Becher mit 100 cm^2 Querschnittsfläche, der durch einen beweglichen Kolben verschlossen ist, siehe Abb. 6.7. Auf diesen wirkt der Luftdruck, und die entsprechende Kraft auf den Kolben beträgt 1.013,25 N. Anstelle des

Luftdrucks stelle man sich eine Masse von 103,3 kg vor, die mit der Gewichtskraft 1.013,25 N auf den Kolben wirkt. Bei 10 °C ist die Wasseroberfläche auf einer Höhe von 0,10003 m. Füllt man das Wasser in den zunächst leeren Becher, so wird die Masse um diesen Betrag im Gravitationsfeld angehoben. Die potentielle Energie der Masse ist um $E_{pot} = mgh$, also 101,4 J angewachsen. Das entspricht genau dem Wert des Summanden pV in der Definitionsgleichung (6.23). Bei Erhitzung des Wassers auf 90 °C steigen die Werte für innere Energie und Enthalpie stark an. Durch die thermische Ausdehnung steigt der Wasserspiegel um 3,56 mm auf die Höhe 0,10359 m. Die potentielle Energie der Masse steigt daher um 3,6 J auf 105,0 J. Die Differenz von Enthalpie und innerer Energie ist deshalb bei 90 °C um 3,6 J größer als bei 10 °C. Die Argumente bleiben gültig, wenn man den Kolben und die Masse entfernt und stattdessen den Luftdruck wirken lässt; im letzten Fall wird effektiv das Anheben der Atmosphäre berücksichtigt.

Die Messung der Enthalpie bei konstantem Druck ist viel einfacher als die Messung der inneren Energie. Die Messung der inneren Energie müsste bei exakt konstantem Volumen durchgeführt werden; dabei würde der Druck im obigen Beispiel von Normaldruck auf 83 MPa ansteigen!

Im Schul-Physikunterricht wird meist mit innerer Energie argumentiert. Enthalpie kommt nur im Chemie-Unterricht vor. Das ist keine unterschiedliche Fachkultur, sondern einseitige Schlamperei seitens der Schul-Physik, denn im Geiste fällt der Summand pV unter den Tisch. Die Verfechter der inneren Energie wollen sicher nicht behaupten, ihnen sei die Energieänderung der Atmosphäre jederzeit bewusst und man könne sie den Schülerinnen und Schülern ruhig zumuten.

Das Konzept der Enthalpie kann man auf andere offene Systeme übertragen. Anstelle des Drucks kann die Temperatur konstant gehalten werden über ein Wärmereservoir. In diesem Fall rechnet man mit der Freien Energie F. Wird für ein isothermes System nicht das Volumen, sondern der Druck konstant gehalten, ist die Freie Enthalpie G die richtige Größe, um den Energieerhaltungssatz intern anzuwenden, weil der Energieaustausch mit der Umgebung schon herausgerechnet ist. Diese Größen F und G spielen eine große Rolle in der theoretischen Thermodynamik, denn sie sind für die genannten Verhältnisse jeweils minimal im thermischen Gleichgewicht. Sie werden in Abb. 6.8 nur anschaulich vorgestellt, um einen Anknüpfungspunkt für das spätere Studium zu geben. Aber die Enthalpie wird für praktische Rechnungen gebraucht, und zwar schon in der Schule. Eine aufwärtskompatible Formulierung lautet:

Enthalpie bedeutet Energie bei Vorgängen unter konstantem Druck.

6.8 Brennwert und Heizwert

Wir müssen uns leider mit einer weiteren Aufspaltung von Begriffen befassen, nämlich mit der Unterscheidung von Brennwert und Heizwert von Brennstoffen wie Erdgas und Propan. Schüler könnten danach fragen. Brennwert und Heizwert sind Enthal-

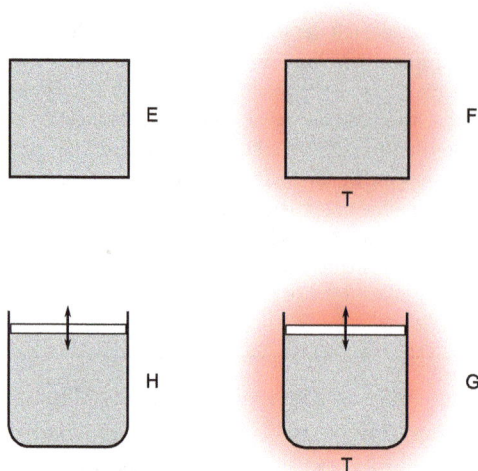

Abb. 6.8: Die Energie *E* und ihre verwandten Größen *H*, *F* und *G* erlauben die Anwendung des Energieerhaltungssatzes für begrenzte Systeme, die im Austausch mit der Umgebung stehen, und zwar über den konstanten Druck, die konstante Temperatur oder beides.

pien, also Energiebeträge, die bei Verbrennung unter konstantem Druck gewonnen werden. Die physikalisch korrekte Größe ist der Brennwert, also die Differenz der Enthalpie des Brennstoffs und der Enthalpien der Reaktionsprodukte; sie werden jeweils bei 25 °C und Normaldruck angegeben. Für das Reaktionsprodukt Wasser, das bei der Verbrennung von Kohlenwasserstoffen entsteht, ist der Gleichgewichtszustand flüssig. Praktisch liegt aber das Wasser nach der Verbrennung gasförmig vor und verteilt sich mit den übrigen Abgasen in der Luft. Deshalb kann der Brennwert nicht vollständig genutzt werden, sondern höchstens um die Verdampfungsenthalpie vermindert. Diesen kleineren Wert nennt man Heizwert. Er ist die praktisch relevante Größe, an die sich alle gewöhnt haben. Tab. 6.1 gibt Zahlen an.

Stoff	Heizwert MJ/m^3	Brennwert MJ/m^3	Verhältnis
Wasserstoff H_2	10,783	12,745	0,846
Methan CH_4	35,883	39,819	0,901
Propan C_3H_8	93,215	101,242	0,921

Tab. 6.1: Heizwert und Brennwert von Gasen.

In der „Brennwert-Heizung" kondensiert das Wasser aus dem Abgas und trägt nützlich zur Erwärmung von Brauchwasser bei. Bei der Beurteilung, wie viel Erdgas man zur Erwärmung einer gegebenen Wassermenge braucht, bezieht man sich traditionell auf den Heizwert, weil das die Größe ist, nach der der Lieferant abrechnet. Der Kunde muss für die Verdampfungsenthalpie nichts bezahlen. Somit wird der Brennwert-Heizung ein „Wirkungsgrad" von über 100 % zugeschrieben, was ein tolles Werbeargument ist, aber keine seriöse physikalische Charakterisierung. Diese erfolgt in Abschnitt 6.14.

6.9 Messung der Entropie, Wärmekapazität und Enthalpie

Im Kapitel 3 wurde ein qualitatives Experiment vorgestellt, bei dem ein heißer Kupferklotz in Eis gelegt wird. Der Kupferklotz gibt Entropie an das Eis ab, bis er auf 0 °C abgekühlt ist. Naheliegend ist der Gedanke, aus der Menge des geschmolzenen Wassers auf die Menge der abgegebenen Entropie zu schließen. Dabei übersieht man die Erzeugung von Entropie durch den Temperaturausgleich. Diese neu erzeugte Entropie trägt zum Schmelzen des Eises bei.

> Die Entropie ist schwierig zu messen, weil sich ihr Wert ständig erhöht.

Deshalb bestimmt man die Entropie eines Körpers indirekt über die Energie. Die Wärmekapazität ist gemäß Gl. (3.10)

$$C_p = T \left(\frac{\partial S}{\partial T} \right)_p.$$ (6.24)

Die Beziehung $dE = TdS$ schreiben wir als

$$dS = \frac{dE}{T},$$ (6.25)

sie gilt natürlich auch für partielle Differentiale. Somit ist die Wärmekapazität bei konstantem Volumen durch Energie ausgedrückt

$$C_V = \left(\frac{\partial E}{\partial T} \right)_V.$$ (6.26)

Die Wärmekapazität ist oft eine Konstante über einen weiten Temperaturbereich, jedoch nicht bei kryogenen Temperaturen. Für die Messung der Wärmekapazität ändert man sinnvollerweise nur die Temperatur und lässt andere thermodynamische Größen wie Druck oder Stoffmenge konstant, deshalb kann man von partiellen Differentialen absehen. Aus Gl. (6.26) folgt

$$\frac{dE}{dt} = C_V \frac{dT}{dt}.$$ (6.27)

Bei konstanter Leistung der Entropiezufuhr steigt also die Temperatur eines Körpers linear an. Bei Gasen bietet sich die Messung von C_V in einem festen Behälter an. Bei Flüssigkeiten und Festkörpern misst man in der Regel C_p bei konstantem Druck und muss deshalb von Enthalpie statt von Energie sprechen. Oft wird gar nicht zwischen C_V und C_p unterschieden, sondern nur pauschal eine Wärmekapazität angegeben.

Das Schmelzen von Eis ist eine theoretisch einwandfreie und praktikable Möglichkeit zur Quantifizierung von Wärmekapazitäten. Ebenso können Reaktionsenthalpien bestimmt werden, beispielsweise die Eismenge, die man mit der Flamme von 1 mol Methan schmelzen kann. Man ist aber nicht damit zufrieden, diese Größen auf das

Eis zu beziehen, denn die Energie als materialunabhängige universelle Größe ist für solche Vergleiche erfunden worden.

Die molare Schmelzenthalpie gibt an, wie viel Enthalpie die Entropie trägt, die zum Schmelzen von 1 mol Eis bei konstantem Druck notwendig ist. Die molare Verdampfungsenthalpie ist der entsprechende Wert für das Verdampfen von Wasser. Tab. 6.2 gibt Zahlenwerte an, Tab. 6.3 entsprechend für andere Stoffe. Die Enthalpien für Wasser können im Schulexperiment bestimmt werden über das elektrische Wärmeäquivalent, also die Dissipation von elektrischer Energie in einem Widerstand. Zur Bestimmung der Verdampfungsenthalpie kocht man Wasser in einem offenen Isoliergefäß und misst den Masseverlust durch Verdampfen sowie die Energie des dissipierten elektrischen Stroms. Bei der Messung der Schmelzentropie trennen sich Eis und Wasser nicht von allein. Man braucht einen Apparat, in dem das geschmolzene Wasser ablaufen kann, um es außerhalb zu wiegen. Das kann eine Styroporwanne sein oder ein Eiskalorimeter. Das Eiskalorimeter ist eine sehr alte, auf Lavoisier zurückgehende Erfindung, die besser ist als jedes Isoliergefäß. Der Mantel ist mit Eiswasser gefüllt und als Deckel dient eine eisgefüllte Schale. Von außen einsickernde Entropie treibt den Phasenübergang an und erreicht daher nicht die innere Wand des Kalorimeters, die auf konstant 0 °C temperiert bleibt. Ein Heizwiderstand im Probenraum schmilzt Eis, dessen Menge proportional zur dissipierten elektrischen Energie ist. Beide Messungen sind mit Schulmitteln möglich, aber anspruchsvoll, weil man die Heizleistung nicht zu hoch wählen darf und die Verdampfungs- bzw. Schmelzrate klein ist. Man muss mit etwa 10 % Fehler rechnen. Die Bestimmung der Wärmekapazität eines Metallklotzes mit dem Aufbau in Abb. 6.9 ist einfacher und genauer.

$\bar{H}_{sl}$ kJ/kg	$\hat{H}_{sl}$ kJ/mol	$\hat{S}_{sl}$ Ct/mol	$\bar{H}_{lg}$ kJ/kg	$\hat{H}_{lg}$ kJ/mol	$\hat{S}_{lg}$ Ct/mol
333,5	6,01	22,0	2.257	40,68	109

Tab. 6.2: Enthalpie und Entropie für Schmelzen von Wasser bei 273,15 K und Sieden von Wasser bei 373,15 K unter Normaldruck.

	T_{sl} K	T_{lg} K	$\hat{H}_{sl}$ kJ/kg	$\hat{H}_{lg}$ kJ/kg	$\hat{S}_{sl}$ kJ/mol	$\hat{S}_{lg}$ Ct/mol
Ne	24	27	17	85	14	63
Kr	116	120	20	108	14	76
Hg	234	630	11	295	10	94
Ga	303	2.640	80	3.670	19	97
Sn	505	2.880	59	2.490	14	103
Al	933	2.740	397	10.500	12	104
Cu	1.360	2.840	209	4.730	10	106
Fe	1.811	3.130	247	6.090	7,6	108

Tab. 6.3: Schmelztemperatur T_{sl}, Siedetemperatur T_{lg}, spezifische Schmelzenthalpie $\hat{H}_{sl}$, spezifische Siedeenthalpie $\hat{H}_{lg}$, molare Schmelzentropie $\hat{S}_{sl}$, und molare Siedeentropie $\hat{S}_{lg}$ einiger chemischer Elemente. Alle Werte bei Normaldruck und den jeweiligen Phasenübergangstemperaturen.

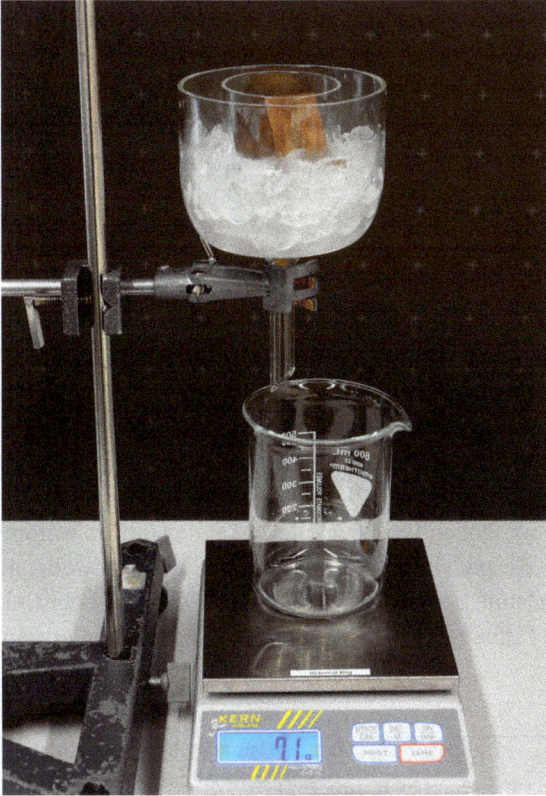

Abb. 6.9: Eiskalorimeter, Sonderanfertigung eines Glasbläsers. Der Mantel ist ausnahmsweise nur zur Hälfte mit Eis gefüllt, damit der innere Probenraum sichtbar ist. Darin befindet sich Eis und ein Würfel aus Kupfer. Im Gleichgewicht ist die Schmelzrate im Probenraum sehr klein, weil der eisgefüllte Mantel die Zufuhr von Entropie durch die Wand komplett unterbindet. Bringt man einen warmen Gegenstand in den Probenraum, so schmilzt Eis und das Gewicht des Schmelzwassers kann mit der Waage gemessen werden. Ein Kupferklotz von 100 °C schmilzt 55,8 g Eis und kühlt sich dabei auf 0 °C ab. Aus dem Literaturwert der Wärmekapazität von Kupfer waren 55,3 g vorhergesagt. Mit den richtigen Geräten kann man auch in der Thermodynamik genaue Messungen machen.

6.10 Wärmeleitung

Das Phänomen der Ausbreitung von Entropie in Materie ist die Temperaturverteilung. Ihre räumliche und zeitliche Entwicklung wird durch eine Differentialgleichung beschrieben, die nur die Temperatur, nicht jedoch Entropie oder Energie enthält. Damit könnte man sich aus theoretischer Perspektive zufrieden geben.

In der Praxis ist Wärmeleitung entweder erwünscht oder unerwünscht. Dazwischen gibt es nichts. Eine unerwünschte Wärmeleitung ist die Diffusion von Entropie aus einem Haus. Für die Auslegung der Heizungsanlage muss man wissen, wie sehr man sich anstrengen muss, den Temperaturunterschied von innen und außen aufrecht zu erhalten. Das ist gleichbedeutend mit der Frage, wie groß die Produktionsrate von Entropie durch Diffusion in der Wand ist. Die Antwort wird gegeben durch die Energiestromstärke oder Leistung der Heizungsanlage. Eine erwünschte Wärmeleitung ist die Entfernung von Entropie aus einem Transistor durch einen Kühlkörper. Gegeben ist ein Temperaturunterschied, der maximal toleriert werden kann, und gefragt ist die maximale Leistung der im Transistor erzeugten Entropie. Hauswand und Kühlkörper sind zwei Beispiele, in denen der Entropiestrom im Wesentlichen stationär ist. Die räumliche Struktur des Temperaturprofils ist nebensächlich.

Die Leistung eines Entropiestroms im Wärmeleiter ist, genau wie die Entropiestromstärke, proportional zur Wärmeleitfähigkeit λ. Für den einfachen Fall eines Körpers mit Querschnittsfläche A, Dicke d und gleichmäßiger Temperaturdifferenz ΔT ist die Leistung im Fließgleichgewicht

$$\frac{dE}{dt} = \lambda \frac{A}{d} \Delta T. \tag{6.28}$$

Wir hatten schon im Abschnitt 3.6 die Materialunterschiede der Diffusionskonstanten a, den Wärmeeindringkoeffizienten b und die Wärmeleitfähigkeit λ diskutiert. Tab. 6.4 zeigt Wärmeleitfähigkeiten und Diffusionskonstanten für verschiedene Baustoffe. Die Wärmeleitfähigkeit λ von Beton ist 80-mal größer als die von Glaswolle. Die Diffusionskonstanten a_i von Beton und Glaswolle sind etwa gleich, d. h. eine Temperaturstörung breitet sich mit gleicher Geschwindigkeit aus. Das liegt an der viel kleineren Dichte der Glaswolle. Für die Leistung eines weitgehend gleichmäßig fließenden Entropiestroms kommt es hauptsächlich auf die Wärmeleitfähigkeit λ an. Deshalb ist Glaswolle ein beliebter und funktioneller Dämmstoff, obwohl organische Stoffe wie Kork oder Holz substanziell kleinere thermische Diffusionskonstanten a haben, also Temperaturänderungen langsamer weitergeben.

	λ W/m K	ρ kg/m³	$\tilde{C}_p$ J/kg K	a mm²/s
Beton	2,1	2.400	0,88	1
Ziegelstein	0,45	1.700	0,84	0,32
Tannenholz radial	0,14	414	2,72	0,12
Kork	0,041	190	1,88	0,12
Glaswolle	0,032	28	1,03	1

Tab. 6.4: Wärmeleitfähigkeit λ, Dichte ρ, spezifische Wärmekapazität $\tilde{C}_p$ und thermische Diffusionskonstante a verschiedener Baustoffe.

6.11 Physikalische Wärmemenge und Arbeit

Die beiden vorangegangenen Abschnitte werfen die Frage auf, warum man überhaupt die Entropie S als fundamentale Größe der Thermodynamik nimmt und nicht die Energie. Energie ist einfach zu messen, und die Gleichungen sind linear. Tatsächlich wird in der Literatur oft von der Übertragung einer Wärmemenge Q gesprochen, wenn man die Energie von übertragener Entropie meint, zum Beispiel: Mit Entropie im Wert von 333 J wird 1 g Eis geschmolzen. Da sagen viele Autoren: Mit der Wärmemenge $Q = 333$ J wird 1 g Eis geschmolzen. Das hört sich einfach und verständlich an, aber es gibt ein fundamentales Problem. Die Größe Q ist keine Zustandsgröße. Es ist falsch zu sagen, ein Körper enthalte eine bestimmte Wärmemenge Q. Das wird in Abb. 6.10 durch ein Beispiel illustriert.

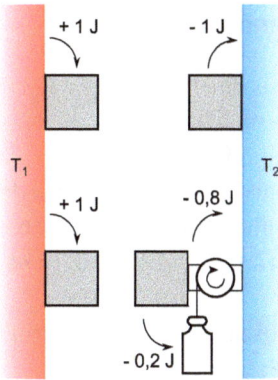

Abb. 6.10: Man kann einem Körper an einem heißen Reservoir 1 J Wärmemenge Q zuführen und ihm durch Abkühlung an einem kalten Reservoir 1 J Wärmemenge Q entziehen. Der Körper ist am Ende im Ausgangszustand. Alternativ kann man im zweiten Schritt den Körper durch einen Wärmemotor in den Ausgangszustand bringen; dabei werden jedoch nur 0,8 J Wärmemenge Q entzogen. Es ist nicht möglich zu sagen, ein Körper enthalte x Joule Wärmemenge. Deshalb ist die Wärmemenge Q keine Zustandsgröße.

Erfahrungsgemäß kommen Schülerinnen und Schüler nicht damit zurecht, dass Wärmemenge Q zugeführt, aber nicht gespeichert werden kann.

Schulbuchautoren suchen vielfach alternative Begriffe, die nicht so streng definiert sind, wie „Wärmeenergie". Dieses doppeldeutige Wort wird in unterschiedlichen Kontexten einmal als Prozessgröße Wärmemenge Q, ein anderes Mal als Zustandsgröße *innere Energie U* aufgefasst. Damit wird das Lernen von Physik unmöglich gemacht.[3]

Historisch haben die Begriffe Wärmemenge Q und Arbeit W eine Rolle gespielt, weil man die Summe ihrer Änderungen als Änderung der Gesamtenergie dE aufschreiben kann,

$$dE = \delta Q + \delta W. \qquad (6.29)$$

Das ist eine Form des Ersten Hauptsatzes der Thermodynamik. Mit der Betonung auf dE bekommt er den Charakter des Energieerhaltungssatzes, mit der Betonung auf die Summe $\delta Q + \delta W$ allerdings etwas Irritierendes: Energieänderung könne eindeutig in Wärme δQ und Arbeit δW aufgeteilt werden. Das ist weder mit Alltagssprache noch mit Fachsprache konform. Unbestritten ist das Heizen eines Körpers mit einer Flamme die Zufuhr von Wärmemenge Q, und die mechanische Kompression eines Gases erkennt man als Zufuhr von Arbeit W, wenn man entsprechende Lehrbücher gelesen hat. Aber wie ist es bei der Zufuhr von brennbarem Methan? Oder bei thermischem Licht, das Entropie hat? In solchen Fällen kann man weder von Arbeit noch von Wärme sprechen.

---

3 Einen Vorwurf könnte man auch dem vorliegenden Konzept machen, weil das Fachwort *Wärme* analog zur *Elektrizität* als Oberbegriff definiert ist. Es gibt nämlich Autoren, die von Wärme Q sprechen, womit sie das Fachwort Wärme zum Synonym der Wärmemenge Q und Wärmeenergie Q machen. Andererseits gibt es etliche Darstellungen, die Wärmemenge Q und den Oberbegriff *Wärme* klar auseinander halten.

6.12 Energetischer Wirkungsgrad von Wärmemotoren

Bei einem thermischen Kraftwerk kommt es darauf an, aus einer gegebenen Menge Brennstoff möglichst viel Strom zu erzeugen. Gasturbine und Dampfturbine sollen möglichst wenig Entropie durch Reibung oder Diffusion produzieren. Mit $\eta_S > 0{,}9$ kann der eigentliche Antrieb, die adiabatische Expansion des heißen Mediums in der Turbine, als nahezu perfekt bezeichnet werden. Die wesentlichen Entropiequellen in Kraftwerken sind zum einen der Brennstoff selbst und zum anderen die Diffusion heißer Flammengase in der Anlage oder in der Umwelt.

Der *energetische Wirkungsgrad* ist das Verhältnis der abgegebenen mechanischen oder elektrischen Leistung P_{ab} zur eingesetzten Leistung P_{zu},

$$\eta_E = \frac{P_{ab}}{P_{zu}}. \tag{6.30}$$

Im Fall der Wärmemaschine ist die zugeführte Leistung definitionsgemäß die Enthalpie des Brennstoffs pro Zeiteinheit. Diese Definition setzt implizit voraus, dass die Enthalpie des Brennstoffs vollständig mechanisch genutzt werden könne; dann wäre der Wirkungsgrad Eins. Durch die Verbrennung sinkt der Wirkungsgrad von vornherein unter Eins, weil sie ein irreversibler Prozess ist. Die erzeugte Entropie ist mit Energie bewertet, und die Energie des mechanischen Nutzens ist entsprechend kleiner. Tab. 6.5 nennt typische Wirkungsgrade von modernen Wärmemotoren, die im Bereich von knapp 40 % bis gut 60 % liegen.

Motortyp	Entropiequelle	η_E
Gas- und Dampf-Turbine	Erdgas	0,61
Marine-Diesel	Erdgas, Schweröl	0,50
Dampfturbine	Steinkohle	0,48
Gasturbine	Erdgas	0,40
PKW-Diesel	Diesel	0,37

Tab. 6.5: Energetischer Wirkungsgrad vom Wärmemotoren. Angegeben sind die technisch erreichbaren Werte. Der Durchschnitt im Bestand aller Motoren einer Kategorie ist niedriger.

Der energetische Wirkungsgrad ist die richtige Größe, wenn man die Effizienz von mechanischen, elektrischen, thermischen und chemischen Vorgängen vergleichen will. Elektromotoren und -generatoren erreichen bis zu $\eta_E = 0{,}99$; es sind praktisch reversible Maschinen, mit denen die Energie eines elektrischen Stroms auf eine mechanische Bewegung und zurück auf den elektrischen Strom nahezu verlustfrei übertragen wird. Im direkten Vergleich schneidet der Elektromotor immer besser ab als der Wärmemotor, und deshalb dürfte es eigentlich keine Wärmemotoren mehr geben. Doch irgendwo muss der Strom herkommen, und da kommen die Wärmekraftwerke ins Spiel. Diese werden auch in Zukunft hohe Bedeutung haben, wie im Kapitel 10 dargelegt wird. Beim Wärmemotor kommt es darauf an, der unvermeidlich irreversiblen Verbrennung keine weiteren irreversiblen Prozesse zuzufügen. Insbesondere soll die heiße Flamme möglichst nicht durch Diffusion irreversibel abgekühlt werden.

> Ein guter Wärmemotor kommt mit möglichst wenig Entropieerzeugung aus. Deshalb muss wenig Entropie von möglichst hoher Temperatur auf niedrige Temperatur fallen und der Motor selbst weitgehend reversibel arbeiten.

Der Carnot-Motor aus Abschnitt 4.2 ist ein theoretisch gedachter, reversibler Wärmemotor zwischen zwei Temperaturreservoirs. Seine Leistung ist verschwindend gering, weil die isotherme Entropiezufuhr unendlich langsam passiert. Wir wissen, dass der Carnot-Kreisprozess, sobald man die Entropieübertragung mit einem endlichen Temperaturunterschied schneller machen wollte, irreversibel würde. Trotzdem tun wir nun so, als würde das kaum etwas ausmachen und man könnte einen Wärmemotor bauen, der bis auf einen winzigen, vernachlässigbaren Fehler reversibel wäre. Dieser reversible Wärmemotor wäre praktisch anwendbar und hätte trotzdem den gleichen, maximal möglichen energetischen Wirkungsgrad, den *Carnot-Wirkungsgrad*. Konzeptionell unterscheidet sich der reversible Wärmemotor vom Carnot-Motor dadurch, dass endliche Entropiemengen zu- und abgeführt werden.

Wir berechnen nun den energetischen Wirkungsgrad für den reversiblen Wärmemotor. Wegen der Reversibilität ist die differentielle Entropiestromstärke am Ausgang dS_1 nicht größer als am Eingang, so dass gilt:

$$dS_1 = dS_2 = dS. \tag{6.31}$$

Am mechanischen bzw. elektrischen Ausgang der Maschine wird die nützliche Energiestromstärke dE_n entnommen. Der Energieerhaltungssatz lautet

$$dE_1 = dE_2 + dE_n. \tag{6.32}$$

Ein *Sankey-Diagramm* für Entropie- und Energiestrom ist in Abb. 6.11 gezeigt. Gemäß Definition des energetischen Wirkungsgrads wird der nützliche Energiestrom ins Verhältnis zum eingehenden Energiestrom gesetzt:

$$\eta_C = \frac{P_{ab}}{P_{zu}} = \frac{\frac{dE_n}{dt}}{\frac{dE_1}{dt}} = \frac{dE_n}{dE_1}. \tag{6.33}$$

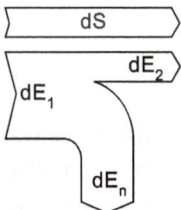

Abb. 6.11: Sankey-Diagramm für Entropie- und Energiestrom eines reversiblen Wärmemotors. Die Breite der Pfeile ist proportional zur Stromstärke.

Wir setzen für dE_n und dE_1 die Ausdrücke aus den Gl. (6.31) und (6.32) ein, vereinfachen mit Gl. (6.31) zu

$$\eta_C = \frac{T_1 dS - T_2 dS}{T_1 dS}, \tag{6.34}$$

und erhalten schließlich

$$\eta_C = 1 - \frac{T_2}{T_1}. \tag{6.35}$$

Der *Carnot-Wirkungsgrad* η_C ist die absolute obere Grenze für den energetischen Wirkungsgrad von Wärmemotoren. Es kann keinen Wärmemotor mit einem Wirkungsgrad $\eta > \eta_c$ geben. Diese Grenze ist durch die irreversibel erzeugte Entropie gegeben, die für den Betrieb eines reversiblen Wärmemotors unbedingt notwendig ist.

Tab. 6.6 zeigt Werte für verschiedene Wärmemotoren. Das Verhältnis η_E/η_C gibt an, wie nahe der Motor an die Carnot-Grenze kommt, wenn man die Flammentemperatur und die Abgastemperatur einsetzt. Der Wert 0,89 für die Gasturbine ist weitgehend durch den isentropen Wirkungsgrad der Turbine erklärt. Technisch gesehen ist die Gasturbine also zu 90 % perfekt. Dass der energetische Wirkungsgrad von nur 0,4 trotzdem so gering ist, liegt an der ungenutzten Diffusion der heißen Abgase, also am Joule-Kreisprozess. Bei der GuD-Turbine werden die heißen Abgase im nachgeschalteten Dampfprozess nahezu reversibel auf Umgebungstemperatur gekühlt, und der gesamte energetische Wirkungsgrad ist mit $\eta_E = 0{,}61$ der höchste unter allen Kraftwerkstypen. Das GuD-Kraftwerk ist weniger nah an seiner Carnot-Grenze als die Gasturbine oder die Dampfturbine allein. Das ist mit Blick auf die Komplexität der Anlage keine Überraschung, aber mit $\eta_C = 0{,}82$ liegt die Messlatte auch sehr hoch.

Tab. 6.6: Wirkungsgrad η_E und Carnot-Wirkungsgrad η_C verschiedener Wärmemotoren. Beim Dieselmotor wurde η_E seit seiner Erfindung vor gut hundert Jahren um einen Faktor zwei gesteigert, zumindest beim Marine-Diesel. Technische Verbesserungsmöglichkeiten sind marginal und es ist nicht zu erwarten, dass sich zukünftig die Reihenfolge der nach η_E geordneten Tabelle nennenswert ändert.

Motortyp	Entropiequelle	T_1 in K	T_2 in K	η_C	η_E/η_C	η_E
GuD Turbine	Erdgas	1.640	300	0,82	0,75	0,61
Marine-Diesel	Schweröl	1.800	550	0,69	0,72	0,50
Dampfturbine	Steinkohle	870	308	0,65	0,74	0,48
Gasturbine	Erdgas	1.640	900	0,45	0,89	0,40
Dampfturbine	Sonnenlicht	584	315	0,46	0,82	0,38
PKW-Diesel	Dieselkraftstoff	1.800	800	0,56	0,67	0,37

Überspitzt gesagt, bewertet in dieser Tabelle η_C das physikalische Konzept des Wärmemotors, η_E/η_C die technische Umsetzung und das Produkt η_E die Gesamtqualität. Letztere ist auch für betriebswirtschaftliche Überlegungen die entscheidende Größe.

6.13 Wirkungsgrad des flammengeheizten reversiblen Motors

Im Abschnitt 4.6 wurde das Problem der äußeren Flammenheizung diskutiert: Die heiße Seite des Motors soll relativ kalt sein, damit viel Entropie aus dem Abgas in den Motor übertragen werden kann, allerdings auch nicht zu kalt, weil sonst der energetische Wirkungsgrad zu klein ist. Die Lösung dieses Problems ist die Entropieerzeugung innerhalb des Motors mit anschließender adiabatischer Expansion der Abgase, die tatsächlich bei der Gasturbine und beim Kolbenverbrennungsmotor genutzt wird. Wir wollen nun zeigen, dass der energetische Wirkungsgrad von tatsächlich existierenden Motoren mit innerer Verbrennung höher ist als der des reversiblen Motors mit äußerer Flammenheizung. Letzterer ist das theoretische Maximum für den Stirling-Motor. Damit wird klar werden, dass der Stirling-Motor entgegen anderslautenden Behauptungen keine große Zukunft hat.

Die Abkühlung der Flammengase durch die heiße Seite des Motors ist im Prinzip ein irreversibler Temperaturausgleich durch Wärmediffusion. Die Erzeugungsrate der Entropie könnte man berechnen, aber mit der Erhaltungsgröße Energie ist es viel einfacher. Der gesamte Entropiestrom aus dem heißen Abgas ist vor dem Kontakt mit dem Motor mit der Leistung P_0 bewertet, die sich wie folgt aufteilt:

$$P_0 = P_1 + P_2 + P_n \tag{6.36}$$

Abb. 6.12 zeigt das Sankey-Diagramm. Das Abgas hat nach dem Kontakt mit dem Motor die Leistung P_1. Die nützliche Leistung des mechanischen Antriebs ist P_n, und die Leistung der Abwärme am kalten Ausgang des Motors ist P_2. Wir nehmen an, dass die Wärmekapazität C_p nicht von der Temperatur abhängt, dann ist die Leistung des Entropiestroms der Flammengase proportional zur Temperatur. Ohne Motor hat das Abgas die Leistung $P_0 = cT_0$, wobei c eine Konstante ist, die wir nach dem nächsten Schritt wieder vergessen können. Nach Abkühlung am heißen Eingang des reversiblen Motors beträgt die Temperatur T_1. Die Leistung des Abgases beträgt dann nur noch $P_1 = cT_1$, die wir mit der Leistung P_0 des ungekühlten Abgases vergleichen können durch

$$\frac{P_1}{P_0} = \frac{T_1}{T_0}. \tag{6.37}$$

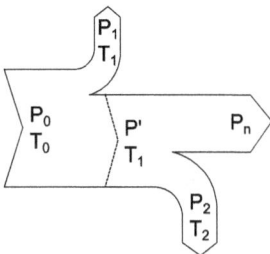

Abb. 6.12: Energiestromstärken eines flammengeheizten reversiblen Motors.

Die Leistung des Entropiestroms in den Motor hinein ist die Differenz $P_0 - P_1$, die wir vorübergehend P' nennen. Mit Gl. (6.37) erhalten wir

$$P' = P_0 - P_1 = P_0 \left(1 - \frac{T_1}{T_0}\right). \tag{6.38}$$

Die nützliche Leistung P_n des reversiblen Motors ist durch den energetischen Carnot-Wirkungsgrad η_C (Gl. (6.35)) und P' bestimmt:

$$P_n = \eta_C P' = \left(1 - \frac{T_2}{T_1}\right) P_0 \left(1 - \frac{T_1}{T_0}\right), \tag{6.39}$$

$$P_n = P_0 \left(1 - \frac{T_1}{T_0} - \frac{T_2}{T_1} + \frac{T_2}{T_0}\right). \tag{6.40}$$

Im Leistungsmaximum bei optimaler Temperatur T_1^{opt} des Motoreingangs verschwindet die Ableitung der Nutzleistung P_n nach T_1:

$$0 = \frac{dP_n}{dT_1} = P_0 \left(1 - \frac{1}{T_0} + \frac{T_2}{T_1^2}\right), \tag{6.41}$$

$$T_1^{\text{opt}} = \sqrt{T_0 T_2}. \tag{6.42}$$

Den energetischen Wirkungsgrad η_{frm} des optimal flammengeheizten reversiblen Motors erhalten wir durch Einsetzen von T_1^{opt} in die Formel für η_C:

$$\eta_{\text{frm}} = 1 - \sqrt{\frac{T_2}{T_0}}. \tag{6.43}$$

Die besten Kolbenmotoren, nämlich 2-Takt-Marinediesel, erreichen η_{frm} nicht ganz, wenn man eine Flammentemperatur von 1.800 K einsetzt, aber immerhin liegt die Abgastemperatur mit 550 K deutlich unterhalb der optimalen Temperatur von 730 K für den reversiblen Motor mit äußerer Heizung, so dass der Vorteil der adiabatischen Expansion der Flammengase plausibel ist.

Bei einer Heiztemperatur von T_0 = 850 K ist η_{frm} = 0,41. Der energetische Wirkungsgrad von Dampfkraftwerken mit T_0 = 850 K liegt mit η_E = 0,48 klar darüber. Der Clausius–Rankine-Kreisprozess erlaubt die Abkühlung der Flammengase im Gegenstromwärmetauscher bis nahe Umgebungstemperatur, weil das Medium Wasser die Entropie über den Phasenübergang bei Umgebungstemperatur abgibt. Das ist der besondere Vorteil des Dampfprozesses gegenüber Kreisprozessen ohne Phasenübergang.

Die besten GuD-Kraftwerke übertreffen sogar den Idealwert η_{frm} = 0,57 für die hohe Flammentemperatur T_0 = 1.640 K sowie T_2 = 300 K. In der Praxis wird η = 0,61 erreicht, und zwar bezogen auf die elektrische Netto-Leistung. Man darf sich vor den Ingenieuren verneigen.

6.14 Energetische Effizienz der Raumheizung

Die Ofenheizung ist weniger effizient, als sie auf den ersten Blick erscheint. Wir haben in Abschnitt 4.11 begründet, dass die Entropieentstehung durch Diffusion ein großer Verlust ist, obwohl Entropie das ist, was man für das Heizen braucht. Wenn man die Energiebilanz für das Heizen aufstellt, unterliegt man noch leichter dem Irrtum, dass die Ofenheizung perfekt sei. Die gesamte Energie (bzw. Enthalpie bei konstantem Druck) des Brennstoffs befindet sich nach der Verbrennung im Zimmer, es geht praktisch keine Energie verloren.

Bevor wir die Sache analysieren, erinnern wir uns daran, dass der Erhaltungssatz universell gilt, ob nun Energie verbraucht wird oder nicht. Deshalb kommt man diesem Problem nicht mit Energie allein bei. Das Heizen ist ein irreversibler Prozess, dessen Antrieb mit Energie bewertet ist. Zur Aufrechterhaltung eines Temperaturunterschieds zwischen Innenraum und draußen muss ein Entropiestrom beständig durch die Wand diffundieren, wodurch Entropie erzeugt wird. Die optimale Heizung treibt diesen Prozess an, ohne an anderer Stelle Entropie zu erzeugen. Der Energieverbrauch ist im Idealfall allein der Entropieerzeugung durch Diffusion der Wand zuzuschreiben, und an anderer Stelle wird nirgends Entropie erzeugt. Die reversible Wärmepumpe ist eine optimale Heizung. Der Energieverbrauch ist $dE_m = T_2 dS_{irr}$, wobei T_2 die Außentemperatur und dS_{irr} die Erzeugungsrate der Entropie ist. Abb. 6.13 verdeutlicht, wie dieser Energie- und Entropiestrom übrig bleibt, wenn man ein- und auslaufende Ströme gegeneinander aufrechnet. Im Fall der Wärmepumpe ist dE_m die Leistung des elektrischen Antriebs.

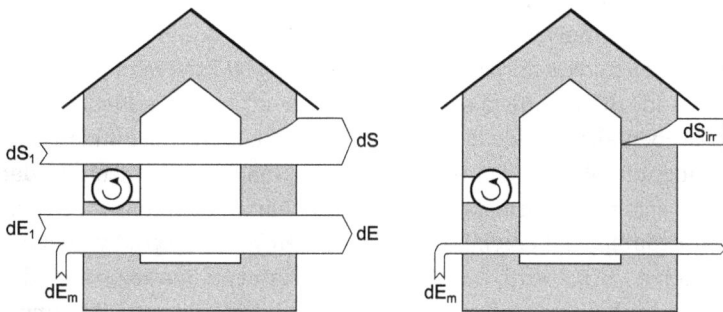

Abb. 6.13: Energieverbrauch der Raumheizung mit reversibler Wärmepumpe. In der linken Wand des linken Hauses befindet sich eine Wärmepumpe, die einen Entropiestrom dS_1 in das Haus pumpt, der mit der Energie dE_1 bewertet ist. Der elektrische Antrieb ist dE_m. Die Entropie strömt durch die Wände und andere wärmeleitende Bauteile nach draußen. Durch irreversible Diffusion schwillt der Entropiestrom auf die Stärke $dS = dS_1 + dS_{irr}$ an. Die Ströme dS_1 und dE_1 gehen ins Haus und sogleich wieder hinaus. Deshald dürfen sie in der Bilanz abgezogen werden. Rechts sind die Netto-Ströme für Energie und Entropie gezeigt. Die Energie dE_m wird durch Erzeugung der Entropie dS_{irr} verbraucht. Über unvermeidliche Diffusion in der Wand hinaus wird keine weitere Entropie erzeugt.

Die Ofenheizung erzeugt Entropie in der Wand mit der gleichen Rate dS_{irr}, aber zusätzlich muss im Haus die Entropie dS irreversibel erzeugt werden. Deshalb wird die gesamte Energie dE des Brennstoffs verbraucht und nicht nur der kleine Anteil dE_m wie bei der Wärmepumpe. Der energetische Wirkungsgrad der Ofenheizung bezogen auf die ideale Heizung ist der Quotient der Leistungen der idealen Wärmepumpe, $P_m = \frac{dE_m}{dt}$ und der Leistung des Ofens, $P = \frac{dE}{dt}$:

$$\eta_H = \frac{\frac{dE_m}{dt}}{\frac{dE}{dt}} = \frac{dE_m}{dE} = \frac{T_2 dS_{\mathrm{irr}}}{T_1 dS_1}. \tag{6.44}$$

Wir setzen $dS_{\mathrm{irr}} = dS_2 - dS_1$ ein und nutzen $dE = T_1 dS_1 = T_2 dS_2$ aus, d. h. anstelle der Entropiestromstärken dS_1 und dS_2 treten die Temperaturen T_2 und T_1:

$$\eta_H = 1 - \frac{T_2}{T_1}. \tag{6.45}$$

Der energetische Wirkungsgrad der Ofenheizung hat dieselbe Form wie der energetische Wirkungsgrad des Carnot-Motors. In beiden Fällen verringert die Entropieproduktion bei der Verbrennung und der Diffusion der heißen Abgase den energetischen Wirkungsgrad. Numerisch betrachtet ist der Schaden bei der Ofenheizung viel größer als beim Carnot-Motor, denn das Temperaturverhältnis T_1/T_2 ist kleiner und somit auch der Wirkungsgrad. Mit einer realistischen Heizungsvorlauftemperatur von 310 K (37 °C) und einer Außentemperatur von 280 K (7 °C) beträgt der energetische Wirkungsgrad der Ofenheizung bestenfalls $\eta_H = 0{,}09$. In der Praxis kommt dieser Nachteil nicht so stark zum Tragen, weil bei einer realen Wärmepumpe aufgrund irreversibler Prozesse $\eta_H < 1$ ist, was den relativen Vorteil gegenüber der Ofenheizung verringert. In der Praxis erreicht man pro zugeführter Energieeinheit einen drei- bis viermal größeren Entropiestrom als mit der Ofenheizung.

Wir haben oben gezeigt, dass die Kraft-Wärme-Kopplung im Kraftwerk genau wie die Wärmepumpe im Idealfall keine zusätzliche Entropie erzeugt. Die ideale Kraft-Wärme-Kopplung ist ebenfalls eine ideale Heizung mit $\eta_H = 1$. Das ist im Einklang mit der Alltagsvorstellung, die Abwärme eines Kraftwerks optimal auszunutzen. In der Praxis unterscheiden sich reale Wärmepumpe und Kraft-Wärme-Kopplung im Detail: Die technische Wärmepumpe hat einen kleinen isentropen Wirkungsgrad von maximal $\eta_S = 0{,}5$, wodurch $\eta_H \leq 0{,}5$ wird. Der Vorteil einer Wärmepumpe gegenüber der Ofenheizung ist maximal halb so groß wie im idealen Fall. Der isentrope Wirkungsgrad eines Fernwärme-Systems ist höher, weil lediglich die unerwünschte Diffusion von Entropie im Leitungsnetz zu vermeiden und in geringem Umfang Pumpen zu betreiben sind. Allerdings muss die Vorlauftemperatur deutlich höher sein, damit am Verbraucher die Temperatur noch hinreichend ist. Für einen seriösen Vergleich muss man das berücksichtigen. Mit $T_1 = 370$ K (97 °C) und $T_2 = 280$ K (7 °C) ist für die Ofenheizung gemäß Gl. (6.45) $\eta_H = 0{,}24$. Die ideale Kraft-Wärme-Kopplung ist bei dieser hohen Vorlauftemperatur viermal effizienter als die Ofenheizung. Quantitativ liegt das vergleichbar zu Praxiswerten für Wärmepumpen. Welches der beiden Konzepte Wärmepumpe und Kraft-Wärme-Kopplung tatsächlich besser ist, bestimmen technische und wirtschaftliche Details.

6.15 Die thermodynamische Temperatur

Am Beginn des Buches haben wir den Temperaturbegriff aus den Phänomenen entwickelt, zuerst aus den Sinneswahrnehmungen kalt – lau – warm – heiß. Anschließend wurde mit der Ausdehnung von Körpern die Möglichkeit der quantitativen Messung von warmen und kalten Zuständen aufgezeigt. Die Ausdehnung des idealen Gases führte uns zur Definition der absoluten Temperatur mit dem absoluten Nullpunkt bei 0 K. Die Phasenübergänge von Stoffen und insbesondere die Tripelpunkte erlauben die praktische Kontrolle der Temperaturskala, die mit Gasthermometern nur sehr umständlich zu realisieren ist. Konzeptionell ist das Volumen des idealen Gases eine einfachere und überzeugendere Temperaturskala als eine Folge von Tripelpunkten verschiedener Stoffe, denn es kommt nur auf die gasige Phase an und nicht auf eine konkrete Substanz. Man kann noch allgemeiner werden und die Temperatur gänzlich unabhängig von Stoffen definieren, wie zuerst von Lord Kelvin vorgeschlagen wurde [91]:

> The characteristic property of the scale which I now propose is, that all degrees have the same value; that is, that a unit of heat descending from a body A at the temperature T° of this scale, to a body B at the temperature (T-1)°, would give out the same mechanical effect, whatever be the number T. This may justly be termed an absolute scale, since its characteristic is quite independent of the physical properties of any specific substance.

Sinngemäß übersetzt: Ein reversibler Wärmemotor, der von einer gewissen Entropiemenge durchströmt wird, gibt bei einem Grad Temperaturdifferenz stets den gleichen Energiebetrag pro Zeiteinheit ab, unabhängig vom absoluten Temperaturwert. Diese Definition heißt die *thermodynamische Temperatur*. Zur Angabe absoluter Zahlen greift man auf *einen* Fixpunkt zurück, nämlich den Tripelpunkt von Wasser bei 273,16 K. Abb. 6.14 illustriert die Definition im *T,S*-Diagramm. Zwei gleich große Rechtecke repräsentieren zwei Entropiefälle mit gleichem mechanischem Nutzen. Die Temperaturdifferenz ist gleich, unabhängig von den Absolutwerten. Für die Definition braucht man nicht im Detail zu klären, was Entropie eigentlich ist. Messgrößen sind

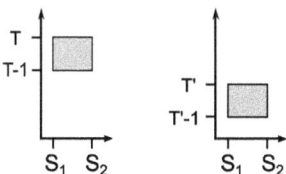

Abb. 6.14: Die Temperaturdefinition von Kelvin in der Wasserfallanalogie von Carnot. Die Temperaturskala wird so eingeteilt, dass Wärmemotoren mit gleicher Entropiestromstärke (Breite) und Leistung (Fläche) bei gleichen Temperaturdifferenzen laufen.

die mechanischen Effekte des Motors, beispielsweise das Anheben einer Masse. Die geforderte Reversibilität ist phänomenologisch überprüfbar: Ein vollständig umkehrbarer Vorgang ist reversibel. Die Definition ist sehr allgemein, und sie ist die aktuelle Antwort der Theoretischen Physik auf die Frage: Was ist Temperatur? Die thermodynamische Temperaturskala und die Skala des Gasthermometers sind erfahrungsgemäß gleich. Deshalb hat das Gasgesetz eine einfache Form, und man konnte die frühere Temperaturdefinition über das ideale Gas unauffällig ersetzen.

Die thermodynamische Definition der Temperatur ist zu unterscheiden von der Definition der Einheit Kelvin. Oben wurde gesagt, dass die Einheit lange über den Tripelpunkt des Wassers definiert war und seit 2019 indirekt über das Planck'sche Wirkungsquantum. Erstere sagt, was Temperatur eigentlich ist, letztere, wie man sie genauestens misst.

6.16 Unerreichbarkeit des Temperaturnullpunkts

Die absolute Temperaturskala ist nach oben nicht limitiert, aber nach unten gibt es eine wohldefinierte Grenze, den absoluten Nullpunkt. Ein Körper ohne Entropie hat die Temperatur 0 K. Man braucht nur die Entropie aus einem Körper herauszupumpen, um ihn auf 0 K abzukühlen. Dazu gibt es Wärmepumpen – doch einfach ist es nicht. Abb. 6.15 zeigt das Sankey-Diagramm für eine Wärmepumpe bei tiefen Temperaturen. Aus einer Probe soll Entropie herausgepumpt werden, und diese Entropie enthält sehr wenig Energie. Keine Probe ist völlig isoliert von ihrer Umgebung, und sie empfängt einen steten Zustrom von Entropie durch thermisches Licht und Wärmeleitung. Dieser Zustrom ist mit einer bestimmten Energiestromstärke verbunden. Bei Annäherung an den Temperaturnullpunkt ist irgendwann die Pumpleistung der Wärmepumpe unterhalb der Leistung des Zustroms in die Probe. Dann ist die minimale Temperatur erreicht. Beispielsweise sei das bei 0,1 K der Fall. Um diese Probe von 0,1 K weiter auf 0,01 K abzukühlen, müsste man die Antriebsleistung einer idealen Wärmepumpe verzehnfachen. In der Tieftemperaturphysik wird oft eine inverse ($1/T$) oder logarithmische ($-\log T$) Temperaturskala verwendet, um diesen Sachverhalt deutlich zu machen; beide Skalen sind nach oben – also zum Nullpunkt hin – unbegrenzt. Zwar wird man in der Schule selten solche Temperaturskalen sinnvoll einsetzen können, aber es ist aus fachlicher Sicht dennoch richtig, der Intuition, zunehmende Kälte sei nur mit immer höherem Aufwand zu erreichen, nicht zu widersprechen.

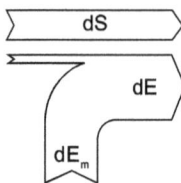

Abb. 6.15: Sankey-Diagramm für Wärmepumpe in der Nähe des absoluten Temperaturnullpunkts. Man braucht sehr viel Energie von außen für einen kleinen gepumpten Energiestrom. Richtig schlimm wird es, wenn die Wärmepumpe irreversibel ist.

Wenn man naiv sagt, der Nullpunkt sei „unendlich" kalt, so ist das im Einklang mit der Tatsache, dass der Nullpunkt nie erreicht werden kann und dass eine Annäherung umso schwieriger wird, je näher man kommt.

6.17 Gibbs'sche Fundamentalgleichung

Die Energie ist als neutrale Vergleichsgröße eingeführt worden, um mechanische, elektrische, thermische und chemische Vorgänge zu vergleichen. Aussagen über die Energiestromstärke haben in den verschiedenen Fachgebieten der Physik analoge Form:

Das Gravitationspotential bestimmt die Energiestromstärke der strömenden Masse, $dE = \phi_g dm$.
Das elektrische Potential bestimmt die Energiestromstärke eines Ladungsstroms, $dE = \phi_e dQ$.
Die Temperatur bestimmt die Energiestromstärke eines Entropiestroms, $dE = TdS$.
Das chemische Potential bestimmt die Energiestromstärke eines Stoffstroms $dE = \mu dn$.

Bei stofflichen Prozessen ist es oft günstig, das chemische Potential μ als Summe mit anderen Potentialen auszudrücken, so dass für diese Summe ein Gleichgewicht gilt. Wir haben oben ausführlich das elektrochemische Potential behandelt, und es gibt noch weitere. Diese gemischten Potentiale werden durch μ_i bezeichnet, weil sie allesamt mit der Stoffmenge n zusammen hängen. Wenn verschieden mengenartige Größen übertragen werden, ist die Änderung der Gesamtenergie die Summe der durch die einzelnen Größen übertragenen Energie,

$$dE = TdS - pdV + \sum_{i=1}^{n} \mu_i n_i. \tag{6.46}$$

Das ist ein mathematische Ausdruck für die Erhaltung der Energie. Die Gleichung wird auch Fundamentalgleichung von Gibbs[4] genannt. Sie ist die Verallgemeinerung des *Ersten Hauptsatz der Thermodynamik*,

$$dE = TdS - pdV, \tag{6.47}$$

für stoffliche Vorgänge. Die speziellen Bezeichnungen Fundamentalgleichung oder Erster Hauptsatz braucht man nur, um sich in der Literatur zurecht zu finden. Energieerhaltung umfasst beide.

---

4 Josiah Willard Gibbs /gɪbz/ (1839–1903), Pionier der physikalischen Chemie.

7 Licht

Die Thermodynamik des Lichts ist nur indirekt mit Phänomenen verbunden, und Formales hat ein großes Gewicht. Für das nachfolgende Kapitel über regenerative Energiegewinnung ist sie von fundamentaler Bedeutung. Daher lohnt es, sich mit der Sache auseinanderzusetzen. Nebenbei sieht man, wozu höhere Mathematik nützlich ist.

7.1 Glühende Körper

Im Alltag spricht man von Gluthitze, wenn man besonders hohe Temperaturen meint, meist im übertragenen Sinne. Es gehört zum Alltagswissen, dass Körper bei sehr hohen Temperaturen glühen, also von selbst leuchten. Bei Temperaturerhöhung steigert sich die Glut eines Körpers von Rot nach Orange, Gelb und schließlich Weiß. Die Helligkeit steigt dabei extrem an. Die Steigerung der Glut kann man gut an einem Eisendraht studieren, durch den man einen elektrischen Strom zunehmender Stärke fließen lässt, siehe Abb. 7.1. Man erreicht ein helles Orange, bevor der Draht durchschmilzt. Der Wolframdraht einer Glühlampe verhält sich genauso, aber Temperatur und Glut können viel höher gesteigert werden. Im Schmiedehandwerk sind Farbe und Helligkeit der Glut ein zuverlässiges Indiz für die Temperatur auch bei komplexen Aufgaben wie dem Härten von Stahl. Bis in die heutige Zeit gibt es Schmiede, die nach jahrhundertealter Tradition Klingen fertigen, deren Qualität jedes Industrieprodukt übertrifft.

Abb. 7.1: Elektrischer Strom erzeugt Entropie in einem Eisendraht. Mit zunehmender Leistung wird die Glut heller.

7.2 Entropietransport durch Licht

Am Grillfeuer spürt man die Hitze, auch wenn man seitlich steht und mit aufsteigender heißer Luft gar nicht in Berührung kommt. Wenn es nachts kühl wird, legt man Holz nach, und die gesellige Runde bildet sich konzentrisch um das Lagerfeuer. Niemand sitzt im Qualm, weil die heißen Abgase nach oben steigen, aber alle spüren die Wärme der Glut. Beim Lagerfeuer gibt es gute Gründe anzunehmen, dass die Wärme nicht durch die Luft geleitet wird, aber sicherheitshalber machen wir ein Experiment im Vakuum. Abb. 7.2 zeigt die Erhitzung eines Edelstahlbleches durch eine Glühwendel. Das Blech zeigt durch Glühen eine Temperatur von mindestens 650 °C an. Es muss Entropie aufgenommen haben. Wärmeleitung und Konvektion sind im Vakuum ausgeschlossen. Der Schluss, die Entropie komme vom Licht, liegt nahe, aber er ist logisch nicht zwingend. Die Entropie könnte auch durch den Kontakt des Bleches mit

https://doi.org/10.1515/9783110495799-007

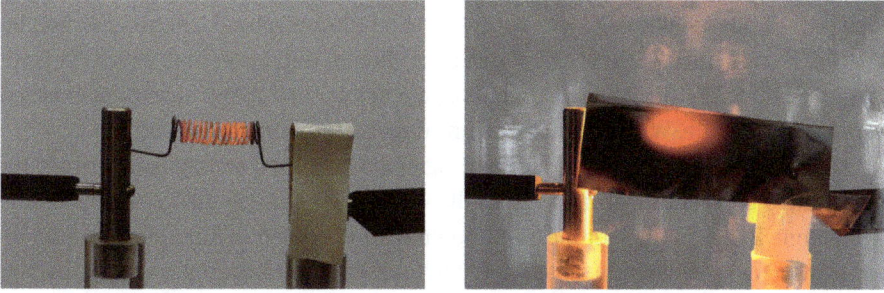

Abb. 7.2: Eine Glühwendel wird mit einer Haube aus Edelstahlblech 25 μm abgedeckt. Die Haube erhitzt sich bis zur Rotglut. Wärmeleitung und Konvektion sind im Vakuum ausgeschlossen, deshalb wird auf den Entropietransport durch Strahlung geschlossen.

dem Licht selbst erzeugt worden sein. Deshalb wenden wir uns der Glühwendel zu. In ihr wird Entropie durch elektrischen Strom im Widerstand erzeugt. Schaltet man den Strom aus, geht die Glut schnell zurück und die Wendel kühlt ab, und zwar auch im Vakuum. Die Glühwendel emittiert Entropie. Der Entropietransport durch Licht ist auch bei Anwesenheit von Luft viel größer als der Entropietransport durch Konvektion. Abb. 7.3 zeigt die Glühwendel im Vakuum und in Luft zum Vergleich. Das Licht glühender Körper nennt man *thermisches Licht*.

Thermisches Licht transportiert Entropie.

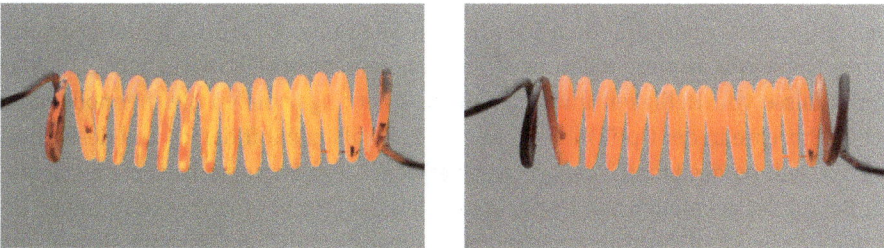

Abb. 7.3: Beim Abschalten einer eisernen Glühwendel im Vakuum sieht man mit bloßem Auge keinen Unterschied in der Abkühlungsgeschwindigkeit im Vergleich zur Abkühlung in Luft. Die Temperatur ist bei gleicher elektrischer Spannung im Vakuum (links) etwas höher als an Luft (rechts). Die elektrische Leistung ist im vorliegenden Fall 70 W an Luft und 65 W im Vakuum. Das Fehlen der Luft hat nur einen geringen Einfluss. Hauptsächlich wird Entropie durch Strahlung abgegeben.

Thermisches Licht behält seine Entropie nach diffuser Streuung, denn Entropie kann nicht verschwinden. Sonnenlicht, das über den Mond, über helle Wolken, Sand und ähnliches gestreut wird, bleibt thermisches Licht. Gleiches gilt für das Licht von Glühlampen und Kerzen. Neben dem thermischen Licht gibt es nichtthermisches Licht. Dazu zählt die *Lumineszenz* von verdünnten Gasen in Natrium- und Quecksilberlampen, von Leuchtdioden sowie das Licht des Lasers. Nichtthermisches Licht transportiert im Idealfall keine Entropie. So wichtig wie Leuchtdioden und Laser in der Technik sind, spielen sie doch für die globale Lichtbilanz, mit der wir uns später auseinandersetzen werden, keine Rolle. Wir konzentrieren uns daher auf thermisches Licht.

Da Entropie sowohl vom Licht übertragen als auch neu erzeugt wird, ist sie für quantitative Betrachtungen zu umständlich. Dafür ist Energie die geeignete Größe. Die Energie kann man leicht messen, indem man für einen definierten Zeitraum einen schwarzen – vollständig absorbierenden – Körper mit bekannter Erwärmbarkeit dem Licht aussetzt und seine Temperaturerhöhung misst. Der *pyroelektrische Detektor* basiert auf diesem Prinzip. Seine Empfindlichkeit ist unabhängig vom Spektrum des absorbierten Lichts. Mit der Energie des Lichts kann man auch das Ausmaß von chemischen und elektrischen Prozessen berechnen. Die Wärmewirkung des Lichts über große Distanzen wird mit dem Aufbau in Abb. 7.4 gezeigt.

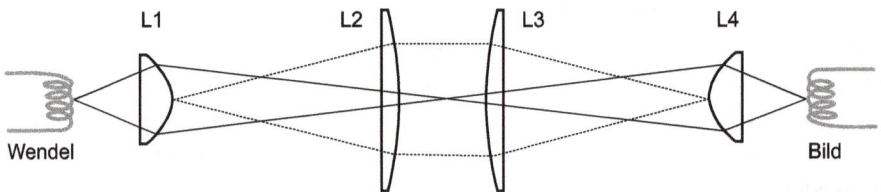

Abb. 7.4: Aufbau optischer Wärmetransport. Bei guter Abbildung mit hoch öffnenden Kondensoren L1 und L4 reicht eine 50 W Halogenglühlampe, um den Effekt in der Bildebene deutlich auf dem Handrücken zu spüren.

Der Entropietransport gibt dem thermischen Licht eine Richtung. In der geometrischen Optik gibt es diese Richtung streng genommen nicht, sondern nur räumliche Verhältnisse von Helligkeit und Dunkelheit. Allerdings spielen die thermodynamischen Prozesse in der Optik eine wichtigere Rolle als man oft denkt, und deshalb ist die Vorstellung des Lichttransports weit verbreitet. Der *Brennpunkt* ist ein elementarer Begriff der geometrischen Optik, aber er wird nach einer thermodynamischen Erscheinung benannt. Projiziert man mit einer Linse das Bild der Sonne im Abstand der Brennweite auf ein Stück Karton oder Holz, so fängt es an zu brennen. Mit dem Bild des Mondes geht das nicht, aber auch nicht mit dem Bild eines sonnenähnlichen Sterns.

> Thermodynamische Phänomene des Lichts erscheinen nur bei starker und weit ausgedehnter Helligkeit.

Beim glühenden Körper spricht man von Ausstrahlung oder *Emission* von Licht. Am Empfänger wird Licht eingestrahlt. Dabei wird es absorbiert und zum Teil auch gestreut. Die Absorption von Licht ist zweifellos ein irreversibler Vorgang. Die Entropie des absorbierenden Körpers steigt bei Bestrahlung an und damit seine Temperatur. Darüber hinaus kann Licht chemische Reaktionen hervorrufen, wie beispielsweise bei der Photosynthese in Pflanzen, und es kann elektrischen Strom in Solarzellen antreiben. Diese Prozesse setzen ebenfalls helle Beleuchtung voraus. *Hell* ist natürlich ein dehnbarer Begriff, und in der Photographie kommt man sowohl beim chemischen Prozess im Silberjodid als auch bei der Ladungstrennung im CCD-Chip mit Lichtmengen aus, die keine messbare Temperaturerhöhung machen. Trotzdem gilt auch hier: Mehr Licht ist besser, und das ist ein entscheidender Unterschied zur geometrischen Optik, bei der es auf die absolute Lichtmenge – die wir noch zu definieren haben – gar nicht ankommt. Die geometrische Optik kennt nur Helligkeitsverhältnisse oder Kontraste.

7.3 Infrarot-Licht

Die *Strahlungswärme* der Glut ist ein technischer Begriff, der Eingang in die Alltagssprache gefunden hat, um das Wärmen am Lagerfeuer zu erklären. Gusseiserne Öfen und Kachelöfen spenden ähnliche Wärme wie das offene Feuer, obwohl sie nicht sichtbar glühen. Mit fundierten Vorkenntnissen aus Elektrizitätslehre und Optik ist das leicht zu verstehen: Neben dem sichtbaren Licht gibt es infrarotes Licht, das nicht sichtbar ist, aber sich ansonsten genauso verhält. Das ist keineswegs offensichtlich!

Ein Präkonzept zur Wärmestrahlung des Kachelofens lautet: Man weiß, dass im Innern Glut ist, auf die letztlich die Strahlungswärme zurückgeht. Wenn die Holzkohle verbrannt ist, strahlt der Ofen noch nach, aber nur kurz.

Im Schulunterricht kann man das elektromagnetische Spektrum und speziell das Infrarotlicht nicht beiläufig durchnehmen, wie empirische Befunde nahelegen [55], [74]. Vielmehr muss mit konkreten Experimenten der verallgemeinerte Lichtbegriff herausgearbeitet und der Konzeptwechsel sichergestellt werden. Die Verbindung des verallgemeinerten Lichtspektrums vom UV bis IR mit der Röntgenstrahlung auf der kurzwelligen und den Radiowellen auf der langwelligen Seite ist ein zusätzlicher Schritt.

Schüler denken beim Wort *Strahlung* zuerst an Gefahr. Die Schädlichkeit von UV-Strahlung für die Haut ist häufig Vorwissen. Radioaktive Strahlung gilt als Urform der Strahlung, anderen Strahlungsarten wird Ähnlichkeit zugeschrieben. *Unsichtbares Licht* ist für Viele eine absurde Idee wie trockenes Wasser oder kaltes Feuer.

Mit einer Spiegelreflexkamera für astronomische Aufnahmen kann man im infraroten Spektralbereich photographieren. Ein IR-Filter (RG 830) vor dem Objektiv ist völlig undurchsichtig für sichtbares Licht, trotzdem entsteht ein Bild. Dieser Nachweis erfordert viel Wissen über die verwendete Technik.

Die „Ausstrahlung von Wärme" ist bei einer Herdplatte gut spürbar. Mit dem Experiment in Abb. 7.5 macht man das lichtartige Verhalten dieser „Wärmestrahlung" plausibel. Das Spektrum einer Herdplatte erstreckt sich über den nahen und mittleren

Abb. 7.5: Schatten eines Korkrings und eines Glaskolbens zwischen einer neben der Kamera aufrechtgestellten heißen Herdplatte und einer temperatursensitiven Folie, die je nach Temperatur unterschiedlich gefärbt ist.

Infrarotbereich. Am langwelligen Ende schließt das ferne Infrarot und die Mikrowellen an, schließlich die Radiowellen. In der Fachwissenschaft spricht man allgemein von elektromagnetischer Strahlung oder elektromagnetischen Wellen, wenn man das gesamte Spektrum im Sinn hat. Da der Schattenwurf im obigen Experiment mit Strahlen und nicht mit Wellen erklärt wird, ist dafür der allgemeine Begriff elektromagnetische Strahlung passend. Wir werden im Folgenden von Strahlung sprechen, wenn das fachwissenschaftliche Vokabular ohne Alternative ist, beispielsweise im nächsten Kapitel. Auf jeden Fall ist fortan unsichtbare ultraviolette und infrarote Strahlung gedanklich eingeschlossen, wenn von Licht die Rede ist.

Die Entdeckung des infraroten Lichts durch Friedrich Wilhelm Herschel war wegweisend für die Auffassung der Wärmestrahlung als eine besondere Form des Lichts. Herschel hat die Temperaturerhöhung eines Thermometers in den farbigen Bereichen des Sonnenspektrums gemessen und festgestellt, dass auch der unsichtbare Bereich, der sich an das Rot anschließt, eine Temperaturerhöhung hervorruft [44]. Man sollte das Experiment in der Schule zeigen, aber das ist gar nicht so einfach. Herschel hatte von der Sonne sehr intensives Licht zur Verfügung. Ersetzt man die Sonne durch eine Halogenlampe, kann man im günstigen Fall mit wenigen Zehntel Kelvin Temperaturerhöhung rechnen, mit der HBO-Lampe [63] auch im Ultravioletten bei 365 nm.

7.4 Schwarzer Strahler

Bei einem glühenden Körper mit gegebener Temperatur steigt die Wirksamkeit des thermischen Lichts mit seiner Größe, genauer gesagt mit dem Winkel, unter dem der Emitter am Ort des Absorbers erscheint. Beispielsweise wärmt ein nahes Lagerfeuer mittels thermischer Strahlung viel stärker als eine glühende Zigarettenspitze oder ein weit entferntes Feuer, obwohl die Temperaturen ähnlich sind. Die geometrische Optik befasst sich mit Vorgängen, bei denen die Thermodynamik vernachlässigt werden kann, insbesondere keine Erwärmung von Absorbern auftritt. Den entgegengesetzten Fall, nämlich dass die thermodynamischen Prozesse maximal in Erscheinung treten, erreicht man bei maximaler Größe des glühenden Körpers vom Absorber aus gesehen. Im Extremfall ist der Absorber komplett vom glühenden Körper umschlossen.

Man kann sich denken, was im Innern passiert: Ein Absorber von zunächst geringerer Temperatur empfängt von allen Seiten thermisches Licht, und seine Entropie steigt an. Er beginnt selbst zu glühen, und sein Licht wird von der Wand des Hohlraums absorbiert. Die Differenz der absorbierten und emittierten Lichtmengen wird immer kleiner und verschwindet schließlich ganz. Hohlraum und Absorber befinden sich im Gleichgewicht mit dem thermischen Licht, das demnach auch eine Temperatur hat.

> Im thermischen Gleichgewicht hat Licht die gleiche Temperatur wie die Materie.

Um zu überprüfen, ob der Gedanke richtig ist, bohrt man ein Loch in den Körper und schaut nach. Das Loch muss klein sein, damit nur wenig Licht nach außen dringt und das Gleichgewicht ungestört bleibt. Für einen ersten Versuch kann man ein großes Loch wagen, beispielsweise kann man bei einem Härteofen wie in Abb. 7.6 die Tür aufmachen. Man sieht alle Gegenstände in gleichmäßiger Glut, wie erwartet. Von außen glüht der Ofen nicht, denn er hat eine Hülle mit geringer Wärmeleitfähigkeit. Das vereinfacht die Bildung des thermischen Gleichgewichts, aber physikalisch ist die Hülle nicht unbedingt notwendig. Abb. 7.7 zeigt einen Hohlzylinder, der innen wie außen eine einheitliche Temperatur hat. Das Loch glüht heller als die Umgebung. Offensichtlich ist im Hohlraum das Licht näher am Gleichgewicht als auf der Oberfläche. Nach dem Erkalten ist das Loch dunkler als die Wand des Hohlkörpers. Die Schwärze des Lochs liegt nicht am Material, sondern an der Geometrie, wie in Abb. 7.8 deutlich wird.

Abb. 7.6: Glühofen. ©Linn High Therm GmbH.

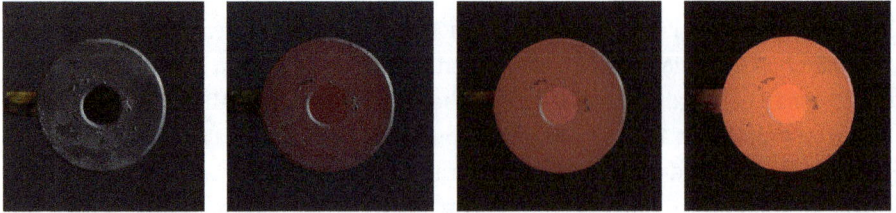

Abb. 7.7: Stahlzylinder mit Bohrung im kalten (links) und glühend heißem Zustand (rechts). Die dunkle Bohrung glüht heller.

Abb. 7.8: Ein Hohlraum mit kleinem Loch ist immer tiefschwarz, auch im Vergleich mit einer schwarzen Oberfläche wie bei diesem Karton. Überraschung beim Öffnen: Das Innere ist mit weißem Karton ausgelegt. Im Hohlraum dominiert die Geometrie, nicht das Material.

Das Licht von der kleinen Öffnung eines Hohlraums, das im thermischen Gleichgewicht mit der Wand ist, nennt man *Hohlraumstrahlung* oder *Schwarzkörperstrahlung*. Es wird von einem *Schwarzen Strahler* emittiert. Das thermische Gleichgewicht gehört stets zur Definition dazu, auch wenn es nicht ausdrücklich erwähnt wird. Das Konzept des Schwarzen Strahlers ist nicht auf das sichtbare Glühen beschränkt. Bei tieferen Temperaturen wird ausschließlich infrarotes Licht emittiert, das man nicht sehen, aber auf der Haut spüren kann, beispielsweise vor einem Kachelofen. Jeder Hohlraum im thermischen Gleichgewicht stellt einen Schwarzen Strahler dar, was sogar bei kryogenen Temperaturen für die Grundlagenforschung ausgenutzt werden kann [37]. Das Weltall ist an den Stellen, wo sich keine Sterne befinden, ein Schwarzer Strahler mit der Temperatur 3 K. Wenn künftig von heißen Hohlräumen die Rede ist, darf man sich gern einen glühenden Raum vorstellen, aber heiß bedeutet in diesem Kontext lediglich eine Temperatur oberhalb des absoluten Nullpunkts.

7.5 Spektrum

Die Veränderung der Glühfarbe mit steigender Temperatur von Rot über Gelb zu Weiß ist ein universell beobachtbares Phänomen. Die Glühfarbe eines kompakten Körpers unterscheidet sich kaum von der Schwarzkörperstrahlung gleicher Temperatur, was man auch in Abb. 7.7 gut erkennen kann. Der Schwarze Strahler ist erfahrungsgemäß ein gutes Modell auch für gewöhnliche heiße Körper, denn die Spektren stimmen weitgehend überein. Die Menge des Lichts in einem Wellenlängenintervall wird am besten durch die Energiestromdichte (Leistung pro Fläche) ausgedrückt, weil man sie leicht mit einem pyroelektrischen Detektor messen kann. Die Energieverteilung im Spektrum des Schwarzen Strahlers wird kurz *thermisches Spektrum* genannt. Das Ergebnis solcher Messungen zeigt Abb. 7.9.

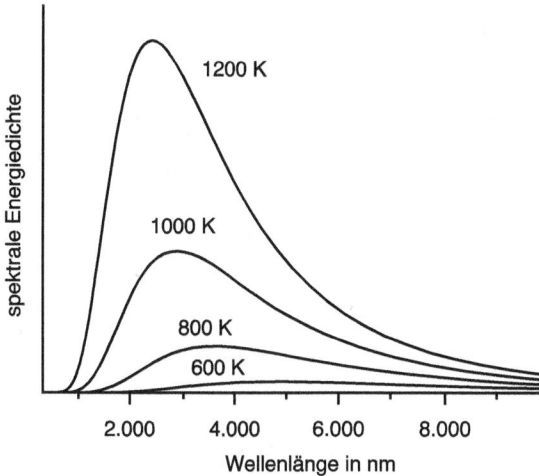

Abb. 7.9: Spektrum des Schwarzen Strahlers.

Die prinzipielle Form der Energieverteilung im thermischen Spektrum war lange Zeit ein Rätsel, denn sie ließ sich nicht aus den thermodynamischen Grundgesetzen herleiten. Es gab allenfalls Näherungen für sehr große und sehr kleine Wellenlängen. Max Planck (1858–1947) hat im Jahre 1900 eine Funktion gefunden, die über den gesamten Spektralbereich perfekt zu den Präzisionsmessungen von Rubens und Kurlbaum passte. Das erste Auffinden kann als ein empirisches Ergebnis gewertet werden, das in erster Linie durch seinen Erfolg überzeugt, weniger durch die Art der Entstehung. Plancks anschließend an das Ergebnis angepasste Herleitung des Strahlungsgesetzes basiert auf den Grundgesetzen der Thermodynamik, wie sie bisher dargelegt wurden, sowie der Auffassung des Lichts als elektromagnetische Welle. Planck nahm zusätzlich an, dass im Schwarzen Strahler Licht und Materie nicht kontinuierlich Energie austauschen, sondern in wohldefinierten Portionen der Größe $E = h\nu$. Aus dieser *Quantenhypothese* entwickelte sich im frühen 20. Jahrhundert die Quantentheorie. Wir akzeptieren hier das Strahlungsgesetz in der angegebenen Form als eine Funktion, die besonders gut zu den Beobachtungen passt. Aus praktischen Gründen verwenden wir schon die moderne Form mit Naturkonstanten, obwohl eine Messung ohne theoretische Begründung diese natürlich nicht liefert. Das *Planck'sche Strahlungsgesetz* gibt Energiedichte $u(\lambda)$ im Wellenlängenintervall $d\lambda$ für den Schwarzen Strahler an durch

$$u(\lambda)d\lambda = \frac{8\pi hc^2}{\lambda^5}\frac{d\lambda}{e^{\frac{hc}{\lambda kT}}-1}.\tag{7.1}$$

Vielfach ist es praktischer, die Energieverteilung nicht als Funktion der Wellenlänge, sondern als Funktion der Frequenz aufzuschreiben. Mit

$$d\lambda = -\frac{1}{c}\lambda^2 dv \tag{7.2}$$

wird Gl. (7.1) zu

$$u(v)dv = \frac{8\pi h v^3}{c^3}\frac{dv}{e^{\frac{hv}{kT}}-1}. \tag{7.3}$$

Das Maximum der Energiedichte $u(\lambda)$ ist eine lineare Funktion der Temperatur, wie man durch Differenzieren von Gl. (7.1) überprüfen kann. Diese Tatsache ist unter dem Namen *Wien'sches Verschiebungsgesetz*

$$\lambda_{max}T = b \tag{7.4}$$

bekannt, mit b = 2.898 µmK. Eine Glühlampe mit 2.900 K Temperatur hat ihr Strahlungsmaximum bei 1 µm, die Sonne mit rund 5.800 K bei 500 nm.

7.6 Energiestromstärke des Schwarzkörper-Lichts

Die Helligkeit eines glühenden Körpers steigt mit der Temperatur enorm an. Die Energiestromstärke oder Leistung P eines Schwarzen Strahlers ist proportional zur vierten Potenz der Temperatur,

$$P = A\sigma T^4. \tag{7.5}$$

Oft formuliert man das Gesetz auf die Flächeneinheit bezogen, also für die Energiestromdichte oder Leistungsdichte $\tilde{P}$, die in der Optik auch *Bestrahlungsstärke* oder *Strahlungsintensität* [1] genannt wird,

$$\tilde{P} = \frac{P}{A} = \sigma T^4. \tag{7.6}$$

Das Gesetz wurde empirisch durch Josef Stefan gefunden [88] und anschließend durch Ludwig Boltzmann theoretisch begründet, folglich wird es *Stefan-Boltzmann-Gesetz* genannt. Es folgt aus dem Planck'schen Strahlungsgesetz: Die spektrale Energiedichte (Gl. (7.3)) ist

$$u(v)dv = \frac{8\pi h}{c^3}\frac{v^3 dv}{e^{\frac{hv}{kT}}-1}. \tag{7.7}$$

---

1 Vier Begriffe für die gleiche Größe – und dazu gibt es noch ähnliche Wörter für andere Größen. Entsprechend vielfältig sind die gebräuchlichen Formelzeichen. Mit dem $\tilde{P}$ wird an den engen Zusammenhang zur Leistung P erinnert.

Gesucht ist die gesamte Energiedichte $\rho_E = \frac{E}{V}$, also das Integral

$$\rho_E = \int_0^\infty u(v)dv. \tag{7.8}$$

Wir substituieren in Gl. (7.7)

$$x = \frac{hv}{kT} \tag{7.9}$$

und vereinfachen zu

$$\frac{h}{kT} \int_0^\infty u(x)dx = \frac{8\pi h}{c^3} \frac{k^4 T^4}{h^3} \int_0^\infty \frac{x^3 dx}{e^x - 1}. \tag{7.10}$$

Das bestimmte Integral auf der rechten Seite hat den analytischen Wert

$$\int_0^\infty \frac{x^3 dx}{e^x - 1} = \frac{\pi^4}{15}. \tag{7.11}$$

Damit erhalten wir für die Energiedichte

$$\rho_E = \frac{8\pi^5 k^4}{15c^3 h^3} T^4 = aT^4. \tag{7.12}$$

Die Energiedichte der Schwarzkörperstrahlung ist ziemlich klein. Bei 5.760 K, der Temperatur der Sonnenoberfläche, ist die Strahlungsenergiedichte 0,08 J/m^3. Die Strahlung in einem Mol idealen Gases bei Normalbedingung hat 139 nJ Energie.

Licht tritt aus dem Hohlraum mit Lichtgeschwindigkeit aus. Die Herleitung der Energiestromdichte des ausgestrahlten Lichts aus der Energiedichte innerhalb des Hohlraums [43], [12] erfordert abermals Aufwand und neue Begriffe aus dem Gebiet der Optik, so dass hier nur die Beziehung der Konstanten a in Gl. (7.12) zur Stefan-Boltzmann-Konstanten σ aus Gl. (7.5) mit

$$\sigma = \frac{c}{4} a \tag{7.13}$$

angegeben wird. Die Stefan-Boltzmann-Konstante σ ist durch die Naturkonstanten k, h und c exakt bestimmt, lediglich der Faktor π^5 macht daraus eine irrationale Zahl.

$$\sigma = \frac{2\pi^5 k^4}{15h^3 c^2} = 5,670374419\ldots \cdot 10^{-8} \frac{W}{m^2 K^4}. \tag{7.14}$$

Diese Naturkonstanten ergeben sich aus der Quantentheorie und dem System der SI-Basiseinheiten. Der entscheidende Punkt, nämlich die T^4-Abhängigkeit, kann mit einer empirisch gefundenen Konstanten σ formuliert werden, und mehr werden wir im Folgenden auch nicht brauchen.

Das Stefan-Boltzmann-Gesetz ist nicht weniger wert als das Planck'sche Strahlungsgesetz, wenn es aus letzterem hergeleitet wird. Sie sind gleichberechtigte Interpretationen von Beobachtungen.

7.7 Entropiestromstärke

Ein glühender Körper kühlt rasch ab, und zwar auch im Vakuum. Daraus haben wir geschlossen, dass seine Entropie kleiner wird, denn die Entropie steigt monoton mit der Temperatur. Da Entropie nicht vernichtet werden kann, muss sie mit dem thermischen Licht ausgestrahlt werden. Allgemein gilt der Energieerhaltungssatz

$$dE = TdS - pdV + \mu dn. \tag{7.15}$$

Zunächst begründen wir, dass das chemische Potential des thermischen Lichts Null ist: Im energetisch isolierten Hohlraum mit konstantem Volumen ist $dE = 0$ und $dV = 0$; im Gleichgewicht ist die Entropie maximal, also $dS = 0$. Im Gleichgewicht des isolierten starren Kastens bleibt von Gl. (7.15)

$$dS = -\frac{\mu}{T} dn = 0. \tag{7.16}$$

Da Licht jederzeit durch Emission entstehen und durch Absorption verschwinden kann, ist $dn \neq 0$. Aus Gl. (7.16) folgt $\mu = 0$. Nun heben wir die Bedingungen $dE = 0$, $dV = 0$ und $dS = 0$ wieder auf, sonst führt das Folgende zu nichts. Umformen der Gl. (7.15) mit $\mu = 0$ ergibt

$$dS = \frac{1}{T} dE + \frac{p}{T} dV. \tag{7.17}$$

Das vollständige Differential der Energie als Funktion der beiden Variablen T und V ist allgemein

$$dE = \frac{\partial E}{\partial T} dT + \frac{\partial E}{\partial V} dV, \tag{7.18}$$

und mit dem aus dem Stefan-Boltzmann-Gesetz stammenden Ausdruck für die Energiedichte (7.12) ist

$$dE(T, V) = 4aVT^3 dT + aT^4 dV. \tag{7.19}$$

Durch Einsetzen in Gl. (7.17) erhalten wir

$$dS(T, V) = 4aVT^2 dT + \left(aT^3 + \frac{p}{T} \right) dV. \tag{7.20}$$

Die Entropie ist ebenfalls eine Funktion von T und V. Ihr vollständiges Differential lautet allgemein

$$dS(T, V) = \frac{\partial S}{\partial T} dT + \frac{\partial S}{\partial V} dV. \tag{7.21}$$

Diese Gleichung hat die gleiche Struktur wie die vorhergehende. Durch Vergleich der Summanden findet man für die partiellen Ableitungen der Entropie

$$\frac{\partial S}{\partial T} = 4aVT^2 \qquad \frac{\partial S}{\partial V} = aT^3 + \frac{p}{T}. \tag{7.22}$$

Wir verwenden nun ein weiteres allgemeines Resultat der Analysis, die Vertauschbarkeit der Reihenfolgen von partiellen Ableitungen. Konkret gilt für die Entropie $S(T, V)$

$$\frac{\partial}{\partial V}\frac{\partial S}{\partial T} = \frac{\partial}{\partial T}\frac{\partial S}{\partial V}. \tag{7.23}$$

Die linke Gleichung von (7.22) wird nach V abgeleitet und die rechte nach T, dann werden die beiden rechten Seiten der doppelten Ableitungen wegen (7.23) gleichgesetzt:

$$4aT^2 = 3aT^2 + \frac{1}{T}\frac{dp}{dT} - \frac{p}{T^2} \tag{7.24}$$

und vereinfacht zu

$$aT^3 = \frac{dp}{dT} - \frac{p}{T}. \tag{7.25}$$

Diese Differentialgleichung hat die spezielle Lösung

$$p = \frac{a}{3}T^4, \tag{7.26}$$

wie man durch Einsetzen überprüfen kann. Durch Vergleich mit dem Ausdruck für die Energiedichte (7.12) erhalten wir

$$p = \frac{\rho_E}{3}. \tag{7.27}$$

Das Licht des Schwarzen Strahlers hat demnach einen Druck p, den *Strahlungsdruck*. Das ist alles andere als selbstverständlich. Wir gehen davon aus, dass die mathematischen Schlüsse fehlerfrei sind. Es muss hinterfragt werden, ob der Energieerhaltungssatz in der Form (7.15) der richtige Ansatz war, denn darüber ist der Druck als Größe in die Herleitung hereingekommen. Man kann das Ergebnis (7.27) nur akzeptieren, wenn man den Strahlungsdruck beobachten kann – und das ist tatsächlich möglich! Näheres dazu folgt im Abschnitt 7.8, denn wir sind eigentlich dabei, die Entropie der Schwarzkörperstrahlung zu berechnen.

Die Entropiedichte

$$\rho_S = \frac{\partial S(T, V)}{\partial V} \tag{7.28}$$

der Schwarzkörperstrahlung erhalten wir durch Einsetzen des Strahlungsdrucks (7.27) und der Energiedichte (7.12) in (7.22)

$$\rho_S(T) = \frac{4}{3}aT^3, \tag{7.29}$$

und folglich ist die Entropie

$$S = \frac{4}{3} a V T^3.$$ (7.30)

Setzt man Entropiedichte (7.29) und Energiedichte (7.12) ins Verhältnis, so ergibt sich

$$dE = \frac{3}{4} T dS.$$ (7.31)

Der Entropiestrom auf thermischem Licht hat demnach weniger Energie als ein gewöhnlicher Entropiestrom, beispielsweise bei der Wärmeleitung. Andersherum gesagt, pro Energieeinheit wird mehr Entropie transportiert. Bei der Ausstrahlung von Licht in den freien Raum wird demnach Entropie erzeugt, was mit Abb. 7.10 illustriert wird.

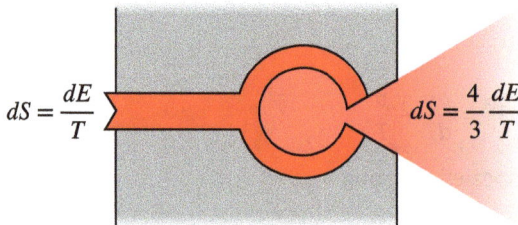

$$dS = \frac{dE}{T} \qquad dS = \frac{4}{3} \frac{dE}{T}$$

Abb. 7.10: Anschauliche Begründung der höheren Entropie eines Lichtstroms, der durch Wärmeleitung angetrieben wird. Das Licht verteilt sich irreversibel im ganzen Raum.

7.8 Strahlungsdruck

Der Strahlungsdruck ist ein äußerst schwaches Phänomen, das unter normalen Umständen nicht beobachtet wird. Einige Werte sind in Tab. 7.1 aufgeführt. Nach Gl. (7.27) beträgt der Wert für den Strahlungsdruck ein Drittel der Energiedichte. Beachte: Druck und Energiedichte haben die gleiche, aber nicht dieselbe Einheit.

Tab. 7.1: Temperatur, Strahlungsdruck und Energiedichte von thermischen Strahlern.

Quelle	Temperatur K	Strahlungsdruck Pa	Energiedichte J/m^3
Kosmische Strahlung	3	$1{,}4 \cdot 10^{-14}$	$4{,}2 \cdot 10^{-14}$
Zimmer	295	$1{,}9 \cdot 10^{-6}$	$5{,}7 \cdot 10^{-6}$
Oberfläche Halogenlampe	2.900	$1{,}8 \cdot 10^{-2}$	$5{,}4 \cdot 10^{-2}$
Sonnenoberfläche	5.760	$0{,}28$	$0{,}83$

Aufgrund der winzigen Werte kann man den Strahlungsdruck nur im Vakuum oder bei extrem hoher Temperatur beobachten. Abb. 7.11 zeigt einen Kometenschweif. Während

Abb. 7.11: Gas- und Staubschweif des Kometen Hale–Bopp (1997). Der blaue Gasschweif weist radial von der Sonne weg. Aufnahme von E. Kolmhofer und H. Raab, Johannes-Kepler-Observatorium, Linz (Österreich).

der kompakte Kometenkern allein der Gravitation folgt, reagieren freies Gas und Staub aufgrund der großen Oberfläche auf den Strahlungsdruck der Sonne. Ganz unabhängig von der obigen Herleitung ist die Gl. (7.27) auch ein Ergebnis der Maxwell'schen Theorie der elektromagnetischen Wellen. Es muss also etwas dran sein; deshalb sind die Deutungen der astronomischen Erscheinungen mit dem Strahlungsdruck vertrauenswürdig.

Die Maxwell'sche Begründung des Strahlungsdrucks gilt für jegliches Licht, nicht nur für Schwarzkörper-Licht. Eine wichtige technische Anwendung ist die *optische Pinzette*, die berührungslose Manipulation kleiner Objekte im Fokus eines Lasers. Durch Ablenkung des Laserstrahls kann das gehaltene Objekt im Raum bewegt werden. Die vorliegende thermodynamische Herleitung des Strahlungsdrucks macht keine Annahme über die Natur des Lichts – man braucht dafür die elektromagnetische Welle nicht, aber ohne sie gilt die Herleitung nur für thermisches Licht.

7.9 Emissivität

Die Eigenschaften des Schwarzen Strahlers kann man an ziemlich ausgedehnten Löchern studieren und bei glühenden Körpern reicht das bloße Auge. Die Umgebung des Loches glüht zwar nicht so hell wie das Loch selbst, aber doch im gleichen Farbton. Der glühende Metallblock in Abb. 7.7 ist ein Beispiel dafür. Bei der quantitativen Messung des Spektrums stellt man fest, dass der Funktionsgraph des Schwarzen Strahlers sehr gut wiedergegeben wird, aber die absoluten Werte um einen bestimmten Faktor kleiner sind. Dieser Faktor heißt *Emissivität ϵ*. Nur mit Präzisionsmessungen kann man nachweisen, dass die Emissivität geringfügig von der Wellenlänge abhängt. In den meisten praktischen Fällen kann man ϵ als konstant über einen weiten Spektralbereich annehmen; man spricht dann von einem *Grauen Strahler*. Das Stefan-Boltzmann-Gesetz für den Grauen Strahler lautet

$$\frac{P}{A} = \epsilon\sigma T^4. \tag{7.32}$$

Abb. 7.12 zeigt die unterschiedliche Emissivität von Eisen und Glas. Emissivitäten weit unterhalb Eins findet man vor allem bei glänzenden Metallen mit $\epsilon = 0{,}1 \ldots 0{,}4$ sowie bei transparenten Stoffen.

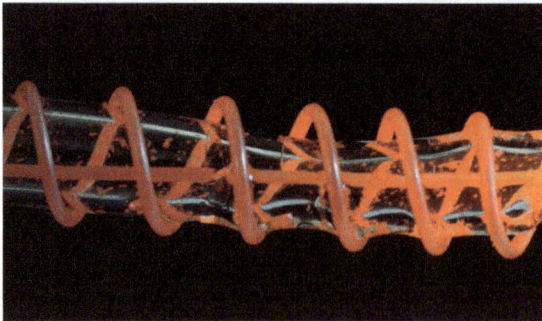

Abb. 7.12: Unterschiedliche Emissivität von Eisen und Glas. Ein Glasrohr ist mit Eisendraht gefüllt und umwickelt. Das Rohr wird in der Gasflamme bis zur hellen Rotglut erhitzt. Das Eisen glüht sichtbar, während das Glas noch durchsichtig erscheint. Es ist aber genauso heiß, wie man an der plastischen Verformung erkennen kann.

i Wie groß ist die Wendel einer 100 W Halogenlampe? Die Temperatur beträgt 3.200 K. Wir nehmen anstelle der Wendel ein quadratisches Blech mit der Emissivität 1 an. Gemäß Stefan-Boltzmann-Gesetz $A = P/(\sigma T^4)$ beträgt die Oberfläche des Strahlers Fläche $1{,}7 \cdot 10^{-5}\,\text{m}^2$, das entspricht zwei Quadraten von jeweils 3 mm Kantenlänge. In Wirklichkeit hat die Wendel eine komplexe Geometrie, aber die tatsächliche Größe von $4{,}2 \times 2{,}3$ mm liegt erstaunlich nah am Ergebnis der Abschätzung.

7.10 Pyrometer und Wärmebildkamera

Einfache Infrarotthermometer sind auf $\epsilon = 0{,}95$ ausgelegt. Bei besseren Geräten kann man den Emissionsgrad manuell einstellen. Man muss dann wissen, welches Material vorliegt und die Tabelle der Emissionsgrade dabei haben. Die größten Fehler treten bei blanken Metallen auf, bei denen $\epsilon < 0{,}2$ sein kann. Eine weitere Fehlerquelle bei schulüblichen Geräten ist der schlecht definierte Messfleck. Beim Ohrthermometer für die Bestimmung der Körpertemperatur hat man diese Probleme nicht, denn der Messfleck hat homogene Temperatur und ein zuverlässig bekanntes Epsilon. Verschmutzungen auf dem Sensor können allerdings die Genauigkeit beeinträchtigen.

Präzise Messungen sind mit dem Quotientenpyrometer, auch Zwei-Farben-Pyrometer genannt, möglich. Es misst mit schmaler Bandbreite die Intensität bei zwei Wellenlängen. Das Intensitätsverhältnis kann man über das Strahlungsgesetz direkt in

Temperatur umrechnen. Das Verfahren ist sehr genau und gleichzeitig unempfindlich gegen Störungen durch Rauch, etc. Quotientenpyrometer sind nur sinnvoll, wenn man genau weiß, wo man misst; daher werden sie in der Regel mit einer Kamera kombiniert.

Abb. 7.13: Wie geht es meinen Bienen im Winter? fragt die Imkerin, und die Antwort gibt das Infrarotbild, auf dem wärmere Stellen heller sind: Es ist alles in Ordnung. Das Volk sitzt kompakt in der Nähe der Vorderwand und hat auch noch genug zu fressen, sonst würde es höher sitzen.

Die *Wärmebildkamera* enthält einen Chip, auf dem Tausende miniaturisierte Infrarotthermometer angeordnet sind. Das Objektiv ist für MIR-Strahlung ausgelegt. Abb. 7.13 zeigt zwei Bilder, die jeweils mit einer gewöhnlichen Kamera und einer Wärmebildkamera aufgenommen sind. Den Einfluss der Emissivität auf das Wärmebild zeigt die Abb. 7.14 anhand eines extremen Beispiels. Normalerweise sind die Unterschiede gering. In den meisten Fällen bekommt man mit dem Wärmebild eine gute Übersicht über die Temperaturverteilung.

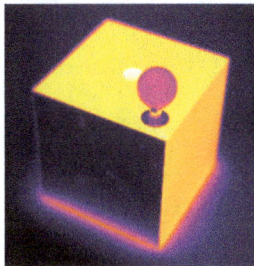

Abb. 7.14: Einfluss der Emissivität. Ein Metallbehälter (Leslie-Würfel) wird mit heißem Wasser gefüllt. Für die Wärmebildkamera liegt das blanke Kupfer bei Raumtemperatur, während die lackierten Flächen mit etwa 75 °C gemessen werden. Die Einfüllöffnung liegt als echter Schwarzer Strahler bei 82 °C.

7.11 Glashaus-Modell

Im Sommer werden trockene Böden wie Steinplatten oder Sand mitunter so heiß, dass man barfuß nicht darauf gehen kann. Wie heiß maximal? – Je heißer eine Fläche ist, desto größer ist die Leistung des abgestrahlten Infrarotlichts. Die Temperatur strebt zu einem Wert, bei dem eingestrahlte und ausgestrahlte Energiestromstärke gleich sind.

Ein Körper ist im *Strahlungsgleichgewicht*, wenn absorbiertes und emittiertes Licht die gleiche Energiestromstärke haben.

Zur Berechnung der Maximaltemperatur unterbinden wir in Gedanken die konvekti-ve Kühlung durch Luft. Eine schräge Fläche am Erdboden, deren Normale zur Sonne gerichtet ist, empfängt Licht mit einer Energiestromdichte von rund $\tilde{P} = 1.000\,\text{W/m}^2$. Als Schwarzer Strahler ist die Fläche im Strahlungsgleichgewicht bei einer Tempera-tur von 357 K, oder 84 °C. Es dauert viele Stunden in praller Sonne, bis ein Körper so heiß geworden ist, dass man ihn nicht berühren möchte. Durch Konvektion in Luft und Wärmeleitung in das kühlere Innere von Körpern wird eingestrahlte Entropie wirksam abgeleitet. Im Winter ist die Temperaturerhöhung durch Einstrahlung von Sonnen-licht kaum wahrnehmbar.

Glashäuser werden in der Landwirtschaft verwendet, um den Anbau wärmelie-bender Pflanzen in der kalten Jahreszeit zu ermöglichen. Ein Glashaus funktioniert auf dreierlei Weise: Erstens wird die Konvektion eingeschränkt, und die Pflanze ver-liert weniger Wasser; dadurch gibt die Pflanze effektiv weniger Entropie an die Um-gebung ab. Zweitens ist das Glas ein Widerstand gegen Wärmeleitung. Drittens kann das Tageslicht ungehindert in das Innere kommen, aber die thermische Strahlung aus dem Inneren des Glashauses wird absorbiert. Die drei Mechanismen sind unterschied-lich stark, aber auf die Details kommt es hier nicht an. Vielmehr interessiert uns der grundsätzliche Mechanismus in Hinblick auf den atmosphärischen Treibhauseffekt, dessen Name von den Gewächshäusern stammt. Die Spektren des Sonnenlichts und der thermischen Strahlung des warmen Bodens sind in Abb. 7.15 gezeigt.

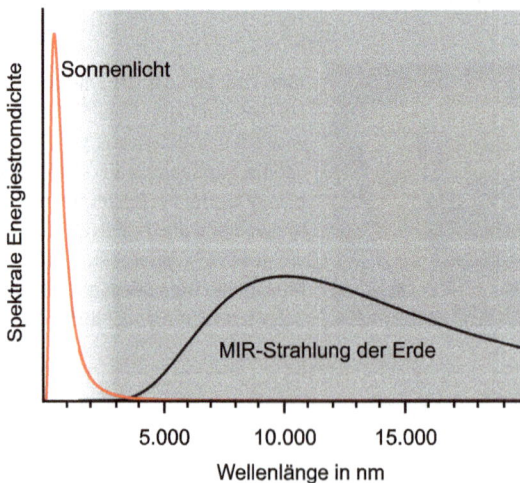

Abb. 7.15: Spektrale Energiestrom-dichte von Sonnenlicht und von thermischer Strahlung der Erde. Glas ist bei Wellenlängen oberhalb 3.000 nm, also im mittleren Infrarot (MIR), undurchsichtig, was durch die graue Schattierung symbolisiert wird.

Wir betrachten das Modell in Abb. 7.16, das nach den Seiten unendlich ausgedehnt ist. Das Tageslicht wird im Glas gar nicht absorbiert. Der Boden ist schwarz und absor-biert das Licht vollständig. Die thermische Infrarotstrahlung wird sowohl im Boden als auch im Glas vollständig absorbiert. Der Boden leitet keine Entropie. Luft ist nicht vor-handen und deshalb auch keine Konvektion. Es liegt ein reines Strahlungsgleichge-

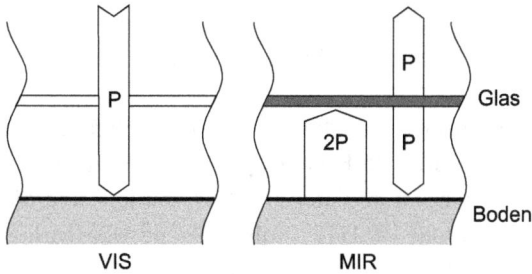

Abb. 7.16: Glashaus-Modell.

wicht vor. Die Temperatur im idealen Glashaus kann wie folgt berechnet werden: Die Glasscheibe ist im mittleren Infrarot ein Schwarzer Strahler. Die abfließende Energiestromdichte ist genauso groß wie die eingestrahlte Energiestromdichte. Die Temperatur eines Schwarzen Strahlers mit der Energiestromdichte $1\,kW/m^2$ beträgt 357 K. Das ist der gleiche Wert wie für eine schwarze Platte. Die Scheibe hat eine innere und eine äußere Fläche. Sie strahlt sowohl in Richtung Sonne als auch Richtung Boden. Der Boden empfängt also $1\,kW/m^2$ von der Sonne im sichtbaren Spektrum, weil das Glas durchsichtig ist, sowie $1\,kW/m^2$ im mittleren Infrarot, weil das Glas in diesem Spektralbereich ein Schwarzer Strahler ist. In der Summe empfängt der Boden $2\,kW/m^2$, und im Gleichgewicht wird vom Boden Infrarotlicht mit gleicher Energiestromdichte emittiert. Bei Verdopplung der Energiestromdichte steigt die Temperatur des Schwarzen Strahlers um den Faktor $\sqrt[4]{2}$, in diesem Fall also auf 424 K (151 °C).

7.12 Strahlungsgleichgewicht der Erde

Die Energie- und Entropiebilanz der Erde ist natürlich komplexer als das ideale Glashaus. Die Atmosphäre ist eine entscheidende Komponente im System. Mit wenigen plausiblen Zusatzannahmen kommt man zu einer globalen Bilanz, die recht nahe an den gemessenen Werten ist. Auf der Oberfläche der Sonne mit der Temperatur $T_\odot =$ 5.760 K beträgt die Energiestromdichte des Lichts $\tilde{P}_\odot = 62{,}4\,MW/m^2$. Im Abstand der Erde von der Sonne ist das Licht der Sonnenoberfläche, einer Kugel mit Radius $R_\odot$, auf eine Kugel mit dem Radius der Erdbahn R_{AE} verteilt, so dass für die Energiestromdichte $\tilde{P}_{AE}$ des Lichts auf der Kugel mit Erdbahnradius gilt:

$$\tilde{P}_{AE} = \tilde{P}_\odot \left(\frac{R_\odot}{R_{AE}} \right)^2 . \tag{7.33}$$

Die Energiestromdichte $\tilde{P}_{AE} = 1.352\,W/m^2$ heißt *Solarkonstante*. Bei dieser Energiestromdichte ist eine schwarze Probefläche bei $T = 393$ K im Strahlungsgleichgewicht. Die Oberfläche der Erdkugel ist viermal größer als die einer Scheibe mit gleichem Radius. Daher ist die mittlere eingestrahlte Energiestromdichte um den Faktor 4 geringer, was eine Gleichgewichtstemperatur von 278 K ergibt. Das ist zwar recht nahe am beobachteten Mittelwert von 288 K (15 °C), aber die Übereinstimmung kommt durch den zufälligen Ausgleich zweier gegensätzlicher Einflüsse zustande, die berücksichtigt werden müssen.

Im Sonnenlicht ist die Erde nicht schwarz. Sie reflektiert 30 % des einfallenden Lichts in den Weltraum. Die mittlere absorbierte Energiestromdichte ist demnach 240 W/m². Die gleiche Leistungsdichte wird im mittleren Infrarot emittiert, und die Temperatur für das Strahlungsgleichgewicht ist 255 K. Außerirdische würden aus großer Entfernung die Temperatur des Planeten Erde tatsächlich zu 255 K bestimmen. Wir wissen aus dem Erdkundeunterricht, dass die mittlere Temperatur der Erde unmöglich –18 °C sein kann. Außerirdische sehen die Atmosphäre, wenn sie ihr Infrarotthermometer auf die Erde richten. Wir können es ihnen gleichtun und die Atmosphäre aus entgegengesetzter Richtung ausmessen. In einer klaren Nacht zeigt das in den dunklen Himmel gerichtete Infrarotthermometer tatsächlich Werte in der Nähe von –18 °C an, auch im Sommer. Dieses Freihandexperiment kann nur mit einer für das Thermometer undurchsichtigen Atmosphäre funktionieren. Im freien Weltraum würde es –270 °C bzw. die Unterschreitung des Messbereichs anzeigen. Im infraroten Spektralbereich gesehen ist die Erde von einer schwarzen, undurchsichtigen Hülle umgeben, die sich innerhalb der Atmosphäre befindet und deren Temperatur man von außen und von innen messen kann.

7.13 Atmosphärischer Treibhauseffekt

Für das Strahlungsgleichgewicht der Erde spielt es keine Rolle, ob die optisch wirksame Oberfläche in der Atmosphäre oder auf der physischen Oberfläche liegt – sofern die im infraroten Spektralbereich sichtbare optische Oberfläche ein Schwarzer Strahler ist, stellt sich im Gleichgewicht die Temperatur 255 K ein. Die höhere mittlere Temperatur der physischen Oberfläche ist eine Folge des natürlichen Treibhauseffekts.

Wir übertragen nun das Modell des Glashauses aus Abschnitt 7.11 auf die Atmosphäre. Sie ist eine schwarze Hülle im MIR und transparent im sichtbaren Spektralbereich, wie eben erläutert wurde. Diese Hülle entspricht dem Glas des Glashauses, siehe Abb. 7.17. Die Bodentemperatur steigt aufgrund der zirkulierenden Strahlung im

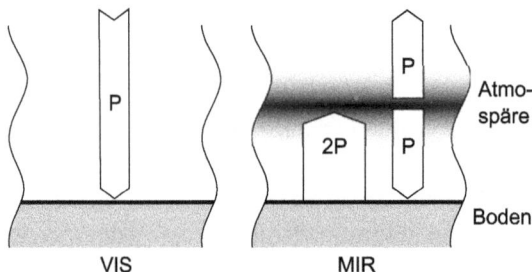

Abb. 7.17: Glashaus-Modell für die irdische Atmosphäre. Im sichtbaren Spektralbereich ist die Transmission vollständig, im mittleren Infrarot (MIR) ist die Luftschicht undurchsichtig wie ein Schwarzer Strahler.

Grenzfall perfekter Annahmen um den Faktor $\sqrt[4]{2}$ auf 308 K an. Die tatsächliche mittlere Oberflächentemperatur der Erde liegt mit 288 K etwa 20 K unter dem Maximalwert. Das kann man mit einer gewissen Resttransmission der fast schwarzen Hülle erklären, siehe Abschnitt 7.15.

Wir müssen prüfen, ob die Annahme, es gebe keine Konvektion in der Atmosphäre, überhaupt gerechtfertigt ist. Die Verhältnisse des Planeten Venus mahnen zur Vorsicht.

7.14 Oberflächentemperatur des Planeten Venus

Venus befindet sich näher an der Sonne als die Erde, und die Solarkonstante ist zweimal höher. Venus reflektiert jedoch zwei Drittel des einfallenden Lichts, so dass insgesamt erdähnliche Verhältnisse vorliegen. Die Oberflächentemperatur von 730 K ist dafür extrem hoch. Selbst wenn Venus im Sichtbaren schwarz wäre und eine perfekte Glashausstruktur hätte, läge die Oberflächentemperatur gemäß Glashaus-Modell lediglich bei 550 K. Damit ist das Glashaus-Modell für die Venusatmosphäre unbrauchbar.

Die irdische Solarkonstante ist 1.352 W/m^2. Die Halbachse der Venus-Bahn ist 0,723 AE, also beträgt die Intensität der Sonnenstrahlung auf der Venus-Bahn $(1.352/0,723^2)$ W/m^2 = 2.586 W/m^2. Diese Energiestromdichte gehört zu einem Schwarzen Strahler der Temperatur 462 K. Das perfekte Glashaus erhöht die Temperatur um den Faktor $\sqrt[4]{2}$ auf 550 K.

Ursache für die extrem hohe Oberflächentemperatur der Venus ist die Konvektion innerhalb der Atmosphäre. Wir wissen aus Abschnitt 1.11, dass die Atmosphäre aufgrund adiabatischer Zirkulation im Gravitationspotential ein Temperaturprofil ausbildet. Die Troposphäre der Venus hat auf der Außenseite eine Temperatur von rund 230 K. Diese Temperatur ist im Einklang mit dem Strahlungsgleichgewicht bei 70 % Reflexion. Die Verhältnisse sind ziemlich ähnlich zur Erde. Die Troposphäre ist jedoch viel dicker, weil die Stoffmenge der Atmosphäre größer ist. Am Boden herrscht ein Druck von 90 bar. In der Troposphäre der Venus zirkulierende Gaspakete heizen sich auf 730 K auf. Der Grund für die hohe Oberflächentemperatur der Venus ist nicht – wie oft behauptet – der hohe CO_2-Gehalt, also die Art der Substanz, sondern die schiere Menge der Substanz.

Da die Venusatmosphäre opak ist, kann das Licht von der heißen Oberfläche nicht bis zur Grenze der Troposphäre vordringen. Ferner sind mit der Konvektion Phasenübergänge und chemische Reaktionen verbunden, die erheblich zur Zirkulation von Entropie beitragen. Insofern wäre ein Glashaus-Modell, erweitert um reine Konvektion, auch nicht ausreichend.

7.15 Energiebilanz der Erdatmosphäre

In der irdischen Atmosphäre ist der Einfluss der Konvektion kleiner als auf der Venus, aber er ist nicht vernachlässigbar. Es ist sozusagen Zufall, dass das elementare Glashaus-Modell Werte liefert, die es nicht scheitern lassen. Die Modellierung und Messung der Entropie- und Energieströme in der irdischen Atmosphäre ist Spezialisten vorbehalten. Abb. 7.18 zeigt die gemessenen mittleren Energiestromdichten in der Atmosphäre.

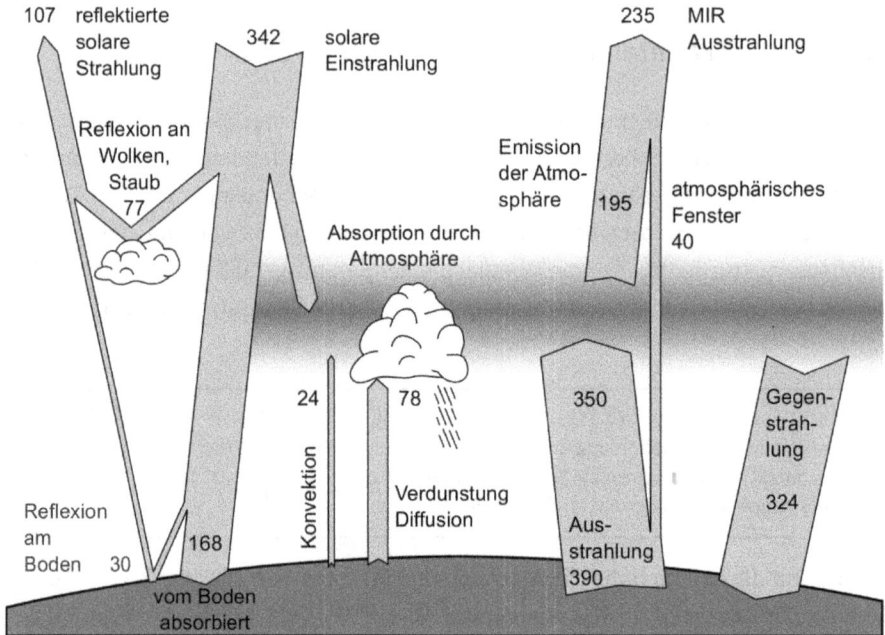

Abb. 7.18: Strahlungsbilanz mit Reflexion an Wolken und Boden, natürlichem Treibhauseffekt sowie Konvektion [8]. Die Zahlen bezeichnen die räumlich und zeitlich gemittelte Energiestromdichte in W/m^2.

Der natürliche Treibhauseffekt wird durch menschliches Zutun verstärkt, und zwar durch Emission von absorbierenden Gasen in die Atmosphäre. Im alltäglichen Sprachgebrauch ist mit Treibhauseffekt in der Regel diese Zunahme gemeint und nicht der in diesem Abschnitt vorgestellte natürliche Mechanismus, der die mittlere Oberflächentemperatur von 255 K auf 288 K hebt.

7.16 Anthropogener Treibhauseffekt

Die Hypothese der Erderwärmung durch anthropogene CO_2-Emission wurde vor mehr als einhundert Jahren von Svante Arrhenius veröffentlicht [2]. Die zusätzliche

CO_2-Menge in der Atmosphäre hat sich seit der Arbeit von Arrhenius verzehnfacht, wobei die Hälfte davon nach 1990 bis 2020 emittiert worden ist. Die Symptome des Klimawandels sind weniger wegen verbesserter Messmethoden, sondern wegen der schieren Größe des Effekts evident. Durch Abschmelzen von Eis und thermische Ausdehnung des Meerwassers steigt der Meeresspiegel durchschnittlich 3,3 mm pro Jahr. Abb. 7.19 zeigt die Erhöhung der mittleren Temperatur der Erdoberfläche.

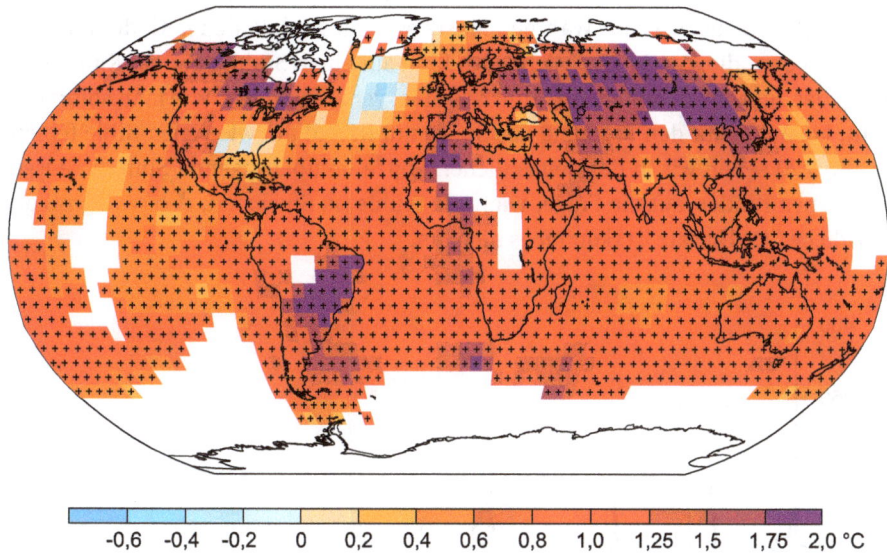

Abb. 7.19: Ortsaufgelöster Anstieg der gemessenen mittleren Temperatur aus [71].

Die Temperaturerhöhung vergrößert den Wasserdampfgehalt und damit die Infrarot-Absorption der Atmosphäre. Die Reflektivität der Erdoberfläche verringert sich mit Verkleinerung heller Eisflächen, was wiederum die Absorption der Sonnenstrahlung erhöht. Diese und viele weitere Verflechtungen sind Sache der Klimaforschung, die wesentlich auf komplexen Computer-Modellen beruht und außerhalb einer Einführung in die Thermodynamik ist. In einer detaillierten Studie des Intergovernmental Panel on Climate Change (IPCC) werden verschiedene Zukunftsszenarien vorgestellt [71].

Da die Abkehr von CO_2-Emissionen etliche Geschäftsmodelle beeinträchtigt und Änderung von Lebensgewohnheiten unvermeidlich sein werden, fehlt es nicht an Stimmen, die den anthropogenen Treibhauseffekt in Abrede stellen. Um die Resultate renommierter Klimaforscher wissenschaftlich zu kritisieren, müsste man mit den gleichen Forschungsmethoden Gegenargumente liefern, aber das ist sehr mühsam. Deshalb wird oft vorgetragen: Die natürliche CO_2-Emission, beispielsweise durch Vulkane, Erosion und Verrottung durch Biomasse, sei um ein Vielfaches höher als die künstliche Emission. Das ist tatsächlich der Fall, aber die Schlussfolgerung, die künstliche Emission wäre nebensächlich, ist falsch. Die künstliche Emission stört den Gleichgewichtsgehalt an CO_2 substanziell, und den kann man über lange Zeiträume in Eissedimenten zurückverfolgen. Abb. 7.20 zeigt die CO_2-Konzentration über die letzten 400.000 Jahre, grob gesagt über den gesamten Entwicklungszeitraum des Menschen. Nie hat der CO_2-Gehalt das Band zwischen 180 ppm und 300 ppm verlassen. Der aktuelle Anstieg auf über 400 ppm ist ohne Zweifel außerhalb der natürlichen Fluktuation. Das Kinderspiel „Reise nach Jerusalem" ist ein alltägliches Beispiel für ein gestörtes Gleichgewicht: Während Musik gespielt wird, laufen n Kinder um $n - 1$ Stühle. Stoppt die Musik, setzt sich jedes Kind auf einen Stuhl, aber ein Kind bleibt übrig, das zusammen mit einem Stuhl das Spiel verlassen muss. Wie man sofort einsieht, kommt es für den Fortgang des Spiels nur darauf an, wie viele Stühle fehlen. In Abb. 7.20 sehen wir in der neuzeitlichen Spitze im übertragenen Sinn die ausgeschiedenen Kinder; auf die Frage, wie viele Stühle im Spiel sind, d. h. wie groß der natürliche CO_2-Umsatz ist, kommt es nicht an.

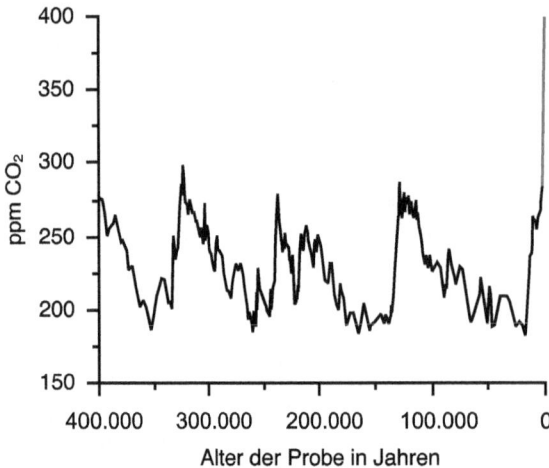

Abb. 7.20: CO_2-Konzentration über die längere Menschheitsgeschichte aus dem Vostok Eisbohrkern [73].

Die Stärke des anthropogenen Treibhauseffekts wird quantifiziert mit dem *Strahlungsantrieb*. Das Wort ist eine schlechte Übersetzung der englischen Phrase *radiative forcing of climate change*. In der Schule sollte man von (Treibhaus-bedingter) *Zusatzstrahlung* sprechen. Unter Strahlungsantrieb bzw. Zusatzstrahlung versteht man die effektive Erhöhung der Einstrahlung auf den Erdboden gegenüber der ungeschädigten Atmosphäre nach Berücksichtigung aller Einflussgrößen. Durch Verbrennung fossiler Stoffe wurde bis heute die CO_2-Konzentration vom natürlichen Wert 280 ppm auf 400 ppm erhöht. Die Zusatzstrahlung beträgt 1,7 W/m^2. Das sieht wenig aus, aber auf ein 300 m^2 großes Reihenhausgrundstück entfallen pro Jahr zusätzliche 3,7 MWh, mehr als der Stromverbrauch im Haus.

Während das CO_2-Problem in aller Munde ist, bleiben andere Gase in der öffentlichen Diskussion weitgehend unberücksichtigt, obwohl sie heute für ein Drittel der gesamten Zusatzstrahlung verantwortlich sind. Sie kommen zwar in geringeren Konzentrationen vor, aber die Absorption ist vielfach stärker als bei CO_2. Methan CH_4 entweicht bei der Förderung und Verarbeitung von Erdgas und Erdöl – eigentlich unnötig, aber faktisch ist es so, und beim „Fracking" ist das gar nicht zu verhindern. In der Landwirtschaft entsteht Methan in der Tierhaltung und Lachgas N_2O durch die Stickstoffdüngung. 12 % des anthropogenen Treibhauseffekts stammen von Fluor-haltigen Gasen (F-Gasen), das sind Fluor-Kohlenwasserstoffe (FCW), Fluor-Chlor-Kohlenwasserstoffe (FCKW), Stickstofftrifluorid NF_3, Schwefelhexafluorid SF_6 und andere.

Für den Treibhauseffekt spielt es keine Rolle, ob die absorbierende Substanz CO_2, CH_4, oder eine andere ist. Deshalb rechnet man in CO_2-Äquivalente um. Tab. 7.2 zeigt die spezifische Zusatzstrahlung der Treibhausgase, die atmosphärische Halbwertszeit τ, das Global warming potential GWP_{100} und den Anteil am gesamten anthropogenen Treibhauseffekt. GWP_{100} ist der Vergleichsmaßstab auf 100 Jahre gerechnet im Sinne von: In den nächsten einhundert Jahren entspricht die kumulative Zusatzstrahlung durch 1 mol Methan der Zusatzstrahlung von 34 mol CO_2.

Tab. 7.2: Treibhausgase. Unter dem Eintrag F-Gase sind bei Lebensdauer τ und GWP_{100} die Werte für Difluordichlormethan (Frigen) angegeben, die typisch für diese Substanzgruppe sind [32]. Die lange Lebensdauer der F-Gase in Verbindung mit großer spezifischer Zusatzstrahlung ergeben sehr große Werte für GWP_{100}. Deshalb tragen diese vergleichsweise seltenen Substanzen zu 12 % zum Treibhauseffekt bei.

	spezifische Zus.strahl. $Wm^{-2}ppm^{-1}$	τ Jahre	GWP_{100}	Zusatzstrahlung W/m^2	relativ
Kohlendioxid CO_2	0,014	∞	1	1,66	0,63
Methan CH_4	0,37	12	34	0,48	0,18
F-Gase	320	100	10.900	0,34	0,12
Lachgas N_2O	3	114	121	0,16	0,07

Bei den landwirtschaftlichen Treibhausgasen ist man schnell in einem moralischen Dilemma: Was darf der Mensch in welchen Mengen essen, und wie sollte Landwirtschaft sein? Bei den F-Gasen gibt es dieses Dilemma nicht. Man kann diese Substanzen problemlos ersetzen. Die Hauptanwendung sind fluorierte Kohlenwasserstoffe (FKW) als Kältemittel in Wärmepumpen. Beim Haushalts-Kühlschrank konnte sich Anfang der 1990er Jahre das Isobutan als Standard-Kältemittel etablieren, mutmaßlich wegen der Verkaufserfolge eines bis dahin unbedeutenden Herstellers, der größere Hersteller zur Nachahmung gezwungen und anschließend eine industriekonforme Gesetzgebung hervorgerufen hat. Bei anderen Wärmepumpen steht die Abkehr von FKW noch aus, obwohl die technischen Rahmenbedingungen und damit die Anforderungen an das Kältemittel ähnlich sind. Tab. 7.3 zeigt einige Daten für gebräuchliche Kältemittel. Das Treibhauspotential von Klimaanlagen in Entwicklungs- und Schwellenländern ist dramatisch wegen der großen Füllmengen in Verbindung mit kleiner Recyclingquote.

	Kürzel	p_{lg} bar	ΔS_{lg} kJ/(ℓK)	GWP_{100}
Ammoniak NH_3	R 717	4,29	2,951	0
Kohlendioxid CO_2	R 744	34,9	0,877	1
Propan C_3H_8	R 290	4,75	0,725	3,3
Isobutan C_4H_{10}	R 600a	1,57	0,753	3
1,1,1,2 Tetrafluorethan	R 134a	3,08	0,941	1.430
Frigen CCl_2F_2	R 12	2,93	0,781	10.900

Tab. 7.3: Kältemittel. Der Siededruck p_{lg} ist für 0 °C angegeben. Bei Kältemitteln ist die Verdampfungsentropie pro Liter eine sinnvolle Vergleichsgröße, denn sie bestimmt die Leistungsdichte.

8 Regenerative Energiegewinnung

Sadi Carnot schreibt 1824:

> Der Wärme müssen die grossen Bewegungen zugeschrieben werden, welche uns auf der Erdoberfläche ins Auge fallen, sie verursacht die Strömungen der Atmosphäre, den Aufstieg der Wolken, den Fall des Regens und der anderen Meteore, die Wasserströme, welche die Oberfläche des Erdballes furchen und von denen der Mensch einen kleinen Theil für seinen Gebrauch nutzbar zu machen gewusst hat; auch Erdbeben und vulkanische Ausbrüche haben gleichfalls die Wärme zur Ursache. Aus diesem ungeheuren Reservoir können wir die für unsere Bedürfnisse erforderliche bewegende Kraft schöpfen; indem die Natur uns allerorten Brennmaterial liefert, hat sie uns die Möglichkeit gegeben, stets und überall Wärme und die aus dieser folgende bewegende Kraft zu erzeugen. Der Zweck der Wärmemaschinen ist, diese Kraft zu entwickeln und sie unserem Gebrauch anzupassen.
>
> Das Studium dieser Maschinen ist vom höchsten Interesse, denn ihre Wichtigkeit ist ungeheuer, und ihre Anwendungen steigern sich von Tag zu Tag. Sie scheinen bestimmt zu sein, eine grosse Umwälzung in der Culturwelt zu bewirken. Schon beutet die Wärmemaschine unsere Minen aus, bewegt unsere Schiffe, vertieft unsere Häfen und Flüsse, schmiedet das Eisen, gestaltet das Holz, mahlt das Getreide, spinnt und webt unsere Stoffe, schleppt die schwersten Lasten u. s. w. Sie scheint eines Tages der allgemeine Motor werden zu sollen, welcher den Vorzug über die Kraft der Thiere, den Fall des Wassers und die Ströme der Luft erhält. Dem erstgenannten Motor gegenüber hat sie den Vorzug der Wohlfeilheit, den anderen gegenüber den unschätzbaren Vorzug, immer und überall anwendbar zu sein und niemals ihre Arbeit zu unterbrechen. [23]

Carnot konnte nicht wissen, dass die Vorzüge der Wärmemotoren so exzessiv ausgenutzt werden, dass der CO_2-Gehalt der Atmosphäre substanziell steigt und der damit einhergehende Klimawandel Gesundheit und Frieden bedroht; es war auch nicht vorstellbar, dass zweihundert Jahre später mehr als 7 Milliarden Menschen den Planeten bevölkern. Heute werden die althergebrachten Wind- und Wassermühlen modernisiert, um die *für unsere Bedürfnisse erforderliche bewegende Kraft zu schöpfen*, und um Solarzellen ergänzt – was Carnot dazu wohl gesagt hätte? Die *bewegende Kraft* ist heute in erster Linie der elektrische Strom. Abb. 8.1 zeigt die Zunahme der regenerativen Energiequellen an der Stromproduktion in Deutschland.

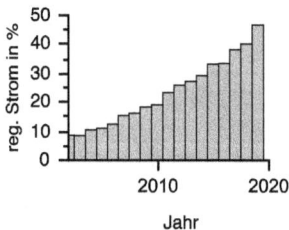

Abb. 8.1: Anteil regenerativ gewonnener Energie an der jährlichen Stromerzeugung in Deutschland.

8.1 Atmosphärische Bewegungen

Die Atmosphäre ist konzeptionell ein natürlicher Wärmemotor, der durch das Sonnenlicht angetrieben wird. Die Bewegungen Wind, Wellen und Wasserströme entstehen

https://doi.org/10.1515/9783110495799-008

an einer Stelle und werden an anderer Stelle gedämpft. Dabei entsteht viel Entropie, aber sie sammelt sich nicht auf der Erde an. Die Erde ist ein gigantischer Schwarzer Strahler bei einer mittleren Temperatur von 288 K. Das emittierte Infrarotlicht transportiert Entropie in die Weiten des Weltalls. Langfristig gesehen besteht ein Fließgleichgewicht für Entropie und ihre Energie gemäß Abb. 8.2. Die globale Bilanz sieht für den Mond, der gar keine Atmosphäre hat, genauso aus. Die Bewegungen der Atmosphäre findet man zwischen dem Eingang und dem Ausgang in Abb. 8.3. Die Tab. 8.1 gibt die Entropie-Erzeugungsraten relativ zur ausgestrahlten Entropiestromstärke an. Das ist eine sehr grobe Sicht auf die Thermodynamik der Atmosphäre. Die Monographie von Kleidon [49] klärt alles Weitere.

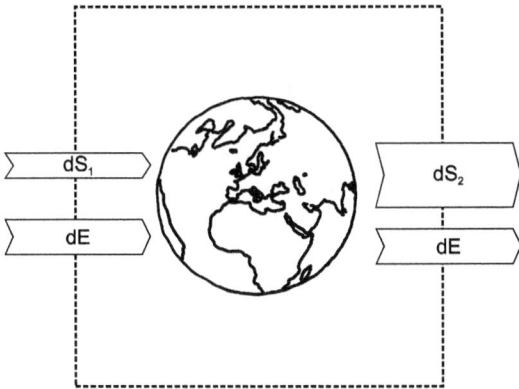

Abb. 8.2: Globale Energie- und Entropiebilanz im Strahlungsgleichgewicht. Die Erde emittiert viel mehr Entropie, als sie empfängt. Diese Entropie wird durch Absorption des Lichts, Wärmediffusion und Reibung bei atmosphärischen Bewegungen erzeugt.

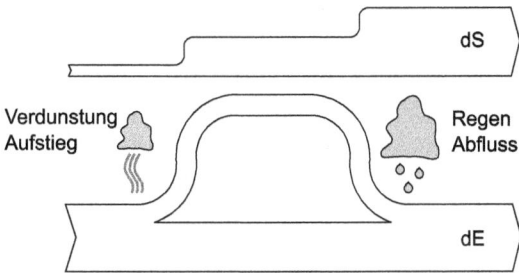

Abb. 8.3: Sankey-Diagramm für den natürlichen Regen. Die Verdunstung ist mit Entropieerzeugung verbunden, aber sie bringt auch Wasser auf hohes Gravitationspotential als Teil des atmosphärischen Wärmemotors. Der Regen erzeugt Entropie, und die Energie des angehobenen Wassers wird verbraucht.

Prozess	rel. Anteil
Einstrahlung	0,06
Streuung	0,10
Absorption Oberfläche	0,49
Absorption Atmosphäre	0,31
Konvektion	0,04

Tab. 8.1: Anteil der natürlichen Entropiequellen an der Ausstrahlung von Entropie. Die Sonneneinstrahlung macht nur 6 % aus, die restlichen 94 % entstehen in der Atmosphäre und am Erdboden.

8.2 Lenkung der natürlichen Entropieerzeugung

Bei der regenerativen Energiegewinnung werden die Bewegungen des atmosphärischen Wärmemotors angezapft. Durch eine Windmühle wird der Wind etwas abgebremst. Aufgrund der reduzierten Luftgeschwindigkeit entsteht weniger Entropie durch Reibung an Objekten und durch Verwirbelung. Die eingesparte Entropiemenge kann an anderer Stelle erzeugt werden, nämlich durch den Energieverbraucher, der über das elektrische Netz mit der Windmühle gekoppelt ist. Bei Wasserkraftwerken wird ein Fluss gestaut und die Fließgeschwindigkeit verringert. Es gibt weniger Reibung im Fluss, also weniger Entropieproduktion, und diese wird durch das Wasserkraftwerk auf den Verbraucher verlagert. Selbst die Solarzelle, die unabhängig von der Atmosphäre funktioniert, hat Auswirkungen auf die Umwelt: Sie wirft Schatten, und der Boden heizt sich weniger auf. Regenerative Energiequellen sind grundsätzlich mit einem Eingriff in die Natur verbunden. Da mag das eigentliche Kraftwerk noch so zierlich sein, die Auswirkungen in der Umgebung sind es nicht.

Bei regenerativer Energiegewinnung wird die natürliche Entropieproduktion durch Absorption von Sonnenlicht sowie durch Reibung von Luft- und Wasserströmen verlagert auf künstliche Entropieproduktion bei technischen Prozessen. Natürlicher Energieverbrauch wird unterdrückt und in gleichem Maße technischer Energieverbrauch ermöglicht.

8.3 Windenergie

Wind weht, weil unterschiedliche Sonneneinstrahlung auf der Erdoberfläche Gebiete mit höherem und niedrigerem Luftdruck verursacht. Die Nutzung des Windes zum Antrieb elektrischer Generatoren hat einige mechanische Besonderheiten außerhalb der Thermodynamik. Da die moderne Windmühle das bevorzugte Sinnbild für regenerative Energie ist, sehen wir uns die Sache im Detail an.

Die Windmühle bremst die Bewegung des Windes und treibt einen elektrischen Strom an. Impuls- und Drehimpulserhaltung sind durch die Verbindung der Windmühle mit der Erde erfüllt. Naiv würde man sagen: Eine Windmühle wäre perfekt, wenn sie der strömenden Luft den Impuls und die damit verbundene Energie vollständig entziehen würde. Das kann es jedoch nicht geben, weil sich ruhende Luft hinter der Mühle ansammeln müsste. Die physikalisch ideale Windmühle modifiziert die Strömung des Windes derart, dass alle gedachten Luftpakete oder echten Fusseln in der Luft nicht verwirbeln, sondern laminar weiterströmen. Abb. 8.4 zeigt einen Mantel von Stromlinien, die von den Spitzen des Rotors berührt werden. Schon weit vor dem Rotor beginnen sich die Stromlinien nach außen zu dehnen, und sie tun es auch weit hinter dem Rotor. Der Rotor modifiziert die Strömung auf einer Länge in Richtung der Rotationsachse, und in diesem Bereich wird die Geschwindigkeit des Windes kontinu-

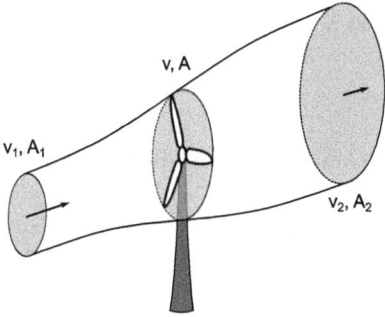

Abb. 8.4: Stromlinien an einer Windmühle und Definition der Größen für die Herleitung des Betz-Faktors.

ierlich geringer.[1] Weit vor dem Rotor beträgt die Windgeschwindigkeit v_1, weit hinter dem Rotor v_2.

Zunächst betrachten wir den Wind außerhalb einer Windmühle. Eine Scheibe Luft der Dicke x und der Querschnittsfläche A enthält die Masse

$$m = \rho A x. \tag{8.1}$$

Die Massestromstärke ist

$$\frac{dm}{dt} = \rho A \frac{dx}{dt} = \rho A v. \tag{8.2}$$

Die kinetische Energie eines Masseelements dm ist $dE = \frac{1}{2}v^2 dm$. Somit ist die Energiestromstärke des Massestroms

$$\frac{dE}{dt} = \frac{1}{2}v^2 \frac{dm}{dt}. \tag{8.3}$$

Durch Einsetzen der Massestromstärke aus (8.2) erhalten wir das v^3-*Gesetz* der Windleistung P_{wind},

$$P_{\text{wind}} = \frac{dE}{dt} = \frac{1}{2}\rho A v^3. \tag{8.4}$$

Im Bereich der Windmühle ändert sich die Geschwindigkeit der Luft, aber der Massestrom ist innerhalb des strömenden Luftschlauches in Abb. 8.4 konstant, was man durch die *Kontinuitätsgleichung*

$$\rho A v = \rho A_1 v_1 = \rho A_2 v_2 \tag{8.5}$$

---

1 Die Situation hat Ähnlichkeit mit dem Auftrieb eines Flugzeugs. Ein Flugzeug hängt in einem weit ausgedehnten Bereich der Luft, die laminar am Tragflügel vorbeiströmt. Deshalb spürt man keinen erhöhten Druck, wenn man direkt unter einem Flugzeug steht: Die Gravitationskraft des Flugzeugs ist auf eine große Fläche verteilt.

ausdrückt. Die Impulsstromstärke des Massestroms $\frac{dm}{dt}$ ist

$$\frac{dp}{dt} = v\frac{dm}{dt}. \tag{8.6}$$

Die Stärke des nützlichen Impulsstroms $\frac{dp_n}{dt}$ in die Mühle hinein ist die Differenz der Impulsströme weit vor und hinter der Mühle,

$$\frac{dp_n}{dt} = \frac{dp_1}{dt} - \frac{dp_2}{dt} = (v_1 - v_2)\frac{dm}{dt}. \tag{8.7}$$

Die Energiestromstärke des Impulsstroms ist

$$\frac{dE}{dt} = v\frac{dp}{dt}. \tag{8.8}$$

Die Energiestromstärke $\frac{dE_n}{dt}$ des nützlichen Impulsstroms in die Mühle hinein ist in der Ebene des Mühlenrotors bei der Geschwindigkeit v

$$\frac{dE_n}{dt} = \frac{dm}{dt}v(v_1 - v_2). \tag{8.9}$$

Das ist gleich der Leistung des Generators einer idealen Mühle. Man kann die nützliche Leistung der Mühle auch als Differenz der Energiestromstärken der Masseströme vor und hinter der Mühle ausdrücken,

$$\frac{dE_n}{dt} = \frac{dE_1}{dt} - \frac{dE_2}{dt} = \frac{1}{2}\frac{dm}{dt}(v_1^2 - v_2^2). \tag{8.10}$$

Die Gl. (8.9) und (8.10) werden gleichgesetzt und gekürzt zu

$$v = \frac{v_1 + v_2}{2}, \tag{8.11}$$

dem *Gesetz von Froude und Rankine*. Es ist eine Kombination von Energie- und Impulserhaltungssatz und somit ein Stoßgesetz für strömende Fluide. Mit seiner Hilfe kann die Massestromstärke in der Querschnittsfläche des Rotors durch Anfangs- und Endgeschwindigkeit aufgeschrieben werden,

$$\frac{dm}{dt} = \rho A v = \rho A\frac{v_1 + v_2}{2}, \tag{8.12}$$

und diese wird in (8.10) eingesetzt, so dass die Leistung nicht mehr drei, sondern nur noch zwei Geschwindigkeiten enthält:

$$P_n = \frac{dE_n}{dt} = \frac{1}{4}\rho(v_1 + v_2)(v_1^2 - v_2^2). \tag{8.13}$$

Die Leistung der Mühle P_n wird ins Verhältnis gesetzt zur Leistung P_{wind} des ungestörten Windes mit v_1 im Referenzquerschnitt A nach Gl. (8.4),

$$\eta_p = \frac{P_n}{P_{\text{wind}}} = \frac{\frac{1}{4}\rho A(v_1 + v_2)(v_1^2 - v_2^2)}{\frac{1}{2}\rho A v_1^3}. \tag{8.14}$$

Der *Leistungsbeiwert* η_p ist als Verhältnis zweier Leistungen konzeptionell ein Wirkungsgrad, wobei oben schon klargestellt worden ist, dass η_p niemals Eins sein kann. Ausmultiplizieren der Gl. (8.14) ergibt η_p als kubische Funktion des Geschwindigkeitsverhältnisses,

$$\eta_p\left(\frac{v_1}{v_2}\right) = 1 + \frac{v_2}{v_1} - \left(\frac{v_2}{v_1}\right)^2 - \left(\frac{v_2}{v_1}\right)^3, \tag{8.15}$$

die bei $v_1 = 3v_2$ maximal ist. Der maximale Wirkungsgrad ist der *Betz-Faktor* $\eta_{\text{Betz}} = \frac{16}{27} \approx 0{,}59$. Moderne Windmühlen erreichen bis $\eta_p = 0{,}5$, also 85 % vom theoretischen Limit. Für Schülerinnen und Schüler ist nicht offensichtlich, wie das mit den schmalen Flügeln gelingen kann. Man verdeutlicht die Strömungsverhältnisse mit dem Rettichschneider-Modell in Abb. 8.5. Die Bahngeschwindigkeit der Flügelspitze beträgt etwa das Fünffache der Windgeschwindigkeit, bis zu 80 m/s bei starkem Wind. Bei drei Rotorblättern ist der Abstand der Schraubenlinien etwa ein Fünftel des Rotordurchmessers. Durchmesser und Abstand der ineinanderliegenden Spiralen verhalten sich ähnlich zu einer gewöhnlichen metrischen Schraube M6 × 1. Die Rotorblätter kommen oft genug vorbei, um das »Durchflutschen« des Windes zu verhindern.

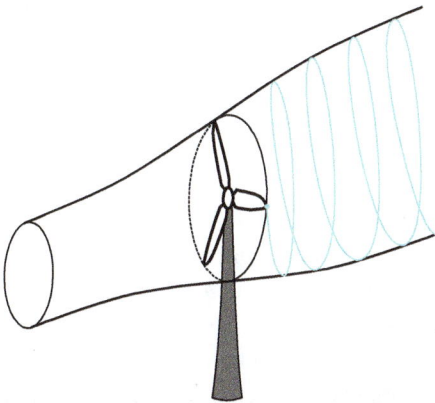

Abb. 8.5: Rettichschneider-Modell. Der bezeichnete Flügel dreht sich so schnell durch den Luftstrom, dass die Steigung der Spirale gut einen Radius beträgt. Die beiden anderen Flügel liegen phasenversetzt dazwischen. Wenn man den Luftstrom als zusammenhängendes Gebilde denkt, ist die Kopplung gut vorstellbar.

Die Stromproduktion von Windmühlen ist stark vom Wetter abhängig, weil die Leistung mit der dritten Potenz der Windgeschwindigkeit wächst. Das ist mit einem Modell-Windrad im Windkanal experimentell zu verifizieren, siehe Abb. 8.6. Starke Schwankungen der Stromproduktion der Windmühlen sind die Folge, wie Abb. 8.7 zeigt.

Die v^3-Abhängigkeit der Leistung lässt Windmühlen an der windigen Küste und auf dem offenen Meer besonders ertragreich erscheinen, und für die einzelne Windmühle trifft das auch zu. Wenn man eine Vielzahl von Anlagen hat, ist die Abbremsung des Windes nicht mehr auf die Region um die einzelne Anlage beschränkt, sondern

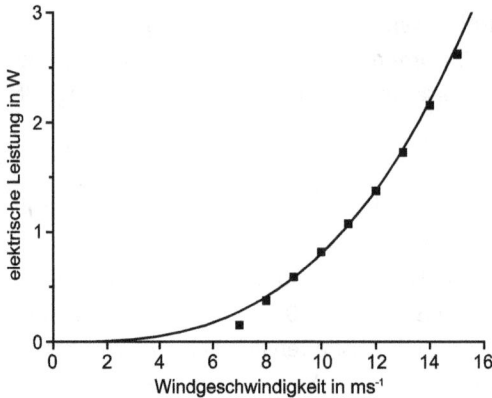

Abb. 8.6: Die elektrische Leistung wächst kubisch mit der Windgeschwindigkeit. Das v^3-Gesetz zeigt sich auch im Modell einer Windkraftanlage [100].

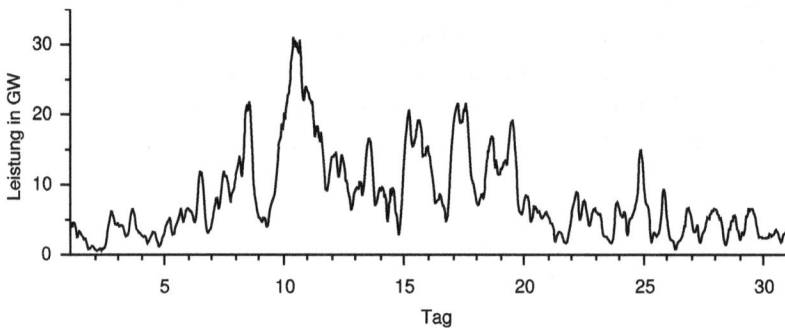

Abb. 8.7: Einspeisung der Windkraftanlagen in das deutsche Stromnetz im August 2019 [85].

der Wind als Ganzes wird abgebremst. Zusätzlich installierte Anlagen haben dann einen geringeren Ertrag. In der Wissenschaft spricht man vom *Problem der zweiten Windmühle* [35]. Bei Kopplung einer Vielzahl von Windmühlen ist nicht die Energiestromdichte multipliziert mit der Querschnittsfläche des ungestörten Windes entscheidend, sondern die Leistung des Antriebs des Windes. Letztere ist viel kleiner als erstere. Zur Erläuterung nehmen wir das Fahrradfelgen-Modell in Abb. 8.8. Man stellt gedanklich ein Fahrrad auf Sattel und Lenker und dreht die Pedale. Das Hinterrad dreht sich mit hoher Geschwindigkeit, und es hat viel Energie. Die Antriebsleistung ist aber ziemlich klein. Eine Fahrradfelge hat einen Umfang von 2 m und eine Masse von 0,6 kg. Die Bahngeschwindigkeit ist gleich der Geschwindigkeit des Fahrrades. Wir nehmen 10 m/s an. Durch einen gedachten Querschnitt senkrecht zur Bewe-

Abb. 8.8: Fahrradfelgen-Modell. Die Fahrradfelge ist analog zu einem Wind, der einmal um die ganze Erde reicht. Die Momentanleistung beim Einbringen einer Windmühle ist zunächst sehr groß, aber auf lange Sicht ist die Leistung begrenzt.

gungsrichtung fließt der Massestrom 5 kg/s. Analog zur Leistung in einem Luft- oder Wasserstrom berechnen wir die Leistung des Massestroms der Felge mit $dE = \frac{1}{2}v^2 dm$ zu 500 W. Die Leistungsdichte beträgt 4,5 MW/m². Ein Verbraucher von 500 W würde die rotierende Felge schnell zum Stillstand abbremsen. Genauer gesagt: Die Energie des Massestroms kann per Impulsübertrag auf einen anderen Körper übertragen werden, aber nur einmal, d. h. nach einer Umdrehung oder 0,2 s ist Schluss. Um dauerhaft eine Leistung von 500 W zu entnehmen, müsste das Rad ständig mit 500 W Leistung angetrieben werden.

Analog zur Felge denken wir uns einen schlauchförmigen Wind, der einmal um die ganze Erde weht. Sogenannte *jet streams* in der oberen Atmosphäre kommen dieser Vorstellung ziemlich nahe. Die Leistungsdichte und die integrierte Gesamtleistung der bewegten Luft ist beachtlich, aber man kann diese nicht nach Belieben nutzen. Prinzipiell gilt das für alle Winde unabhängig von deren räumlicher Ausdehnung. Es gibt eine kritische Leistungsdichte, oberhalb derer die Windmühlen sich gegenseitig den Wind wegnehmen. Sie hängt von den geographischen Bedingungen ab. Für Deutschland beträgt die kritische Leistung pro Bodenfläche etwa 0,3 W/m² [64]. Demnach beansprucht eine 5 MW Windmühle im Mittel etwa $1,7 \cdot 10^7$ m², oder ein Quadrat von 4 Kilometern Kantenlänge. In Windparks kann man die Mühlen näher aneinander stellen, aber der benachbarte Windpark muss dann entsprechend weiter entfernt stehen.

> Die maximal mögliche Leistung pro Erdoberfläche wird mit Π bezeichnet. Für alle regenerativen Energiequellen zusammen genommen muss Π größer sein als die Flächendichte des Verbrauchs, sonst ist eine vollständig regenerative Energiegewinnung nicht möglich.

Offshore-Windmühlen versprechen aufgrund der hohen Windgeschwindigkeit über dem Meer hohen Ertrag. Allerdings ist die extrahierbare Leistungsdichte Π kleiner als auf dem Land, weil höhere Luftschichten über die Schicht der Mühlen wie auf Schmierseife hinweggleiten, während auf dem Land die höheren Luftschichten durch Bodenwellen mit den tieferen gekoppelt und am Antrieb der Windmühlen beteiligt werden, siehe Abb. 8.9. Deshalb ist die extrahierbare Leistungsdichte Π auf See geringer als an Land, obwohl die mittlere Leistungsdichte des Windes größer ist.

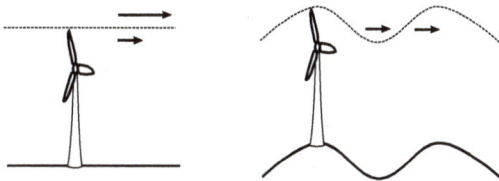

Abb. 8.9: Eine wellige Erdoberfläche zwingt den Wind zu vertikalen Bewegungen. Dadurch wird Impuls in vertikaler Richtung übertragen. Man sieht im rechten Bild, wie die durch Striche getrennten Luftschichten ineinander verhakt sind.

8.4 Wasserenergie

Wenn es regnet, sammelt sich Wasser auf höherem Gravitationspotential. Es fließt über Bäche und Flüsse talwärts und gelangt schließlich in die Ozeane. Dort verdampft Wasser und wird durch Winde auf das Land getragen, wo es wieder abregnen kann. Im Mittel gibt es einen beständigen Strom von Regenwasser, den *continental runoff*. Ein Teil davon kann für den Antrieb von Wassermühlen genutzt werden. Vom unterschlächtigen Wasserrad bis zum Stausee gibt es viele unterschiedliche Bauarten, aber das Prinzip ist immer das gleiche: Fließendes Wasser überträgt Impuls auf ein Mühlrad mit Generator und verringert dadurch seine Geschwindigkeit. Die Energie des Wassers wird verringert und in gleichem Maß die Energie eines elektrischen Stroms vergrößert. Schon das einfache unterschlächtige Mühlrad in Abb. 8.10 entnimmt dem Wasser Impuls, wodurch es langsamer abfließt und eine Höhendifferenz ausbildet. Man strebt an, dem Wasser möglichst viel seines Impulses zu entnehmen. Dazu wird der Fluss aufgestaut, so dass das Oberwasser weitgehend in Ruhe ist. Das Mühlrad wird nun oberschlächtig ausgeführt, das Wasser fällt also langsam mit dem Rad nach unten. Unten angekommen hat das Wasser eine Geschwindigkeit, die viel kleiner ist als bei einem freien Fall. Entlang eines Flusses kann man mehrere Staustufen einrichten. Größere Flüsse werden durch Staustufen leichter schiffbar. Bei vielen Flüssen in Deutschland war die Schiffbarkeit der treibende Grund für den Bau von Staustufen. Da die Wassermengen in der Regel weit über dem Bedarf der Schleusen liegen, kann man das überschüssige Wasser über ein Mühlrad fallen lassen, um Elektrizität zu gewinnen. Abb. 8.11 zeigt das Laufwasserkraftwerk Iffezheim.

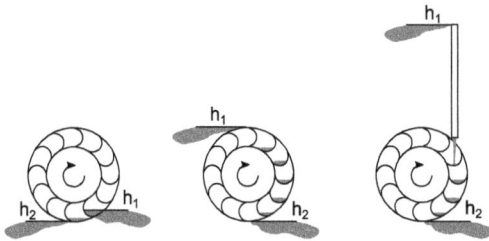

Abb. 8.10: Wassermühlen. Links: Unterschlächtig. Das Wasserrad sorgt selbst für einen kleinen Höhenunterschied. Mitte: Oberschlächtig mit Staustufe. Rechts: Beim Stausee ist die Staustufe extrem erhöht und unabhängig vom Durchmesser des Wasserrades.

Die Einspeisung der deutschen Wasserkraftwerke beträgt durchschnittlich 2 GW. Im Jahr 2018 wurden 19,4 TWh Energie gewonnen, das waren 3,6 % der gesamten Stromproduktion. Da die Leistung einer Wasserturbine binnen Sekunden um bis zu 50 % erhöht werden kann, tragen die hiesigen Wasserkraftwerke zur Stabilisierung des Netzes bei (Abb. 8.12). Ihre Bedeutung für das Stromnetz ist deshalb höher, als die Zahlen vermuten lassen. Geographisch begünstigte Länder erreichen höhere Anteile als Deutschland, bis hin zur vollständigen Abdeckung. Spitzenreiter Norwegen hat viel Regen und hohe Berge, und vor allem gab es im frühen 20. Jahrhundert eine Regierung, die kleine dezentrale Anlagen gefördert hat. Davon profitiert das Land bis heute.

Abb. 8.11: Am Kraftwerk Iffezheim, 25 km stromaufwärts von Karlsruhe, fällt der Rhein um 11 Meter. Bis zu 1.500 m^3/s Wasser fließen durch fünf horizontal angeordnete Kaplan-Turbinen. Die Nennleistung von 98 MW kann bei Bedarf auf 146 MW gesteigert werden. ©EnBW/Daniel Meier-Gerber.

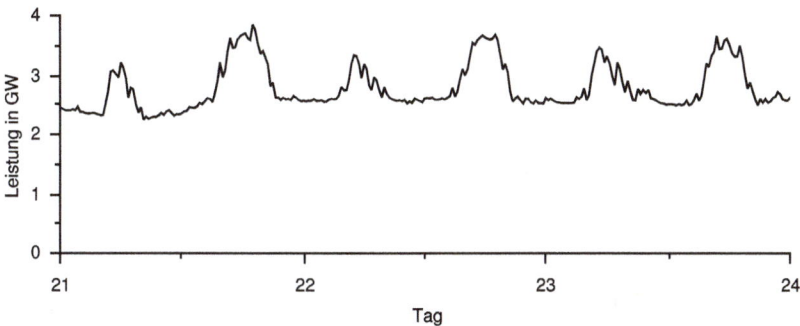

Abb. 8.12: Einspeisung der Laufwasserkraftwerke an drei Tagen im August 2019 [85]. Die Tageszahlen stehen um Mitternacht, die Teilstriche sind mittags. In den Morgen- und Abendstunden wird die Leistung erhöht.

Unter den bevölkerungsreichen Ländern sind Brasilien mit 85 % und China mit 22 % Anteil des Wassers an ihrer gesamten Stromproduktion zu nennen.

8.5 Photovoltaik

Die Solarzelle erzeugt Strom aus Sonnenlicht unabhängig vom atmosphärischen Wärmemotor. Das Verständnis der Funktionsweise photovoltaischer Zellen erfordert viel Festkörperphysik [98], aber einige grundlegende Punkte können wir aus thermodynamischer Perspektive festhalten. Abb. 8.13 zeigt den Aufbau.

Dem Material der Solarzelle, Silicium, werden bei der Herstellung kleine Mengen anderer Stoffe hinzugefügt. Die *p*-Dotierung erfolgt mit dreiwertigen Stoffen wie Bor oder Gallium, die *n*-Dotierung mit dem fünfwertigen Phosphor. Die unterschiedlich dotierten Bereiche haben unterschiedliches chemisches Potential. Wegen der elektrischen Leitfähigkeit des dotierten Siliciums bildet sich eine elektrische Potentialdifferenz, so dass das kombinierte elektrische Potential im Gleichgewicht ist. Dieser Vorgang ist analog zum elektrochemischen Element. Ohne Elektrolyt kann es aber keine chemische Reaktion geben, so dass die Spannung über der Grenzschicht erstmal keine weiteren Konsequenzen hat. Wenn die Grenzschicht dem Licht ausgesetzt wird, entstehen Paare von negativen und positiven Ladungsträgern. Diese Ladungsträger wandern im elektrischen Feld der Grenzschicht in entgegengesetzte Richtungen und erzeugen dadurch eine Differenz im elektrochemischen Potential. Die Potentialdifferenz liegt an den äußeren metallischen Kontakten der Solarzelle, analog zum Akkumulator. Schaltet man das Licht aus, geht die Solarzelle wieder in das ursprüngliche Gleichgewicht. Bei elektrischer Verbindung von p- und n-dotierter Seite wird durch absorbiertes Licht ein elektrischer Strom angetrieben. Elektrochemisch gesehen wäre die Solarzelle eine Brennstoffzelle für Licht, wenn man dem Licht stoffartige Eigenschaft zudenken würde.

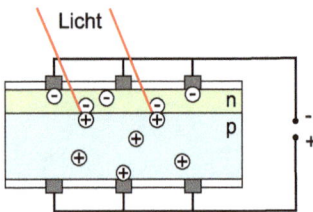

Abb. 8.13: Prinzip der Silicium-Solarzelle. Zwischen den metallischen Kontakten befindet sich eine leitfähige und transparente Oxidschicht.

Solarzellen eignen sich sehr gut, um kleine elektrische Geräte wie Taschenrechner mit Strom zu versorgen, so dass man weder Netzanschluss noch Batterie braucht. Auf Satelliten sind Solarzellen seit Jahrzehnten im Einsatz. Seit Beginn des 21. Jahrhunderts kommen Solarzellen auch für die industrielle Stromproduktion zum Einsatz. Der Aufbau eines Photovoltaik-Kraftwerks ist denkbar einfach: Module werden zu größeren Einheiten zusammengeschaltet und mit einem Wechselrichter an das elektrische Netz angeschlossen. Auf dem Dach eines Einfamilienhauses erreicht man typisch 10 kW Spitzenleistung. Freiflächenanlagen (Solarparks) werden mit Spitzenleistungen von einigen MW bis 100 MW errichtet.

Der Strom aus Photovoltaik unterliegt hauptsächlich der astronomisch bedingten Schwankung: Tagsüber scheint die Sonne, nachts scheint sie nicht, und im Sommer sind die Tage länger als im Winter. Die Witterung hat viel geringeren Einfluss als beim Wind. Abb. 8.14 zeigt die Leistung der netzgekoppelten Photovoltaik-Anlagen in Deutschland als Funktion der Zeit. Der Jahresverlauf der Wochenbilanzen in Abb. 8.15 hat ein ausgeprägtes Maximum im Sommer. Die tatsächlichen Wochenerträge weichen kaum mehr als 30 % vom Jahreszeit-typischen Durchschnittswert ab. Mit Strom aus Photovoltaik-Anlagen kann man gut planen.

Bezogen auf die eingestrahlte Lichtleistung ist unter Testbedingungen der Wirkungsgrad von Photovoltaik-Modulen 16 bis 20 %. Die Spitzenleistung liegt bei etwa 200 W/m^2. Bei Dachmontage erreicht man in Deutschland mit optimaler Ausrichtung einen jährlichen Ertrag von 200 kWh pro Quadratmeter Kollektorfläche, oder 23 W/m^2

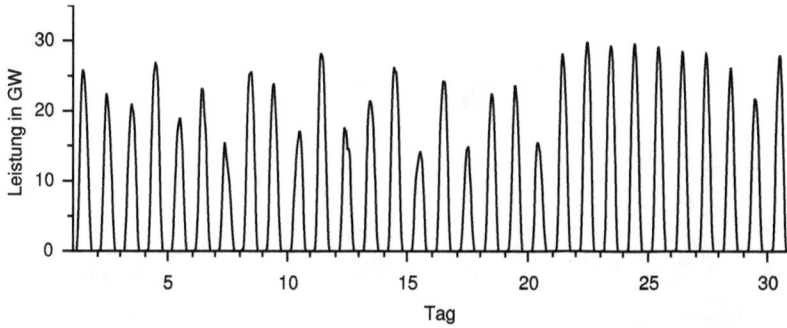

Abb. 8.14: Einspeisung der Photovoltaikanlagen in Deutschland im August 2019 [85].

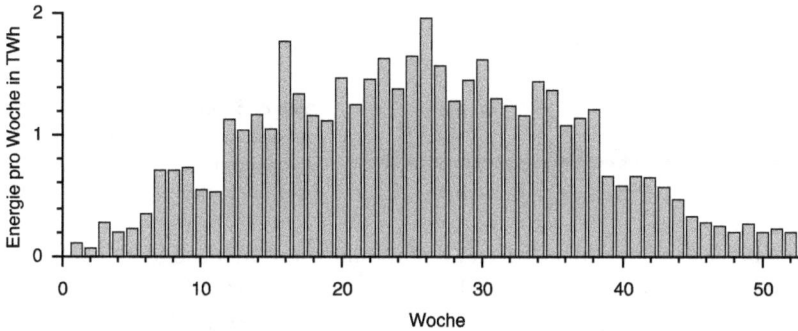

Abb. 8.15: Wöchentliche Summen der Einspeisung von Photovoltaikanlagen im Jahresverlauf 2019 [85].

im Jahresmittel. Die Ausrichtung ist optimal, wenn die Dachnormale nach Süden zeigt und die Dachneigung gleich dem Breitengrad ϕ ist. Auch bei ziemlich großer Abweichung θ von der idealen Ausrichtung bekommt man noch guten Ertrag, denn die Leistung ändert sich mit $\cos\theta$, siehe Abb. 8.16. Den größten Ertrag hat man natürlich mit einer Nachführung der Flächennormalen der Zellen auf die Position der Sonne am Himmel, siehe Abb. 8.17. Große Photovoltaikanlagen werden nach betriebswirtschaftlichen Gesichtspunkten in parallelen Reihen auf dem Erdboden montiert. Die Reihen müssen so weit auseinander liegen, dass es bei niedrigstem Sonnenstand keine Verschattung gibt. Abb. 8.18 zeigt das Prinzip. Zur Mittagszeit im Winter muss der Abstand bei 17° Sonnenhöhe das Dreifache der Höhe der Solarzelle betragen. Da im Winter

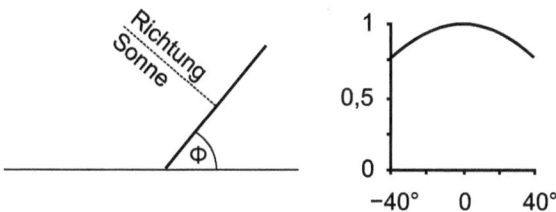

Abb. 8.16: Optimale Neigung der Solarzelle ist der Breitengrad ϕ. In Deutschland hat man zur Tag- und Nachtgleiche mit einer senkrecht an einer Hauswand montierten Solarzelle bei $\theta = -40°$ noch 75 % Ertrag.

Abb. 8.17: Photovoltaikanlage mit Nachführung zum Sonnenstand. Hier werden zugunsten einer beeindruckenden Leistung auf der Anzeigetafel die hohen Herstellungskosten in Kauf genommen.

Abb. 8.18: Abstand der PV-Module auf dem Acker bei minimalem Sonnenstand zur Wintersonnenwende.

die Schatten bei fortschreitender Uhrzeit nicht nur länger werden, sondern auch weiter Richtung Norden ragen, ist der tatsächlich notwendige Abstand noch größer. Die genaue Auslegung basiert auf einer Optimierung, bei der auch Pacht und Investitionskosten eine Rolle spielen. Große Solarparks wie Neuhardenberg in Brandenburg haben einen Durchschnittsertrag von $6\,\text{W/m}^2$. Dieser Wert kann als Leistungsdichte Π genommen werden. In südlicheren Ländern ist $\Pi > 6\,\text{W/m}^2$, weil die Module ohne Abschattung enger gestellt werden können und die Sonneneinstrahlung über das Jahr weniger schwankt. Oft ist auch das Wetter besser. Tab. 8.2 gibt eine Übersicht der

Tab. 8.2: Nördliche oder südliche Breitengrade von Orten. Karlsruhe liegt auf dem Breitengrad der kanadischen Südgrenze. Neben der günstigeren Geometrie ist auf kleineren Breitengraden oft zusätzlich das Wetter besser. In den US-amerikanischen Bundesstaaten Arizona und Nevada (ca. 34 °N) scheint die Sonne mindestens 80 % der astronomisch möglichen Dauer. Die mittlere jährliche Sonnenscheindauer ist in dieser Region mit 3.600 Stunden mehr als doppelt so lang wie in Deutschland mit 1.600 Stunden. Auch in den bevölkerungsreichsten Ländern Indien und China sind die Verhältnisse erheblich günstiger als hierzulande.

	Europa	Afrika	Asien	Amerika
13°		Ouagadougou	Chennai (Indien)	Lima (Peru)
22°		Windhuk	Guangszhou (China)	Rio de Janeiro
30°		Kairo	Delhi (Indien)	Houston
35°	Malta	Kapstadt	Tokyo	Santiago de Chile
40°	Madrid		Beijing (China)	New York City
49°	Karlsruhe		Ulaanbaatar	Vancouver
55°	Flensburg		Novosibirsk	Kap Hoorn

Breitengrade für weltweit verteilte bekannte Orte. Deutschland befindet sich in diesem Vergleich sehr weit vom Äquator entfernt. Insofern ist die oben genannte Leistungsdichte $\Pi = 6\,\text{W/m}^2$ ein besonders niedriger Wert im internationalen Vergleich.

Regenerative Energiequellen verringern die natürliche Entropieproduktion, um künstliche Entropieproduktion durch den Verbraucher zu ermöglichen. An der Solarzelle ist das leicht nachzuweisen. Im Wärmebild der Abb. 8.19 erkennt man, dass die dunkle Solarzelle kühler ist als die helle Betonwand der Umgebung. Es entsteht weniger Entropie bei der Absorption des Sonnenlichts.

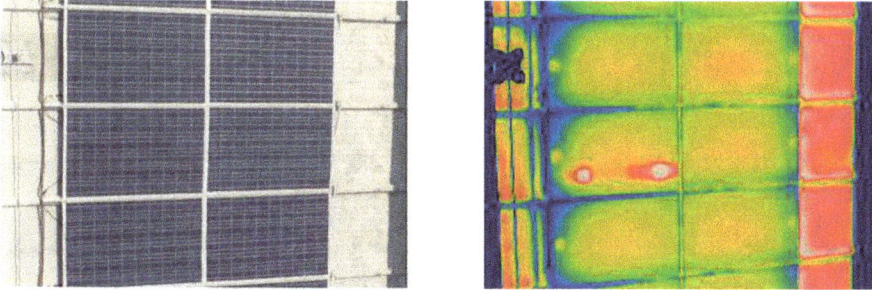

Abb. 8.19: Im elektrischen Betrieb ist die Solarzelle kühler als ihre Umgebung. Ein Bereich des mittleren Moduls ist elektrisch beschädigt. Dort ist die Temperatur stark erhöht. ©ZAE Bayern.

8.6 Wärmekollektoren

In Abschnitt 7.11 wurde gezeigt, dass in der prallen Sonne eine schwarze Fläche bis zu 80 °C heiß werden kann. Überdeckt man diese Fläche mit einer Glasplatte und nutzt den Glashauseffekt, steigt die maximale Temperatur auf 424 K = 151 °C. Für die Erwärmung von Trinkwasser und Heizungswasser ist das mehr als genug. Deshalb ist die Wassererwärmung in Solarkollektoren eine sinnvolle regenerative Energiequelle. Konzeptionell ist zwar die Entropieproduktion durch Diffusion eine große Energieverschwendung, aber man muss das relativ zu den realisierbaren Alternativen betrachten. Ein Solarkollektor mit 80 % energetischem Wirkungsgrad nutzt das Licht für diesen Zweck genauso effizient wie eine Wärmepumpe der Leistungszahl 4, die durch eine Solarzelle mit 20 % Wirkungsgrad angetrieben wird. Könnte man die Wärmepumpe mit einem Solarzellen-Labormuster mit 46 % Wirkungsgrad antreiben, würde man den idealen Solarkollektor übertreffen, aber das ist graue Theorie.

Für wissenschaftliche und industrielle Zwecke reicht die Temperatur des idealen Glashauses von 424 K nicht aus. Man muss der Sonne näher kommen, um die Energiestromdichte des Lichts zu erhöhen. Das kann mit einer Linse auf rein optischem Weg realisiert werden. In der Brennebene der Linse erscheint die gesamte Linsenfläche ausgefüllt mit dem Sonnenlicht; je nach Linsenöffnung steigt die Winkelgröße der Sonne von den natürlichen 0,5 ° auf bis zu 55 °. Die Energiestromdichte wird dadurch um einen Faktor 10.000 erhöht. Der beleuchtete Bereich, also das Verhältnis von Bildfläche zu Linsenfläche, ist entsprechend 1:10.000. Die Temperatur steigt im Idealfall auf $\sqrt[4]{10.000} \cdot 357\,\text{K} = 3.570\,\text{K}$. Selbst bei viel schlechteren Bedingungen reicht die Temperatur des Absorbers im Bild der Sonne aus, um Holz oder Papier zu entzünden. Von diesem Effekt kommt der Begriff *Brennebene* der Linse. Abb. 8.20 zeigt einen historischen Aufbau, der in der Mineralogie eine bedeutende Rolle gespielt hat. Durch den zweilinsigen Aufbau erreicht man eine große optische Öffnung mit wenig Glas.

Abb. 8.20: Solarkonzentrator von Tschirnhaus, ca. 1690. Neben diesem Linsenapparat sind im Dresdener Zwinger auch Hohlspiegel überliefert. Tschirnhaus hat durch seine Schmelzversuche an Mineralien maßgeblich die Entwicklung des Meißener Porzellans befördert. Die Erfindung des Porzellans wird aber Böttger zugeschrieben, der von August dem Starken als Goldmacher gefangen gehalten war. Die fruchtbare Zusammenarbeit des Hochstaplers Böttger mit dem seriösen Wissenschaftler Tschirnhaus hat ersterem mutmaßlich den Hals gerettet. Das ist eine spannende Geschichte für ein fachübergreifendes Projekt in der Schule [14]. ©Wikimedia commons.

Die Absorption von Sonnenlicht wird auch zur Stromerzeugung genutzt. Die Konzentration des Sonnenlichts geschieht in einer Dimension mit dem Parabolrinnenkollektor. Ein Rohr in der Brennlinie der Parabolrinne wird von Sole durchströmt, mit der Entropie bei etwa 580 K in ein Dampfkraftwerk übertragen wird. Die Leistungsdichte Π ist kleiner als bei der Photovoltaik, und man braucht Grundwasser oder einen Fluss zur Kühlung, was die Auswahl der Standorte einschränkt. Ein Vorteil ist die Möglichkeit der Entropiespeicherung bei hoher Temperatur, um die Stromerzeugung in die Morgen- und Abendstunden auszudehnen.

8.7 Biomasse

Holz ist ein nachwachsender Rohstoff, der seit Urzeiten zum Heizen und Kochen genutzt wird. Holz besteht etwa zur Hälfte aus Cellulose, zu einem Viertel aus anderen

Kohlenhydraten und zu einem Viertel aus Lignin, das die Festigkeit bewirkt. Cellulose ist ein Polysaccharid, eng verwandt mit dem Zucker Glucose. Ein Baum produziert über Zwischenschritte Glucose, die weiter zu Cellulose umgebaut wird. Dadurch wächst der Baum. Der gesamte Prozess heißt Photosynthese. Die Komplexität der natürlichen Photosynthese ist beeindruckend; die Biochemie klärt die Details. In der Physik machen wir die größtmögliche Vereinfachung. Demnach reagieren CO_2 und Wasser gemäß

$$6\,CO_2 + 6\,H_2O \rightarrow C_6H_{12}O_6 + 6\,O_2 \tag{8.16}$$

zu Glucose $C_6H_{12}O_6$ und Sauerstoff. Die Reaktion ist endotherm, und die molare Reaktionsenthalpie beträgt 2.870 J/mol. Diese Energie wird durch Licht zugeführt. Bei der Verbrennung oder anderer stofflicher Zersetzung von Holz kann die vormals eingespeicherte Energie genutzt werden. Durch behutsames Erhitzen kann aus Holz der Holzgeist destilliert werden, heute unter dem Namen Methanol bekannt. Methanol ist ein Grundstoff der chemischen Industrie, Lösungsmittel und Brennstoff. Technische Bedeutung hat ferner das Vergären von landwirtschaftlichen Abfällen unter Abwesenheit von Sauerstoff. Dabei entsteht ein Gemisch aus Methan, Kohlendioxid und weiteren Beimengungen wie Schwefelwasserstoff, Ammoniak und Stickstoff. Das *Biogas* kann nach entsprechender Reinigung in manchen Anwendungen das Erdgas ersetzen. Der Ertrag ist am größten, wenn der Abfall nicht eingesammelt, sondern gezielt auf einem Acker produziert wird, überwiegend als Maispflanze. Damit entstehen jährlich etwa 500 Liter Methan pro Quadratmeter Anbaufläche, entsprechend einer Leistungsdichte von $\Pi = 0,6\,W/m^2$. Eine weitere Möglichkeit ist die Ernte von Rapsöl, das nach chemischer Modifizierung als *Biodiesel* in den Handel kommt.

Abb. 8.21 zeigt einen Acker für Energiemais vor der Einsaat. Durch diese Art der industriellen Landwirtschaft werden Ackerböden langfristig geschädigt. Ferner hat die Maiskultur negative Auswirkungen auf die Tierwelt, vor allem Insekten und Vögel. Da es beim Energie-Mais nur auf den Ertrag, aber nicht auf Qualität ankommt, gibt es Anreiz zur Überdüngung. Der Nitrat-Eintrag in das Grundwasser und die Emission von Lachgas in die Atmosphäre sind höher als bei der qualitätsbewussten Nahrungsmittelproduktion. Strom aus Biogas ist mit 420 g/kWh CO_2-Äquivalenz bewertet [62]. Dieser Wert ist vergleichbar mit der CO_2-Äquivalenz von GuD-Erdgaskraftwerken.

Die Emission von Treibhausgasen, aber auch langfristige Schädigung von Böden, Fauna und Grundwasser sprechen dagegen, die Energiepflanzen Mais und Raps als regenerative Energiequellen aufzufassen.

Abb. 8.21: Vergiftung eines Ackers mit Glyphosat. Im Vordergrund zeigt eine kleine Fläche, die versehentlich nicht mit Glyphosat behandelt wurde, den normalen Bewuchs. Anstelle der nachhaltigen Biogaserzeugung aus regulären landwirtschaftlichen Abfällen sieht man hier die Auswirkungen giergeleiteter Erzeugung von Biomasse aus Mais.

Die regenerativen Energiequellen Wasser, Wind und Photovoltaik liefern elektrischen Strom. Elektrische Generatoren und Motoren arbeiten nahezu reversibel; der energetische Wirkungsgrad beträgt bis zu 0,99. Der Elektromotor deckt einen sehr großen Leistungs- und Drehzahlbereich ohne Getriebe ab und emittiert am Ort der Anwendung keine schädlichen Abgase. Elektrischer Strom ist die beste Möglichkeit, Energiequellen mit Energieverbrauchern zu koppeln.

Der elektrische Strom ist keine Substanz, sondern ein Vorgang im elektrischen Leiter. Er geschieht bei Bedarf. Die zeitliche Diskrepanz von Bedarf und Produktion ist ein altes Problem. Bei regenerativen Quellen ist die Stromproduktion durch natürliche Vorgänge bestimmt und somit nicht nach dem Bedarf regelbar. Man braucht deshalb Maschinen, die mit zeitweilig überschüssigem elektrischem Strom angetrieben werden und zu einem späteren, vom Anwender bestimmbaren Zeitpunkt, Strom ins Netz einspeisen. Landläufig spricht man von elektrischen *Energiespeichern*.

⚡ Beim Wort Energiespeicher denkt man leicht an einen Behälter, der mit dem Universal-Treibstoff *Energie* gefüllt ist. Wenn man Energie weniger als Treibstoff, sondern als Währung der Physik auffasst, soll man sich mehr mit den technischen Details von Speichern befassen und weniger so tun, als sei alles das Gleiche. Dadurch wird der Unterricht konkreter, lebensnäher und hoffentlich auch interessanter.

Energiespeicher sind ein eigenes Fachgebiet der Ingenieurswissenschaften, aus dem einige Grundlagen vorgestellt werden. Zur Vertiefung wird die Monographie von Sterner und Stadler [90] empfohlen.

9.1 Lastschwankungen im elektrischen Netz

Wenn man zuhause den Herd anschaltet, muss die entnommene elektrische Leistung von den Kraftwerken des Elektrizitätsnetzes zusätzlich aufgebracht werden. Man ist überzeugt, dass ein einzelner kleiner Herd im Netz kaum etwas ausmacht, aber wie ist es, wenn viele Herde gleichzeitig angeschaltet werden? Dazu stellen wir uns vor: Anstelle der Kraftwerke kommt eine große Kurbel, die gleichmäßig mit konstantem Drehmoment und Winkelgeschwindigkeit gedreht wird. Wird ein zusätzlicher Verbraucher angeschlossen, dreht die Kurbel schwerer. Die Winkelgeschwindigkeit nimmt ab. Das sucht man durch zusätzliches Drehmoment auszugleichen. Das Einschalten eines elektrischen Verbrauchers macht sich auch beim Modell-Wärmemotor mit Generator als mechanische Last bemerkbar, beispielsweise bei der Stirling-Maschine aus 4.6 im Motorbetrieb oder bei einer Spielzeug-Dampfturbine. Der Motor dreht nach dem Einschalten des elektrischen Verbrauchers langsamer und wird nach dem Ausschalten wieder schneller.

Das Stromnetz ist für 50 Hz Wechselspannung spezifiziert. Zusätzliche Verbraucher verringern die Frequenz. Um die Spezifikation der Frequenz in engen Grenzen einzuhalten, wird die Leistung der Kraftwerke an die Leistung der Verbraucher dyna-

https://doi.org/10.1515/9783110495799-009

misch angepasst. Eine exakte Übereinstimmung zu jedem Zeitpunkt ist nicht erforderlich.

Die Flexibilität eines Netzes gegenüber dem Einschalten eines einzelnen Verbrauchers steigt mit seiner Größe. Deshalb sind die Netze der europäischen Nationalstaaten mit ihren Nachbarn verbunden. Importe und Exporte des deutschen Elektrizitätsnetzes betragen bis zu 10 GW, das sind 12 % der Spitzenleistung. Abb. 9.1 zeigt die Stromimporte und -exporte als Funktion der Zeit. Aufgrund der großen Distanzen innerhalb des Netzes muss der Widerstand langer Leitungen berücksichtigt werden. Wenn der Bedarf im Süden höher wird, kann man nicht einfach im Norden ein Kraftwerk hochfahren, sondern es muss gewährleistet sein, dass der Strom innerhalb des Netzes von Norden nach Süden fließen kann. Die maximale Stromstärke in den einzelnen Maschen des Netzes darf nicht überschritten werden. Im übertragenen Sinne muss man bei Vergrößerung des Netzes stärkeres Garn verwenden.

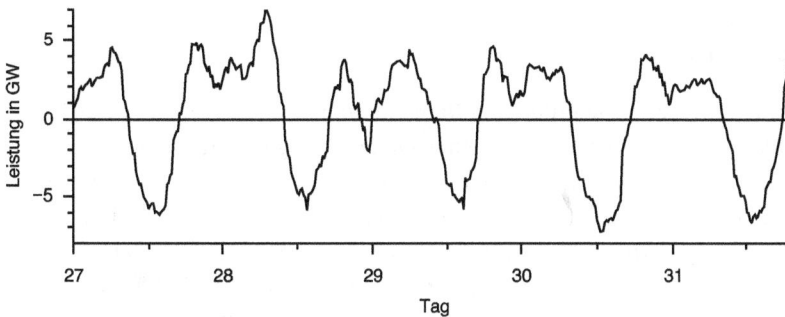

Abb. 9.1: Ausgleich der elektrischen Leistung im deutschen Stromnetz mit den europäischen Nachbarn im August 2019 [85]. Positive Leistung bedeutet Import, negative Leistung Export. Das Minimum um 13:00 Uhr mitteleuropäischer Sommerzeit, also 12:00 MEZ, ist typisch für sonnige Tage.

9.2 Elektrischer Kondensator

Der Kondensator ist der Speicher für Elektrizität. Aus einem geladenen Kondensator mit Spannung U kann eine bestimmte Ladungsmenge von hohem zu niedrigem Potential fließen. Auf- und Entladen erfolgt nach dem charakteristischen Exponentialgesetz. In unserem Kontext ist die speicherbare Energiemenge interessant, die aus der Spannung U und der elektrischen Kapazität C_Q bestimmt ist durch

$$E = \frac{1}{2} C_Q U^2. \tag{9.1}$$

Kondensatoren zeichnen sich durch sehr große Stromstärken und geringen Verschleiß aus. Mehr als 10^6 Ladezyklen sind selbst für den vergleichsweise empfindlichen Ultrakondensator Standard. Eine bekannte Anwendung ist die Fahrradbeleuchtung. Während der Fahrt wird das Licht durch den Dynamo versorgt, der durch die Bewegung des Rades angetrieben wird. An der Ampel bleibt das Licht an, weil ein Kondensator den erforderlichen Strom liefert. Das funktioniert zwar nur für wenige Minuten, aber dafür geht auch das Aufladen schnell. Die Lebensdauer des Kondensators übersteigt die typische Nutzungsdauer des Fahrrads. In Tab. 9.1 sind Werte für verschiedene Kondensator-Typen aufgeführt.

Tab. 9.1: Verschiedene Bauarten von Kondensatoren.

	Kapazität F	Spannung V	Energie J	Energiedichte kJ/m^3	E. pro Masse J/kg
Folienkondensator MKS	$3,3 \cdot 10^{-5}$	63	0,065	5,5	4
Elektrolytkondensator	0,1	40	80	230	190
Ultrakondensator	2.600	2,7	9.500	26.000	20.000

9.3 Akkumulator

Die elektrochemische Zelle ist unter dem Namen Batterie ein alltäglicher elektrischer Energiespeicher. Manche Batterien müssen nach Entladung zum Sondermüll gegeben werden, andere kann man neu aufladen. Die aufladbare elektrochemische Zelle nennt man Akkumulator oder abgekürzt Akku. Durch das Aufkommen von Mobiltelefonen und tragbaren Computern sind Akkumulatoren allgemein im täglichen Gebrauch.

In Abschnitt 5.4 wurden die physikalischen Grundlagen des Daniell-Elements vorgestellt. Es ist die Urform der elektrischen Batterie. Ein Daniell-Element ist nahezu reversibel in dem Sinne, dass beim Antrieb des elektrischen Stroms durch die Redox-Reaktion kaum Entropie produziert wird. Prinzipiell kann man durch Elektrolyse metallisches Zink aus dem $ZnSO_4$-Elektrolyten abscheiden und so die Zelle wieder aufladen, aber dabei wird die kompakte Struktur der Metallplatten bald zerstört. In einem guten Akkumulator sollen Entladung und Ladung sich vielfach wiederholen lassen.

Der Blei-Akkumulator schafft mehrere Tausend Ladezyklen. Die Redox-Reaktion findet nicht zwischen zwei verschiedenen Metallen und ihren Salzlösungen statt, sondern zwischen dem metallischen Blei Pb, PbO_2, $PbSO_4$ und Schwefelsäure. Das metallische Blei wird zu Bleisulfat oxidiert, während das Bleidioxid zu Bleisulfat reduziert wird. Die beiden Halbzellen des Blei-Akkumulators brauchen nicht durch eine Salzbrücke verbunden zu werden, weil der Elektrolyt H_2SO_4 für Anode und Kathode identisch ist. Beide Elektroden können im selben Schwefelsäure-Elektrolyten stehen. Die Reaktionsgleichung lautet pauschal

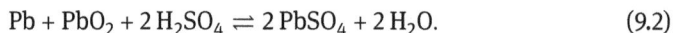

$$Pb + PbO_2 + 2\,H_2SO_4 \rightleftharpoons 2\,PbSO_4 + 2\,H_2O. \tag{9.2}$$

Der Blei-Akkumulator hat etliche Vorteile, nämlich hohe Stromdichte, konstante Spannung über einen weiten Ladebereich, Unempfindlichkeit gegen hohe und niedrige Temperaturen und lange Lebensdauer. Nicht zuletzt lässt sich Blei aus alten

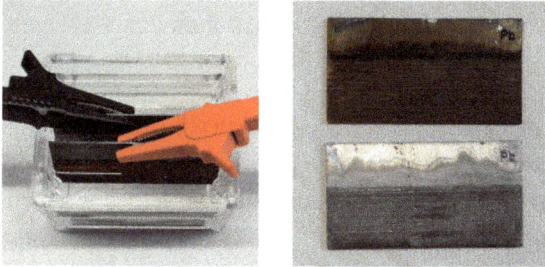

Abb. 9.2: Funktionsmodell eines Blei-Akkumulators in verdünnter Schwefelsäure (38 %, 5 mol/ℓ). Die positive Platte (rechts oben) ist mit dunklem Bleidioxid PbO_2 überzogen.

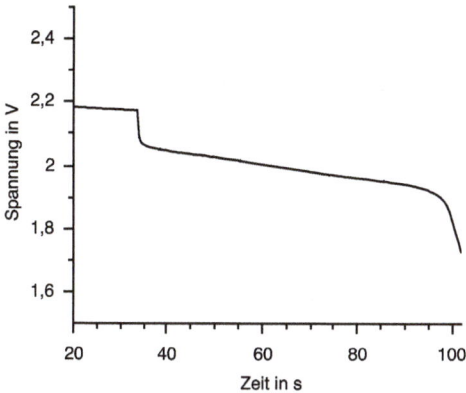

Abb. 9.3: Entladekurve eines Blei-Akkumulator-Modells. Voll geladen beträgt die Zellenspannung 2,18 V. Nach dem Anschalten des Verbrauchers sinkt die Spannung wegen des Innenwiderstands der Zelle auf etwa 2 V und nimmt im Verlauf der Entladung weiter ab. Bei einer Spannung von < 1,8 V gilt der Akkumulator als entladen.

Akkumulatoren relativ leicht recyceln. Sein einziger Nachteil ist die vergleichsweise geringe Energiedichte. Abb. 9.2 zeigt den Blei-Akkumulator als Demonstrationsexperiment. Durch Einritzen der Bleiplatte mit einem Messer erhöht man die Oberfläche und damit die Kapazität. Da Blei giftig ist, muss man sauber arbeiten und Handschuhe tragen. Mit kleinen Platten von 75 mm x 25 mm kann man eine kleine Glühbirne 4 V/40 mA bis zu einer Minute lang glimmen lassen. Gleichzeitig misst man Spannung und Stromstärke. Die geflossene Ladung beträgt 1,8 As. Abb. 9.3 zeigt die Spannung als Funktion der Zeit. Nach fünf Minuten bricht die Spannung auch ohne Verbraucher zusammen wegen der unvermeidlichen Selbstentladung. Bevor man den Blei-Akkumulator vor der Klasse zeigt, muss man sich gut mit den Eigenschaften vertraut machen und sich überlegen, was man eigentlich zeigen will. Der entscheidende Punkt ist wohl die Möglichkeit, die Bleizelle durch Aufladen immer wieder zu erneuern.

Der Aufbau von elektrochemischen Versuchen erfordert etwas Geduld. Chemische Experimente sind traditionell nicht im Aufgabengebiet des Physiklehrers. Übung macht den Meister! Sauberkeit ist in der Chemie essenziell, so auch hier. Metallische Flächen werden mit feinem Schleifpapier aufgefrischt. Das weiche Blei wird nicht geschliffen, sondern mit dem Messer geschnitten, weil der Staub sehr giftig ist.

Die größte Energiemenge pro Masseeinheit erreicht man mit Lithium-Ionen-Akkumulatoren. Es gibt eine Vielzahl von verschiedenen Typen, in denen das Lithium jeweils eine zentrale Rolle spielt, die sich aber bei den übrigen Materialien erheblich unterscheiden. $LiCoO_2$ hat eine hohe Energiedichte, während $LiFePO_4$ bei robusten und preisgünstigen Akkumulatoren bevorzugt wird. Die technische Entwicklung ist dynamisch. Der energetische Wirkungsgrad für einen Speicherzyklus ist bei Li-Ionen-Akkumulatoren in der Regel besser als 0,9.

Akkumulatoren werden durch ihre Ladungsmenge in Ah spezifiziert oder durch die gespeicherte elektrische Energiemenge in kWh. Bauartübergreifend gilt die Faustregel, dass ein Akkumulator in einer Stunde komplett entladen werden kann. Daraus kann die Stromstärke bzw. Leistung berechnet werden, beispielsweise 2 A für eine 2.000 mAh Mignon-Zelle. Der Wert kann kurzzeitig auf das Fünffache überschritten werden. Die Aufladung innerhalb einer Stunde ist ebenfalls möglich, wobei die verlängerte Aufladung bei entsprechend geringerer Stromstärke schonender ist.

9.4 Brennstoffzelle und Elektrolyse

Ein Akkumulator hat einen festen Vorrat an Stoffen für die Redoxreaktion, die den Stromfluss antreibt. Beim Aufladen wird die Reaktion rückgängig gemacht. Dazu muss der Akkumulator vom Verbraucher getrennt werden. Diesen Nachteil kann man umgehen, wenn man das Reaktionsprodukt aus der elektrochemischen Zelle entnimmt und frische Reaktionspartner kontinuierlich nachfüllt. So arbeitet die *Brennstoffzelle*. Gase sind besonders gut geeignet, und deshalb arbeiten Brennstoffzellen überwiegend mit Wasserstoff H_2 oder Methan CH_4. Organische Flüssigkeiten wie Methanol und Ameisensäure sind ebenfalls einsetzbar. Die elektrochemische Reaktion produziert relativ wenig Entropie und findet daher bei Raumtemperatur oder geringfügig darüber statt. Man spricht auch von *kalter Verbrennung* in der Brennstoffzelle. Wir beschränken uns im Folgenden auf die Wasserstoff-Sauerstoff-Zelle.

In Verbindung mit Wasser-Elektrolyse wird die Brennstoffzelle zum Speicher für Elektrizität. Bei der Elektrolyse fließt elektrischer Strom durch Wasser und reagiert dabei zu gasigem Wasserstoff und Sauerstoff. Die Gase können aufbewahrt werden. Zu einem späteren, frei wählbaren Zeitpunkt reagieren Wasserstoff und Sauerstoff in der Brennstoffzelle wieder zu Wasser unter Abgabe eines elektrischen Stroms. Es sind unbegrenzte Speicherzeiten möglich und, wenn man einen entsprechenden Gasbehälter hat, auch große Energiemengen. Bei dezentralen Brennstoffzellen ist die Speicherung des Sauerstoffs nicht praktikabel, dann muss man auf Luftsauerstoff zurückgreifen.

In der Schule kann man die Wasser-Elektrolyse einfach mit zwei Elektroden aus Kohle oder Edelstahldraht zeigen. Die geringe Leitfähigkeit des reinen Wassers wird mit Schwefelsäure oder Kalilauge erhöht. Feiner gearbeitet, aber genauso simpel ist der Hoffmann'sche Wasserzersetzungsapparat, in dem man auch das Volumenverhältnis 2:1 von Wasserstoff zu Sauerstoff ablesen kann. Brennstoffzellen sind immer

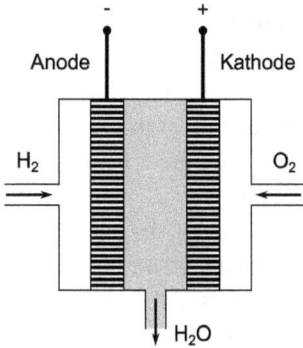

Abb. 9.4: Prinzip einer Wasserstoff-Brennstoffzelle, stark vereinfacht. Die Elektroden müssen durchlässig für Gase, aber undurchlässig für Wasser sein. Ferner muss das Reaktionsprodukt Wasser aus der Zelle entnommen werden, ohne die Zusammensetzung des Elektrolyten zu ändern.

spezielle Geräte und nicht für den Selbstbau geeignet. Es ist schwieriger, die Gase in der Elektrode zu absorbieren, als sie bei der Elektrolyse einfach abperlen zu lassen.

Den schematischen Aufbau einer Brennstoffzelle zeigt Abb. 9.4. In den Elektroden der Brennstoffzelle fließen nicht nur elektrische Ströme, sondern auch Stoffströme. Die Entropie- und Energiebilanz einer Brennstoffzelle ist komplex und deshalb der einschlägigen Literatur vorbehalten [46] [54]. Grundsätzlich entsteht bei der chemischen Reaktion recht wenig Entropie wie beim Akkumulator auch. Von daher könnte der energetische Wirkungsgrad sehr hoch sein. Tatsächlich sind die Verhältnisse aber deutlich ungünstiger. Zum einen unterliegen die Stoffströme erheblichen Widerständen, zum anderen sind die Reagenzien in der Regel nicht elektrisch leitfähig, so dass auch der elektrische Widerstand ein wichtiger begrenzender Faktor ist. In der Praxis ist der energetische Wirkungsgrad einer Brennstoffzelle $\eta_E < 0{,}7$. Aus den gleichen Gründen ist auch die Elektrolyse von unvermeidlicher Entropieproduktion begleitet, so dass der Speicherwirkungsgrad für den kombinierten Prozess der Elektrolyse und Stromerzeugung in der Brennstoffzelle maximal $\eta_E = 0{,}5$ ist. Im Vergleich mit dem Akkumulator ist das ein schlechter Wert, andererseits kann die Brennstoffzelle unbegrenzt Strom liefern, solange der Brennstoff zugeführt wird. Das ist für viele Anwendungen ein großer Vorteil. Der energetische Wirkungsgrad steigt weiter an, wenn die entstehende Entropie zum Heizen genutzt, die Brennstoffzelle also in Kraft-Wärme-Kopplung betrieben wird. Dann sind mit kleinen dezentralen Systemen im kW-Bereich Wirkungsgrade möglich, die sonst nur mit riesigen GuD-Kraftwerken und teuren Fernwärmenetzen erreicht werden.

9.5 Wasserstoffkreislauf

Bislang haben wir elektrochemische Reaktionen für die Speicherung von elektrischer Energie betrachtet. Mit dem Wasserstoff haben wir zuletzt eine Substanz hinzugenommen, die nicht fest an eine elektrochemische Zelle gekoppelt ist, sondern nach Belieben zu- und abgeführt werden kann. Der Wasserstoff kann aufbewahrt werden und ist auch für andere Dinge nützlich, beispielsweise als Rohstoff der chemischen Industrie. Die Brennstoffzelle ist für sich genommen eine technische Alternative zum Wärmemotor mit Turbogenerator. Wasserstoff ist zudem als Brennstoff in der Gasturbine verwendbar. Wegen der Vielfalt von Möglichkeiten spricht man nicht nur vom Energiespeicher Wasserstoff, sondern von einem Wasserstoffkreislauf, oder noch größer von einer Wasserstoffwirtschaft.

Wasserstoff hat bedeutende Vorteile gegenüber anderen Stoffen, die als Energiespeicher infrage kommen. Erstens reagiert Wasserstoff mit Sauerstoff aus der Luft zu Wasser. Es gibt keine toxischen Abgase und kein CO_2. Zweitens ist auf dem heutigen technischen Stand der Bau von effizienten Wasserstoff-Brennstoffzellen einfacher als für andere Brennstoffe wie Methan oder Methanol. Schließlich ist der Einsatz als konventioneller Brennstoff in Wärmemotoren im Gemisch mit Erdgas bzw. Methan ohne weiteres möglich. Dem steht als Nachteil die geringe Energiedichte gegenüber. Pro Volumeneinheit beträgt der Brennwert von Wasserstoff nur ein Drittel des Brennwerts von Methan. Das ist keine Laune der Natur, sondern mit elementarer Chemie verständlich. Gleiche Volumina entsprechen gleichen Stoffmengen, denn Wasserstoff und Methan sind ideale Gase. Die Reaktionsgleichung für Methan,

$$CH_4 + 2\,O_2 \rightarrow 2\,H_2O + CO_2, \tag{9.3}$$

kann gedanklich in drei Teilreaktionen zerlegt werden:

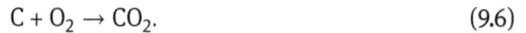

$$H_2 + \tfrac{1}{2}O_2 \rightarrow H_2O \tag{9.4}$$

$$H_2 + \tfrac{1}{2}O_2 \rightarrow H_2O \tag{9.5}$$

$$C + O_2 \rightarrow CO_2. \tag{9.6}$$

Die erste und zweite Zeile entsprechen der Reaktionsgleichung für die Verbrennung von Wasserstoff. Mit der Aufteilung soll nichts über die Details der chemischen Reaktion gesagt sein. Man darf auch nicht voraussetzen, dass die Reaktionsenthalpie beim Kohlenstoff ähnlich groß ist wie beim Wasserstoff. Trotzdem ist die Aufteilung ein nachvollziehbares Argument, warum die Reaktionsenthalpie von Methan soviel größer ist: Es ist einfach „mehr da". Ob Wasserstoff oder Methan der bessere Energiespeicher ist, entscheidet sich in Details. Bei beiden Stoffen ist damit zu rechnen, dass ein kleiner Anteil der umgesetzten Menge durch Lecks in die Atmosphäre entweicht, sei es bei der Speicherung oder durch unvollständige Verbrennung. Diesbezüglich stellt Methan wegen des Treibhauseffekts eine große Gefahr dar, deshalb gibt es dafür ein eigenes Wort: *Methanschlupf*.

Die Heizwerte von Wasserstoff, Methan und Propan sind in Tab. 9.2 verglichen. Während die Werte für Stoffmenge und Volumen über das Molvolumen idealer Gase proportional sind, spielt in den Heizwert pro kg die Dichte hinein. Letzterer Wert ist für Wasserstoff besonders hoch, aber daraus ergibt sich kein praktischer Vorteil, denn bei einem Gastank ist das Volumen wichtiger als die Masse.

Stoff	MJ/mol[1]	MJ/m[3]	MJ/kg[3]
H_2	0,24	10,783	119,972
CH_4	0,80	35,883	50,013
C_3H_8	2,08	93,215	46,354

Tab. 9.2: Heizwert bezogen auf Stoffmenge, Volumen und Masse.

9.6 Sabatier-Prozess

Wasserstoff und Kohlendioxid reagieren bei Anwesenheit eines Katalysators gemäß

$$4\,H_2 + CO_2 \rightleftharpoons CH_4 + 2\,H_2O \tag{9.7}$$

zu Methan und Wasser. Die Reaktionsbilanz beschreibt mehrere Einzelreaktionen, die nacheinander ausgeführt werden, den Sabatier-Prozess.[1] Die Reaktionsrichtung wird durch äußere Parameter wie Druck, Temperatur und Konzentration der Reaktionspartner bestimmt. In chemischen Anlagen können auch Zwischenprodukte ausgekoppelt werden, das richtet sich nach dem Bedarf der angeschlossenen weiterverarbeitenden Anlagen. Für Einzelheiten wird auf die Fachliteratur verwiesen. Für uns ist wichtig: Wasserstoff kann zu Methan weiterverarbeitet werden. Die Reaktion (9.7) ist exotherm: Sie verläuft von links nach rechts von allein. Dabei wird in relativ geringem Umfang Entropie produziert. Die Sabatier-Reaktion ist deshalb eine gute Möglichkeit, aus dem Wasserstoff ein ähnlich nützliches Gas mit dreifach höherer Energiedichte herzustellen. Der Preis dafür ist die Einbindung von Kohlendioxid. Dieses ist entweder aufwändig aus der Atmosphäre zu entziehen oder aus industriellen Prozessen abzuscheiden. Für letzteres kommen insbesondere Erdgas-Kraftwerke, Zementfabriken und Hochöfen infrage.

9.7 Fischer–Tropsch-Synthese

Mit der Sabatier-Reaktion gewinnt man aus Wasserstoff und Kohlenstoff in Anwesenheit von Sauerstoff die gewünschte Substanz Methan. Ein ähnliches Prinzip führt zu flüssigen und festen Alkanen, also Benzin im weiteren Sinne. Ursprünglich diente die *Fischer–Tropsch-Synthese* dazu, Alkane aus Kohle und Wasser herzustellen, das Verfahren nennt man daher auch Kohleverflüssigung [30]. Heute geht man von elektrolytisch erzeugtem Wasserstoff aus und synthetisiert über die Zwischenstufe Methan die gewünschten Alkane. Die Kettenlänge der Alkane wird über die Reaktionsbedingungen und den Katalysator eingestellt. Ein eventueller Überschuss an langkettigen

---

1 Der französische Chemiker Paul Sabatier /saba'tje/ (1854–1912) wurde für seine grundlegenden Arbeiten zur Hydrierung organischer Stoffe 1912 mit dem Nobelpreis geehrt. Die nach ihm benannte Reaktion wurde 1902 zusammen mit Jean Baptiste Senderens (1856–1937) entdeckt.

Alkanen kann mit den etablierten Verfahren der erdölverarbeitenden Chemie weiterverarbeitet werden.

Generell ist der energetische Wirkungsgrad der vorgestellten chemischen Reaktionen sehr hoch. Sie werden seit einem Jahrhundert industriell genutzt und optimiert. Der Brennwert von Fischer–Tropsch-Alkanen beträgt rund zwei Drittel der Energie, die bei der Wasserstoffelektrolyse aufgewendet werden musste. Gegenüber Erdöldestillaten haben FT-Alkane zwei entscheidende Vorteile. Zum einen sind sie absolut schwefelfrei, zum anderen sind sie sehr leicht entzündlich. Dadurch sind sie prädestiniert für die Verbrennung in Gasturbinen und Dieselmotoren.

Eine Abwandlung der Fischer–Tropsch-Synthese erzeugt Methanol, das ein vielseitiger Grundstoff für die chemische Industrie ist. Methanol kann auch in Brennstoffzellen zur Stromproduktion verwendet werden. Aufgrund dieser Vielfalt von Möglichkeiten spricht man von *power-to-X* als Erweiterung des *power-to-gas* als Anglizismus für die Wasserstoffelektrolyse.

> Mittels Synthesen nach Sabatier und Fischer–Tropsch können aus Elektrizität, Wasserstoff und Kohlendioxid alle organischen Grundstoffe hergestellt werden. Die „Erdölchemie" kann ohne Erdöl weitergeführt werden.

9.8 Wasserstoff auf flüssigen organischen Trägern

Hätte Wasserstoff eine höhere Energiedichte, wäre er die beste Wahl für die langfristige Stromspeicherung, aber mit den realen Zahlen sind die Vorteile von Methan und flüssigen Kohlenwasserstoffen entscheidend in vielen Anwendungen. Man nimmt dann die Beteiligung des CO_2 bei Herstellung und Verwertung in Kauf. Besser wäre eine Flüssigkeit, die zu Wasser verbrennt und gleichzeitig die Energiedichte von Benzin hätte.

Einige organische Flüssigkeiten können Wasserstoff relativ lose binden und freigeben, die *liquid organic hydrogen carriers*, LOHC. Diese Substanzen sind ein möglicher Schritt auf dem Weg zum Ideal, auch wenn in der Praxis zur Zeit noch einige Hindernisse bestehen. Abb. 9.5 zeigt die Strukturformel von 1-Ethylcarbazol. Dieser Stoff kann die sechsfache molare Menge an Wasserstoff binden. Die hydrierte Form ist bei Raumtemperatur flüssig und gibt den Wasserstoff bei Erhitzung auf etwa 200 °C ab. Die Dehydrierung verläuft endotherm, so dass eine explosionsartige Freisetzung von

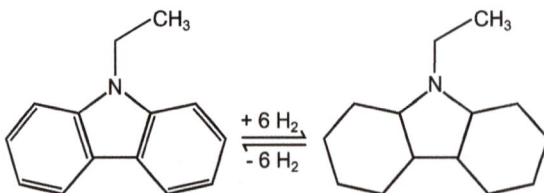

Abb. 9.5: Strukturformel von N-Ethylcarbozol und Perhydro-N-Ethylcarbazol.

Wasserstoff ausgeschlossen ist. Die Grundsubstanz ist fest und schmilzt leider erst bei 70 °C, was die Anwendung komplizierter macht. Weitere Stoffe haben spezifische Vor- und Nachteile, für die auf Fachpublikationen verwiesen wird. Bei allen LOHC besteht die Notwendigkeit, die wasserstoffarme Verbindung einzusammeln, um sie neu zu hydrieren. Man braucht also zwei Tanks.

9.9 Pumpspeicher

Laufwasserkraftwerke arbeiten im Mittel mit dem natürlichen Wasserstrom. Wollte man kurzzeitig die Leistung stark erhöhen, würde der Wasserspiegel in gestauten Flussabschnitten absinken und man müsste später das Wasser zurückpumpen. Es ist günstiger, dafür eigene Anlagen zu verwenden, die *Pumpspeicherkraftwerke*. Ein Pumpspeicher hat zwei Becken auf unterschiedlicher Höhe. Zu Beginn ist das obere Becken leer. Bei einem Überangebot im Stromnetz wird das oberen Becken durch elektrische Wasserpumpen befüllt. Zu einem späteren Zeitpunkt kann das gehobene Wasser über Wasserturbinen herabgelassen werden, um Strom ins Netz einzuspeisen. Der energetische Wirkungsgrad für einen Speicherzyklus beträgt bis zu 0,8. Viele Pumpspeicher sind so ausgelegt, dass sie mehrere Stunden lang maximale Leistung abgeben können. Pumpspeicher wurden hauptsächlich in der Mitte des 20. Jahrhunderts gebaut, um die kontinuierliche Stromproduktion träger Dampfkraftwerke bedarfsgerecht zu ergänzen. Zusätzlich haben Pumpspeicher den Vorteil der *Schwarzstartfähigkeit*. Sollte im Katastrophenfall das Elektrizitätsnetz komplett zusammenbrechen, bräuchte man viel Strom zum Anfahren der Dampfkraftwerke, also eine unabhängige Stromquelle. In neuerer Zeit ist die Schwarzstartfähigkeit kein Alleinstellungsmerkmal der Pumpspeicher mehr, denn Wind- und Photovoltaikkraftwerke belasten beim Anfahren das elektrische Netz ebenfalls nicht.

In Deutschland ist die Gesamtleistung aller Pumpspeicher 6,5 GW, deutlich mehr als die Leistung der Laufwasserkraftwerke. Die Leistung der Pumpspeicher wird öfter zu 80 % ausgeschöpft, und zwar hauptsächlich in den Morgen- und Abendstunden. Abb. 9.6 zeigt die Leistungskurve der Pumpspeicherkraftwerke in Deutschland. Das Titelbild zu diesem Kapitel zeigt das Pumpspeicherkraftwerk Geesthacht mit 120 MW Spitzenleistung und 600 MWh Energie.

9.10 Thermische Speicher

Zu Beginn des Kapitels wurde dargelegt, wie ein großes Stromnetz die Schwankungen der Verbraucher glättet. Die bisher besprochenen Speicher entnehmen Strom aus dem Netz in Zeiten des Überschusses und speisen in Mangelzeiten ein. Für das Funktionieren ist es nicht erforderlich, dass Entnahme und Abgabe vom selben Speicher mit ausgeglichener Energiebilanz kommen. Man kann mit regelbaren Verbrauchern

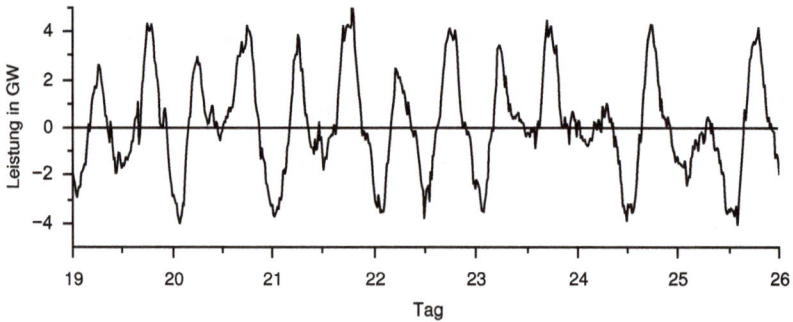

Abb. 9.6: Elektrische Leistung der Pumpspeicherkraftwerke in Deutschland im August 2019 [85]. Negative Werte bedeuten Auffüllung der oberen Speicherbehälter. Die Zahlen bezeichnen den Tagesbeginn um Mitternacht. Die Leistungsspitzen liegen wie beim Laufwasser morgens und abends.

den gleichen Effekt erzielen. Wärmepumpen mit thermischem Speicher wirken auf das elektrische Netz wie elektrische Speicher, denn der thermische Speicher ändert den zeitlichen Verlauf des elektrischen Energiestroms, ohne den Gesamtverbrauch zu verändern. Abb. 9.7 illustriert das Prinzip. Beispielsweise kann ein nächtliches Überangebot im Elektrizitätsnetz an einem windigen Tag zum Erhitzen eines Wasserspeichers mittels elektrischer Wärmepumpe genutzt werden, aus dem die Raumheizung viele Stunden versorgt werden kann. An einem anderen Tag ist es windstill, aber sehr sonnig. Dann kann das Erhitzen des Wasserspeichers auf die Mittagszeit verlegt werden. Die Verwendung thermischer Speicher zur Stabilisierung des Stromnetzes setzt voraus, dass die Wärmepumpe primär vom elektrischen Netz gesteuert wird und nicht vom Thermostaten des Speichers. Das ist heute noch nicht üblich, aber in einer Zeit, in der leer getrunkene Kühlschränke automatisch Bier nachbestellen können, ist das kein grundsätzliches technisches Problem.

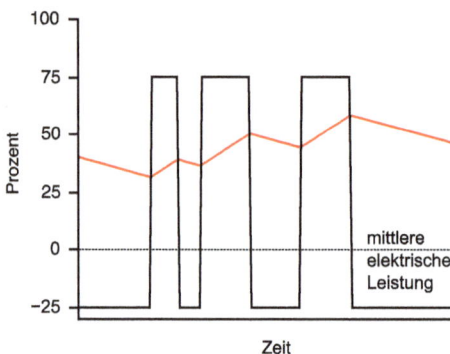

Abb. 9.7: Netzgesteuerte Beladung eines thermischen Speichers. Durch An- und Ausschalten der Wärmepumpe wird die beanspruchte elektrische Leistung auf −25 % und + 75 % geändert. Der Speicherfüllgrad (rot) bleibt nicht konstant, sondern ändert sich nach Erfordernis des elektrischen Netzes. Die elektrische Leistungskurve (schwarz) eines Akkumulators oder Pumpspeichers sieht qualitativ genauso aus.

Nachhaltigkeit ist in der Alltagssprache zu einem schwammigen Begriff verkommen. Ursprünglich gibt es zwei unterschiedliche Bedeutungen, zum einen im Sinne von lange anhaltender Wirkung wie bei „nachhaltiger Verhaltensänderung", zum anderen im Sinne von Wirtschaften im Fließgleichgewicht. Als Ursprung der zweiten Bedeutung gilt die Arbeit des Forstbeamten Hannß Carl von Carlowitz zur Forstwirtschaft von 1713 [21]:

> § 2[0] Es ist aber auch bey dergleichen guten Vorsatz keine Zeit zu verlieren / natura progrediens semper multiplicatur per media. Das ist, **weil die Natur ihre Vermehrung nicht anders als durch gewisse Mittel thut.** Denn je mehr Jahre vergehen / in welchen nichts gepflanzet und gesäet wird / je langsamer hat man den Nutzen zugewarten / und um so viel tausend leidet man von Zeit zu Zeit Schaden / ja um so viel mehr geschicht weitere Verwüstung / daß endlich die annoch vorhandenen Gehöltze angriffen / vollends consumiret / und sich je mehr und mehr vermindern müssen. Cum labor in damno est crescit mortalium egestas. D. i. **Wo Schaden aus unterbliebener Arbeit kommt / da wächst der Menschen Armuth und Dürftigkeit.** Es lässet sich auch der Anbau des Holtzes nicht so schleunig wie der Acker-Bau traktieren; Denn ob gleich in zwey / drey oder mehr Jahren nach einander ein Mißwachs beym letztern sich ereignen solte / so kann hernach ein einig gesegnetes und fruchtbares Jahr / gleich wie bey dem Wein-Wachs / alles wieder einbringen; da hingegen wenn das Holtz einmahl verwüstet / so ist der Schade in vielen Jahren / sonderlich was das grade und starcke Bau-Holtz anbelanget / ja in keinem seculo zu remediren / zumahl in zwischen sich allerley vicissitudines Rerum und Veränderungen begeben können. Gestalt ein Haus-Wirth es befördert und bauet / der andere hingegen versäumet und wohl gar verwüstet / was etliche Jahr gebessert worden und überhaupt zu reden **wo aus dem Verzug einige Gefahr zu besorgen und der daraus entstehende Schade unwiederbringlich / da muß man keine Zeit versäumen** / und also man das Baum-Säen und Pflanzen eiligst zur Hand nehmen / alldieweil eine lange Zeit erfordert wird / ehe die wilden Bäume zu gebührender Höhe Stärcke und Nutzen können gezogen werden / zumahl da wir bereits erwehnet / ja ausser allen Zweiffel ist / daß die wundervolle und schöne Gehöltze bisher der größte Schatz vieler Länder gewesen sind / so man vor unerschöpflich gehalten / ja man hat es unzweifflich vor eine Vorraths-Kammer angesehen / darinnen die meiste Wohlfarth und Aufnehmen dieser Lande bestehen / und so zusagen das Oraculum gewesen / daß es ihnen an Glückseligkeit nicht mangeln könte / indem man dadurch so vieler Schätze an allerhand Metallen habhafft werden könte; Aber da der unterste Theil der Erden sich an Ertzten [=Erz] durch so viel Mühe und Unkosten hat offenbahr machen lassen / da will nun Mangel vorfallen an Holtz und Kohlen dieselbe gut zu machen; Wird derselben die größte Kunst / Wissenschafft / Fleiß / und Einrichtung hiesiger Lande darinnen beruhen / wie eine sothane Conservation und Anbau des Holtzes anzustellen / daß es eine continuirliche beständige und nachhaltende Nutzung gebe / weiln es eine unentberliche Sache ist / ohne welche das Land in seinem Esse nicht bleiben mag. Denn gleich wie andere Länder und Königreiche / mit Getreyde / Viehe / Fischereyen / Schiffarthen / und andern von GOtt gesegnet seyn / und dadurch erhalten werden; also ist es allhier das Holtz / mit welchem das edle Kleinod dieser Lande der Berg-Bau nehmlich erhalten und die Ertze zu gut gemacht / und auch zu anderer Nothdurfft gebraucht wird.

Das Carlowitz'sche Prinzip der Nachhaltigkeit kann im großen Staatsforst genauso angewendet werden wie auf einem kleinen Hof. In Norddeutschland haben vielerorts traditionsbewusste Bauern Eichen auf ihrem Hof, die generationsübergreifend als künftiges Baumaterial gepflegt werden, siehe Abb. 10.1. Im Fachwerkbau ist es ohne

https://doi.org/10.1515/9783110495799-010

Abb. 10.1: Hof mit Eichenbestand in Lachendorf. Man sieht frisch abgeschnittene Äste, die Bäume werden aktiv gepflegt.

weiteres möglich, einzelne schadhafte Balken zu ersetzen, man muss keinesfalls das ganze Haus abreißen, wenn eine Ecke weggefault ist. Wenn ein Bauer den eigenen begrenzten Vorrat an Bauholz stets vor Augen hat und den Aufwand des Fällens und Zuschneidens kennt, wird er einen Baum erst fällen, wenn es unumgänglich ist. Altholz ist heute auch ein Rohstoff für Lifestyle-Produkte, die meist nicht lange halten. Die traditionelle Anwendung in Abb. 10.2 ist unverdächtig, dieser Strömung zuzugehören.

Abb. 10.2: Neu aufgebautes Fachwerk aus einem alten Schuppen für eine PKW-Garage in Beedenbostel. Der Anteil an neuem Material ist sehr klein, und das Fachwerk bleibt lange in Gebrauch.

Der Wald ist eine wichtige Lebensgrundlage, und das Prinzip der Nachhaltigkeit ist unmittelbar einsichtig. Landwirtschaftlich nutzbare Böden, Trinkwasser, saubere Luft, intakte Ökosysteme und mineralische Rohstoffe sind weitere unverzichtbare Lebensgrundlagen, die Jedermann sofort anerkennt, die aber für den Laien nicht so leicht zu beurteilen sind. Grundwasser ist nicht sichtbar, und die einwandfreie Qualität von Grundwasser erst recht nicht.

Die Änderung des globalen Strahlungsgleichgewichts durch künstlich hergestellte Gase – der *anthropogene Treibhauseffekt* – ist eine Bedrohung, der niemand entkommen kann. Sie ist das epochaltypische Problem [48], und die Physik nimmt als wissenschaftliche Disziplin und Schulfach eine Schlüsselrolle ein. Im Folgenden wird überlegt, welche Möglichkeiten für eine nachhaltige Energiewirtschaft in Deutschland bestehen. Anstelle der nationalen Skala könnte man auch die europäische wählen und würde im Prinzip zu ähnlichen Ergebnissen kommen, wobei wegen der zweifach geringeren Bevölkerungsdichte vieles einfacher würde. Die Beschränkung auf Deutschland erleichtert die Recherche von aktuellen Zahlen, und Forderungen können konkreter formuliert werden.

10.1 CO_2-Bilanz des Waldes

Bei der Photosynthese nehmen Bäume CO_2 aus der Atmosphäre auf und bilden daraus Holz. Bei der Verbrennung von Holz wird CO_2 emittiert, das zuvor aus der Atmosphäre entnommen worden war. Deshalb wird dem Holz CO_2-neutrale Verbrennung nachgesagt. Das stimmt aber nur für den nachhaltig genutzten Wald im Sinne von Carlowitz: Es darf nicht mehr Holz verbrannt werden, als im gleichen Zeitraum nachwächst. Der Raubbau ist genauso schädlich wie die Verbrennung fossiler Stoffe.

i   Gemäß Waldbericht [18] wurden in deutschen Wäldern 2015 etwa 76 Millionen m³ Holz geerntet. Auf jeden Einwohner in Deutschland entfallen jährlich 0,6 m³ Nutzholz und 0,33 m³ Brennholz. Letztere Menge entspricht 600 kWh Enthalpie oder 60 Liter Heizöl. Selbst mit Verbrennung des Bau- und Möbelholzes würde diese Menge bei weitem nicht für das Heizen reichen.

Die Holzheizung ist deshalb auf nationaler Skala nicht nachhaltig. Davon unbenommen bleibt es natürlich sinnvoll, Holzreste, die anderweitig nicht genutzt werden können, vor Ort thermisch zu verwerten. Hierbei ist zu beachten, dass nicht alle Dimensionen unterhalb des makellosen Stammes Abfall sind. Dämmplatten, Spanplatten und nicht zuletzt Papier werden aus Holz hergestellt, das nicht als Bauholz oder Möbelholz taugt. In den meisten Fällen sind also Holzheizungen zu vermeiden. Das fordert auch der Waldbericht, der vor einer Übernutzung warnt.

Ein Urwald absorbiert CO_2 durch Photosynthese und emittiert mit gleicher Rate CO_2 durch Verwesung abgestorbener Bäume. Ein nachhaltig genutzter Wald absorbiert jährlich einen Überschuss von bis zu 11 Tonnen CO_2/ha, weil durch Einschlag die Verwesung altersschwacher Bäume verhindert wird; er ist in dieser Hinsicht sogar besser als ein Urwald. Die Bindung von CO_2 setzt voraus, dass das geschlagene Holz sehr lange stofflich genutzt wird. Verbrennen würde den Vorteil sofort zunichte machen. Im Trockenen ist Holz außerordentlich dauerhaft. Die gesamte bildende Kunst des Mittelalters ist auf Holztafeln überliefert. Musikinstrumente des 16. bis 18. Jahrhunderts sind bis heute spielbar. Bei Streichinstrumenten ist ein hohes Alter sogar ein besonderes Qualitätsmerkmal. Bei entsprechender Wertschätzung halten Gebrauchsgegenstände aus Holz ebenso lang. Abb. 10.3 zeigt ein Beispiel. An der Witterung ist die Lebens-

Abb. 10.3: Gotischer Eichenholz-Schrank im Kloster Lüne. Am blank gegriffenen Schlüssel erkennt man, dass der Schrank in Gebrauch ist. Ein gut gearbeitetes Holzmöbel kann 500 Jahre lang ansehnlich und funktionell sein.

dauer von Holz stark von der Holzart abhängig. Bei fachgerechter Konstruktion kann man mit 20 bis 100 Jahren rechnen, bei stark dimensionierter Eiche auch weit darüber hinaus. Entsprechend lange bleibt der ehemals atmosphärische Kohlenstoff im Holz gespeichert.

> Die langfristige stoffliche Nutzung des Holzes gehört zur CO$_2$-Bindung untrennbar dazu. Fachgerechtes Handwerk der Zimmerleute und Tischler ist Klimaschutz.

Junge Bäume wachsen am besten mit der Hilfe ihrer älteren Artgenossen [97]. Deshalb entnimmt die nachhaltige Forstwirtschaft nur einzelne Bäume, ohne den Wald als Ganzes zu zerstören, siehe Abb. 10.4. Zwischen 2002 und 2012 sind in Deutschland 108.000 ha Wald neu entstanden, allerdings sind auch 58.000 ha gerodet worden. Die Aufforstung bindet CO$_2$, bis der Wald im Gleichgewicht eines Urwaldes ist. Diese Wachstumsphase dauert viele hundert Jahre. In den ersten Lebensjahren eines Baums ist der Zuwachs äußerst gering. In einer Saison wächst ein Jahresring, und der enthält an einem dicken und hohen Stamm viel mehr Holz als an einem dünnen und

Abb. 10.4: Holzstapel in einem nachhaltig bewirtschafteten Forst. Im räumlichen und zeitlichen Mittel bleibt der Wald unverändert. Es wird nur so viel Holz geschlagen wie nachwächst.

kurzen Stamm. Deshalb ist Vermeidung von Rodung in Bezug auf CO_2-Absorption viel wirksamer als die Aufforstung.

Die Aufforstung ist erst für kommende Generationen ein essenzieller Beitrag zur Milderung des Klimawandels. Der „klimaneutrale" Paketversand, oder ein paar Nummern größer: Klimaneutraler Interkontinentalflug ist auf mehrere Jahrzehnte gesehen eine Mogelpackung, bei der heute die CO_2-Absorption eines zukünftigen Waldes angerechnet wird. Was heute in die Atmosphäre geblasen wird, ändert die Strahlungsbilanz vom ersten Tag an; daran ändern ein paar Setzlinge praktisch nichts.

Neben dem Wald gibt es weitere Möglichkeiten, der Atmosphäre Kohlenstoff durch Photosynthese zu entziehen. Die Herstellung von Biogas, Biodiesel und Methanol gehören nicht dazu, denn der Kohlenstoff wird binnen eines Jahres wieder freigesetzt. Es gibt vielversprechende Versuche, pflanzliche Reststoffe nicht im üblichen Verfahren zu Methan zu vergären, sondern den elementaren Kohlenstoff als Hauptprodukt zu erzielen. Damit können landwirtschaftliche Böden verbessert werden nach dem Vorbild der *Terra preta de índio*. Die Abscheidung von CO_2 aus Kraftwerken und Zementfabriken ist großtechnisch erprobt, aber sie wird noch nicht allgemein angewendet. Schließlich gibt es im Labormaßstab erprobte chemische Verfahren, CO_2 aus der Atmosphäre zu entziehen.

Quantitativ gilt die Aufforstung als die wirksamste Absorptionsstrategie [9], denn sie ist ohne jegliche Technik in den meisten Gebieten der Erde umsetzbar. Das konsequente Stoppen von Brandrodungen und Kahlschlägen ist selbstverständlich Teil dieser Strategie.

Um 810 Millionen Tonnen CO_2 zu absorbieren, die jährlich in Deutschland emittiert werden, bräuchte man unter optimalen Bedingungen eine Waldfläche, die der zweifachen Landesfläche entspräche. Ferner müsste jeder Bürger jährlich rund 3,5 Tonnen Holz abnehmen, das sich zuhause ansammeln und bald zu viel werden würde.

10.2 Primärenergiebedarf

Neben dem alarmierenden Befund der schon vorhandenen Treibhausgase ist für die zukünftige Entwicklung die Emission interessant. In Deutschland ist der Anteil des CO_2 mit 88 % an der aktuellen Emission aller Treibhausgase deutlich höher als an der schon vorhandenen Menge laut Tab. 7.2. Der Anteil der übrigen Gase mit 12 % ist entsprechend gering, was auch an den erfolgreichen Bemühungen einzelner Branchen liegt. Das Umweltbundesamt konstatiert:

> Wie keinem anderen Bereich ist es der Abfall- und Abwasserwirtschaft [...] gelungen, durch Umorganisation und gesetzliche Neuordnung die schädlichen Emissionen zu vermeiden. 2016 verursachte dieser Bereich nur noch 10,5 Millionen Tonnen CO_2-Äquivalent-Emissionen – das ist eine Reduktion um fast 73 % seit dem Jahr 1990 mit 38,4 Millionen Tonnen CO_2-Äquivalent-Emissionen.

Diesen Fortschritt muss es international auch in den Sektoren Energie und Verkehr geben, sonst ist die Klimakatastrophe [71] nicht abzuwenden. Das jährliche Aufkommen von Kohle, Erdöl, Erdgas und anderen brennbaren Stoffen sowie Strom aus regenerativen Energiequellen ist der *Primärenergiebedarf*. Im Jahr 2017 betrug der Primärenergiebedarf in Deutschland 13.600 PJ. Abb. 10.5 zeigt die Aufteilung auf verschiedene Verbraucher.

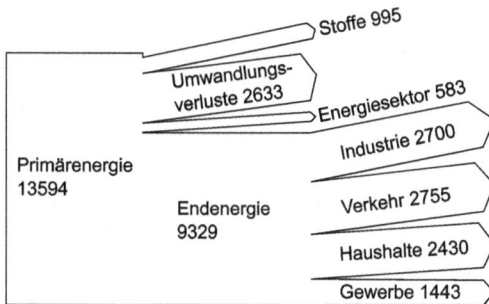

Abb. 10.5: Primärenergieverbrauch in Deutschland, in PJ/a [1].

Die mittlere Leistung des Primärenergieverbrauchs ist $P^* = 430\,GW$. Bezogen auf die Landesfläche ist die Leistungsdichte $\Pi^* = 1,6\,W/m^2$. Mit dieser Größe kann man das Potential regenerativer Energiegewinnung abschätzen. Die Summe aller Leistungsdichten Π_i für Wind, Sonne, und so weiter muss größer sein als $\Pi^* = 1,6\,W/m^2$. Schon vor eingehender Betrachtung kann pauschal festgestellt werden, dass Photovoltaik mit $\Pi_{PV} = 6\,W/m^2$ eine große Rolle spielen wird und dass Biogaskraftwerke mit $\Pi_{Mais} < 0,25\,W/m^2$ keine Zukunft haben.

Der Anteil regenerativer Quellen an der Deckung des Primärenergieverbrauchs beträgt nur 13 %. Wie soll das jemals auf 100 % kommen? Dabei muss man beachten: So viel wird eigentlich gar nicht gebraucht. Die Tabelle enthält auch große Beiträge von nutzloser Energieverschwendung. Ersetzt man ein Kohlekraftwerk mit 40 % energetischem Wirkungsgrad durch eine Photovoltaikanlage, muss man für 1 kWh Strom für das Netz nicht mehr 2,5 kWh Kohle verbrennen, sondern lediglich 1 kWh Strom aus Sonnenlicht generieren. Nutzt man beim Heizen die Enthalpie einer Erdgasmenge durch Kraft-Wärme-Kopplung besser aus als in einer gewöhnlichen Ofenheizung, braucht man nur die Hälfte. Ein Elektroauto fährt mit 16 kWh Strom 100 km weit, während das gleiche Modell mit Wärmemotor für die Strecke Diesel im Wert von 60 kWh verbrennt.

Tab. 10.1 zeigt den Beitrag verschiedener fossiler Energiequellen zum Primärenergiebedarf und das Einsparpotential durch Umstellung auf elektrischen Antrieb. Der elektrische Energiebedarf ist gegenüber dem Energiebedarf an fossilen Brennstoffen um die Durchschnittsleistung 183 GW vermindert, und diese Minderung kann vom Primärenergiebedarf P^* subtrahiert werden. Es bleibt ein elektrischer Primärenergiebedarf P^{**} = 248 GW. Die Abschätzung ist stark vereinfacht, aber das beeinträchtigt nicht die Idee. Für Detailfragen stehen neben der einschlägigen Monographie von Volker Quaschning [75] Studien von wissenschaftlichen Einrichtungen sowie von Interessensverbänden zur Verfügung. Man kann sich selbst ein Bild machen, und das vorliegende Kapitel soll dazu anregen. Wir werden nun zeigen, dass der elektrische Primärenergiebedarf von rund P^{**} = 250 GW regenerativ von Sonne und Wind gewonnen werden kann.

Stoff	Energie PJ	Leistung GW	η	elektrisch GW
Steinkohle	1.940	61	0,40	25
Braunkohle	1.660	53	0,35	18
Ottokraftstoff	870	27	0,33	9
Dieselkraftstoff	1.660	53	0,35	18
Erdgas	3.070	97	0,6	58
Heizöl	1.280	41	0,5	20
Summe	10.480	332	⌀0,45	149

Tab. 10.1: Primärenergieverbrauch in Deutschland 2016. Die elektrische Leistung ist angegeben für den jeweils höchstmöglichen Wirkungsgrad. Mit 149 GW Elektrizität könnte man die Primärenergie der 2016 verwendeten fossilen Stoffe ersetzen.

10.3 Nachhaltige Energiegewinnung

Wenn man alle Öfen in Deutschland mit Holz beheizen wollte, wäre das nicht nachhaltig: Holz wächst bei Weitem nicht schnell genug nach. Brennholz ist ein Luxusgut. Generell muss für alle regenerativen Energiequellen gefragt werden, ob die verfügbare Fläche ausreicht. In Tab. 10.2 sind Leistungsdichten Π und mittlere Leistungen P von regenerativen Energiequellen aufgeführt. Wie eben begründet wurde, sind 250 GW

Tab. 10.2: Mögliche Leistungsdichte Π und Durchschnittsleistung P von regenerativen Energiequellen unter folgenden Annahmen: Wasser auf heutigem Stand, Wind wird bis zur Grenze des Problems der zweiten Windmühle ausgebaut, die Anbauflächen für Energiepflanzen [10] werden für Photovoltaik umgewidmet.

Quelle	Π W/m^2	Flächenanteil	Π$_{eff}$ W/m^2	P (Zukunft) GW	P (2019) GW
Wasser	0,01	1	0,01	2,2	2,2
Wind	0,30	1	0,30	107	14,5
Photovoltaik Dach	6,00	–	–	18	5,3
Photovoltaik Maisfläche	6,00	0,067	0,40	144	0
Mais elektrisch	0,25	0,067	0,02	0	5,2
Summe	⌀0,71	1	–	271	27,2

Elektrizität notwendig, um den heutigen Bedarf ohne Komfortbeschränkung abzudecken. Die Stromerzeugung in Wasserkraftwerken ist seit Jahrzehnten praktisch ausgeschöpft. Die Feuerholzproduktion liegt heute bereits oberhalb der Grenze für nachhaltiges Wirtschaften. Steigerungsmöglichkeiten gibt es bei Photovoltaik und Windmühlen. Bei den Windmühlen ist die Leistungsdichte wegen der Abbremsung des Windes auf $\Pi = 0{,}3\,\text{W/m}^2$ begrenzt, damit lassen sich auf der gesamten Fläche Deutschlands etwa 100 GW Strom gewinnen. Die Umwidmung aller Flächen, auf denen heute (2018) Energiepflanzen angebaut werden, in Standorte für Photovoltaik liefert 144 GW. Dafür fallen 5,3 GW Ertrag aus Biogas weg.[1] Die Summe von 271 GW deckt den Bedarf an Primärenergie ab.

Neue Photovoltaikanlagen auf landwirtschaftlichen Flächen für 144 GW regenerativen Strom gehen nicht zu Lasten der Nahrungsmittelproduktion.

Die Umwidmung der Energiepflanzenfelder hätte nicht nur Vorteile beim Ertrag, sondern auch in Hinblick auf die Treibhausgasemission. Es wird die Emission von Methan und Lachgas vermieden, und die Humusbildung auf den Brachflächen zwischen den Kollektoren bindet CO_2 aus der Atmosphäre. Wegen der Größe der Fläche ist dieser Beitrag erheblich.

Die Analyse verspricht eine vollständig autarke Energieversorgung der Bundesrepublik Deutschland, während heute 90 % der Primärenergie über fossile Brennstoffe importiert werden. Das muss man bei der gesellschaftlichen Diskussion über Aufwand und Kosten positiv berücksichtigen. Für uns ist nur die Energiebilanz relevant und wir können feststellen:

---

1 Nicht ganz: Die Fläche stimmt, aber die Biogasanlagen verwerten nicht nur eigens dafür angepflanzten Mais, sondern landwirtschaftliche Abfälle aller Art. Die Vergärung von Abfällen im engeren Sinn bleibt ein kleiner und sinnvoller Beitrag.

> Vollständig regenerative Energieversorgung ist machbar, und Photovoltaik hat daran den größten Anteil.

Wegen des täglichen und jahreszeitlichen Wechsels des Ertrags der Photovoltaik müssen wir uns nun mit den elektrischen Speichern befassen. Bei der vorliegenden Überschlagsrechnung wurde durch Mittelwertbildung impliziert, dass man Elektrizität mit dem energetischen Wirkungsgrad 1 speichern könne, was nicht haltbar ist.

Speicher

Bei der Photovoltaik ist die größte Herausforderung die jahreszeitliche Energiespeicherung, denn im Sommer ist der Ertrag über eine Woche gemittelt etwa zehnmal so groß wie im Winter, wie oben in Abb. 8.15 gezeigt wurde. Der Ertrag wird getrennt in einen konstanten Untergrund und einen periodischen Anteil der Form $-\cos\omega t$. Die Funktion $-\cos\omega t$ ist die erste Näherung für jeden periodischen Vorgang; sie ist in Abb. 10.6 skizziert. Die grüne Fläche liegt oberhalb des Mittellinie; sie repräsentiert den sommerlichen Überschuss an Elektrizität aus Photovoltaik. Die grüne Fläche hat den gleichen Inhalt wie die beiden roten Flächen, sie repräsentieren den winterlichen Mangel. Der winterliche Mangel die relative Größe $1/\pi \approx 0{,}32$ des Jahresbedarfs. Bei einer solaren Einspeisung von 162 GW = 1.420 TWh/a beträgt der variable Anteil 1.280 TWh/a. Davon werden im Sommer 407 TWh für die Produktion von Brennstoffen mit 285 TWh Energie verwendet. In Deutschland sind aktuell Speicher für 220 TWh Erdgas [27] sowie 300 TWh Erdöl und flüssige Erdölprodukte vorhanden, was deutlich oberhalb des Bedarfes liegt. Die überschüssige Energie im Sommer kann also für den Winter gespeichert werden. Zur Zeit dienen diese Speicher als Reserve für ausbleibende Importe in politischen Krisen. Mit Umstellung auf regenerative Energiequellen am Ort der Verbraucher ist die Abhängigkeit von Importen beseitigt. Die Speicher stehen als Vorrat für den jahreszeitlichen Ausgleich uneingeschränkt zur Verfügung.

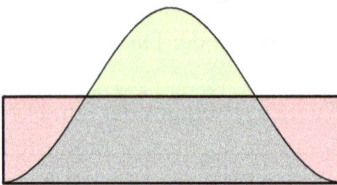

Abb. 10.6: Abschätzung des relativen Speicherbedarfs aus der Cosinus-Funktion. Das Rechteck aus roter und grauer Fläche zusammen repräsentiert den Bedarf an Elektrizität. Der Anteil der beiden roten Flächen am eingerahmten Rechteck ist $1/\pi$.

Beim Ausspeichern mittels GuD-Kraftwerken und Brennstoffzellen kommen von 280 TWh aus Brennstoffen maximal 170 TWh zurück ins Netz. Der fehlende Teil kann durch Windmühlen abgedeckt werden. Eine genaue Analyse muss unter anderem die Verflechtung von elektrischen Quellen und Verbrauchern mit der Wohnraumheizung berücksichtigen. Die vorliegende Abschätzung beantwortet also nicht die Frage, ob das Gesamtsystem funktioniert, sondern ob die Größenordnung stimmt. Zu Beginn des Kapitels wurde dargelegt, warum der Energiebedarf in Deutschland mit Holz und anderer Biomasse nicht zu decken ist: Die Leistung der realistisch nutzbaren Flächen ist um einen Faktor 30 zu klein. Biomasse kann man von vornherein vergessen. Die Speicherung der sommerlichen Überschüsse aus Solarstrom für den Winter erscheint hingegen grundsätzlich möglich.

Der Photovoltaikstrom oszilliert täglich mit dem Tagesrhythmus, und der Tagesertrag schwankt. Deshalb braucht man auch kurzfristige Speicher. Das geometrische Argument aus Abb. 10.6 gilt auch für den Tageszyklus. Im ersten Moment denkt man, dass man durch die Tageszyklen noch einmal 200 TWh/a (23 GW) Speicherverluste hat, wenn man eine gleichmäßige Stromproduktion anstrebt. Tatsächlich ist die Situation viel günstiger, aus vier Gründen. Erstens gehen die täglichen Überschüsse in die Wasserstoffelektrolyse für den Wintervorrat. Deren Wirkungsgrad ist zwar kleiner als Eins, aber den haben wir bereits beim Ausspeichern berücksichtigt. Die Elektrolyse ist an dieser Stelle ein regulärer Verbraucher, der bei Bedarf angeschaltet wird. Zweitens ist der Strombedarf am Tage höher als in der Nacht, so dass das nächtliche Minimum mit weniger Energie aufzufüllen ist. Drittens sind die kurzfristigen Speicher mit $\eta_E > 0{,}8$ viel effizienter als die chemischen, so dass die Speicherverluste von vornherein geringer ausfallen. Und nicht zuletzt lassen sich neben der Elektrolyse viele weitere Verbraucher nach dem Angebot im Netz steuern. Dazu zu zählen die Heizungsanlage mit Wärmespeicher und Elektroautos.

Es ist gesellschaftlicher Konsens, dass Deutschland 48 Millionen Autos einigermaßen verträgt. Ein kompaktes Auto kann 50 kWh Strom speichern, ohne zusätzlichen Platz zu beanspruchen. Die beiden Zahlen multipliziert ergeben 2,4 TWh Speicher, das ist die 650-fache Kapazität aller Pumpspeicher zusammen genommen. Sicher möchte niemand am Morgen vor Sonnenaufgang sein Auto mit leerem Akku vorfinden, aber es muss auch nicht vollständig aufgeladen sein. Da der Individualverkehr einen substanziellen Teil des Primärenergieverbrauchs ausmacht, kann schon durch zeitgesteuertes Aufladen der PKW die Last im Netz gut an die Einspeisung regenerativer Stromquellen angepasst werden. Im zweiten Schritt können die Akkumulatoren auch in das Netz entladen werden. Für den Akku ist es sogar vorteilhaft, wenn er nicht die meiste Zeit bei 100 % Ladungszustand verharrt. Es wird Unternehmen geben, die kostenlos zusichern, dass ein netzverbundenes Auto am Ende eines Arbeitstages mindestens 10 kWh mehr im Akku hat als am Morgen. In der Zwischenzeit kann die Speicherkapazität am Markt mit Gewinn verkauft werden. Es wird voraussichtlich Autofahrer geben, die das annehmen, um kostenlos zu fahren.

Die Speicherung von Elektrizität basiert also auf drei Säulen: Erstens wird der Stromverbrauch an das Angebot im elektrischen Netz angepasst. Den größten Anteil an dieser Regelmöglichkeit hat die Wasserstoffelektrolyse. Zweitens wird kurzfristig im Akkumulator gespeichert, weil die energetische Effizienz am größten ist. Drittens wird die Produktionslücke im Winter durch Verbrennung von elektrolysiertem Wasserstoff und seinen Verbindungen in GuD-Kraftwerken und Brennstoffzellen geschlossen. Die vorliegende quantitative Abschätzung zeigt, dass eine regenerative Energieversorgung grundsätzlich auf diesen Säulen aufgebaut werden kann. Für eigene Überlegungen sind in Tab. 10.3 die Energiedichten einiger Energiespeicher zusammengefasst.

Tab. 10.3: Energie pro Volumen und pro Masse für verschiedene Energiespeicher.

Medium	phys. Größe	kWh/kg	kWh/m^3
Ultrakondensator	el. Ladung	0,005	7
Blei-Akkumulator	el. Ladung	0,03	80
Li-Ionen-Akku Kraftfahrzeug	el. Ladung	0,10	270
Li-Ionen-Akku Forschungsstand	el. Ladung	0,45	1.200
Erdgas bei Normalbedinungen	Stoffmenge	13	10
Erdgas bei 300 K, 200 bar	Stoffmenge	13	2.000
Erdgas, flüssig bei 111 K	Stoffmenge	13	6.100
Wasserstoff bei Normalbedingungen	Stoffmenge	33	3
Wasserstoff, flüssig bei 21 K	Stoffmenge	33	2.360
H$_2$ an LOHC (N-Ethyl-Carbazol)	Stoffmenge	2	2.000
Benzin	Stoffmenge	12	8.900
Diesel	Stoffmenge	12	9.940
Ethanol	Stoffmenge	7,4	5.920
Buchenholz	Stoffmenge	4	2.000
Wasser 100 m hoch	Masse	0,00027	0,27
Wasser 80 K Temperaturdifferenz	Entropie	0,09	93,1
Phasenübergang Wasser–Eis	Entropie	0,09	92,8

Energetische Amortisation

Der Bau eines Kraftwerks braucht Rohstoffe und Energie. Nach einer typischen Nutzungsdauer steht der Abriss an. Die *energetische Amortisation* T_a bezeichnet die Zeitdauer, in der ein Kraftwerk die Energie für die eigene Herstellung bereitgestellt hat. Der Erntefaktor bezeichnet das Verhältnis aus gewonnener zu eingesetzter Energie einschließlich des Brennstoffs. Tab. 10.4 zeigt typische Werte. Gaskraftwerke sind nach wenigen Wochen energetisch amortisiert, aber der Erntefaktor beträgt trotzdem nur 30. Das liegt an dem energetischen Aufwand für Gewinnung und Transport des Brennstoffs Erdgas. Bei vollständig regenerativer Energieversorgung ist die kurze

	Erntefaktor	T_a (Jahre)
Photovoltaik (Dach)	10	2
Wind	50	0,4
Laufwasserkraftwerk	50	1
Erdgas GuD-Kraftwerk	28	0,025
Kohlekraftwerk	30	0,17

Tab. 10.4: Energetische Amortisation von Kraftwerken. Werte für Wind und Photovoltaik sind für die meteorologischen Verhältnisse in Deutschland angegeben.

Amortisationszeit ein wichtiger Punkt. Gaskraftwerke würden relativ selten laufen und hauptsächlich als Reserve bereitstehen. Die Leistung dieser Reserve muss der geforderten Spitzenleistung im Netz entsprechen, um bei einer *Dunkelflaute*, also windstillen und trüben Tagen im Winter, den Bedarf zu decken.

Der Erntefaktor ist auch für Speicher relevant. Lithium-Ionen-Akkumulatoren für mobile Anwendungen sind nach 100 Ladezyklen energetisch amortisiert, und die Lebensdauer beträgt typisch 1.000 Zyklen. Der energetische Erntefaktor ist 10, und die Amortisationszeit beträgt je nach Auslastung 4 bis 12 Monate. Diese Zahl mag überraschen, wenn man an eine vielzitierte Studie [79] denkt, nach der es sehr lange dauern würde, bis ein Elektroauto-Akku amortisiert wäre. Beides ist richtig. Wenn ein Auto die meiste Zeit herumsteht, amortisiert es sich schlecht oder gar nicht. Das ist aber kein Problem des Akkus, sondern trifft für Autos mit Wärmemotor genauso zu. Mit der Einbindung als Netzspeicher mit Entlademöglichkeit ist der Akkumulator im Elektroauto auch auf dem Parkplatz nützlich, und die Amortisationszeit verkürzt sich.

Die Herstellung von regenerativen Kraftwerken ist mit Emission von Treibhausgasen verbunden. Eine seriöse Analyse darf das nicht vernachlässigen. Für das Ergebnis hat die Einschätzung der Randbedingungen einschließlich der Standorte großen Einfluss. Mittelwerte sind 50 g/kWh für Photovoltaik und 15 g/kWh für Windkraftanlagen. Für die Herstellung von Photovoltaik-Anlagen wird viel Strom gebraucht, der heute überwiegend aus fossilen Kraftwerken stammt. Mit der Umstellung auf regenerative Kraftwerke wird sich der Wert erheblich reduzieren. Insgesamt ist festzuhalten:

> Alle notwendigen Techniken für eine vollständig regenerative Energieversorgung sind heute vorhanden. Die regenerative Energieversorgung macht ein Land oder eine Region autark.

Es ist aber auch klar geworden, dass die Aufwendungen an Platz und finanziellen Mitteln enorm sind. Deshalb muss man generell danach streben, unnütze Entropieproduktion zu verringern. Verkehr und Wohnen sind die beiden Bereiche, in denen man persönlich am meisten erreichen kann. In den folgenden Abschnitten geht es um Ersparnis ohne Komfortverlust. Der Verzicht ist eine weitere Möglichkeit, Energie zu sparen, über die jeder selbst entscheiden kann; dafür braucht man kein Physikbuch.

10.4 Mobilität

Der Mensch ist von sich aus mobil. Bis in das industrielle Zeitalter sind Menschen ausschließlich zu Fuß gegangen. Nur Privilegierte konnten sich vom Pferd tragen lassen. Eine bedeutende Erfindung ist das Fahrrad. Es erweitert den Aktionsradius, also die in einer Zeiteinheit zurücklegbare Strecke, etwa um einen Faktor Fünf, und zwar ohne jeglichen äußeren Antrieb, nur durch die Optimierung des menschlichen Bewegungsablaufs. Selbst in Großstädten mit gut ausgebautem öffentlichem Nahverkehr ist das Rad von Tür zu Tür gerechnet das schnellste Verkehrsmittel. Das Fahrrad ist von vornherein emissionsfrei. Die Nutzungsdauer beträgt Jahrzehnte, und der Ressourcenverbrauch für Ersatzteile ist klein. Aus physikalischer Sicht sollte das Fahrrad das urbane Referenzverkehrsmittel sein, an dem sich andere Verkehrsmittel messen lassen müssen. Fahrräder mit Elektromotor ermöglichen eine höhere Reichweite und leichteren Transport von Lasten. Der Stromverbrauch hängt stark vom Grad der Unterstützung ab. Als Mittelwert wird 1 kWh pro 100 km gerechnet. Das ist ein Zwanzigstel des Energieverbrauchs öffentlicher Verkehrsmittel.

Tab. 10.7 macht den spezifischen Energieverbrauch pro Personenkilometer für verschiedene Verkehrsmittel anschaulich. Mehrere Einträge widersprechen gängigen Klischees. Das Flugzeug liegt nicht so hoch über den anderen Verkehrsmitteln wie gedacht. Hier sind die langen Strecken das Problem, weniger der spezifische Verbrauch. Mit dem Flugzeug erreicht man Ziele, die man mit Auto oder Bahn gar nicht erst in Betracht ziehen würde. Fernbahn und öffentlicher Nahverkehr (ÖPNV) liegen in etwa auf der Höhe von Elektro-PKW. Die Bahn fährt überwiegend elektrisch und hat kaum Einsparpotential. Ihr Vorteil gegenüber dem Elektro-PKW könnte Pünktlichkeit sein. Der ÖPNV wird den spezifischen Verbrauch durch Einsatz von Elektrobussen verringern. In Ballungszentren mit gut ausgelasteten Fahrzeugen liegen die örtlichen Werte weit unter den Durchschnittswerten. Zusätzlich sind die Fahrzeuge schnell amortisiert, weil sie ständig im Einsatz sind. Für ländliche Regionen ist der Ausbau eines ÖPNV-Netzes aus energetischer Sicht sinnlos.

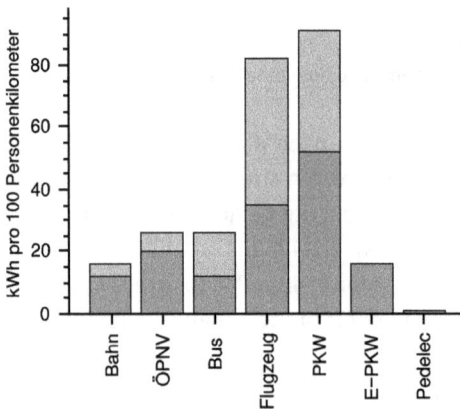

Abb. 10.7: Primärenergiebedarf für Verkehrsmittel pro Personenkilometer. Aufgrund unterschiedlicher Annahmen variieren die Literaturwerte in dem hell getönten Bereich. Beim PKW ist ein einzelner Fahrer ohne Passagiere angenommen. Das Pedelec ist ein Fahrrad mit Elektromotor.

Der vollständige Umstieg vom Wärmemotor auf den Elektromotor würde in Deutschland jährlich etwa 500 TWh Primärenergie einsparen. Der größere Teil entstammt der Vermeidung der Entropieproduktion beim Verbrennen von Benzin, aber auch das reversible Bremsen durch Generatorbetrieb mit Aufladen des Akkus, die *Rekuperation*, trägt bei.

„So viel Strom gibt es doch gar nicht", sagen die Kritiker der Elektromobilität. In Deutschland wurden
2018 rund 1,2 Billionen Personenkilometer zurückgelegt, davon 80 % im PKW und 20 % in öffentlichen
Verkehrsmitteln [87]. Wenn alle Autostrecken ausschließlich ohne Mitfahrer im Elektroauto zurückge-
legt würden, bräuchte man bei 160 Wh/km Durchschnittsverbrauch zusätzlich 154 TWh Strom jährlich.
Gegenüber der Stromproduktion 2018 in Höhe von 590 TWh (einschließlich 48 TWh Export) ist das eine
Steigerung um ein gutes Viertel.

Ein landläufig bekannter Nachteil von Elektro-PKW ist die relativ geringe Reichweite
von 150 km bis 400 km im realen Betrieb. Als Lösungsvorschläge werden Kombinatio-
nen aus elektrischem Antrieb und Wärmemotoren oder Brennstoffzellen genannt. Diese Konzepte lassen wir außen vor, da bereits heute (2019) Akkumulatoren für Trans-
portdrohnen mit bis zu 1.200 Wh/kg kommerziell angeboten werden. Gegenüber den
Fahrzeug-Akkumulatoren ist die Speicherdichte viermal größer und die Zahl der Spei-
cherzyklen kleiner. Im Rahmen der absehbaren technologischen Entwicklung erscheinen Reichweiten von 600 km bis 1.600 km möglich. Der elektrische Speicherwirkungsgrad beim Akku beträgt 90 %, bei Wasserstoff und Brennstoffzelle maximal 40 %. Wasserstoff ist nur interessant, wenn der höhere Preis – mindestens der 9/4-fache – durch
einen Vorteil aufgewogen wird.

Elektrischer Antrieb ist nicht auf Landfahrzeuge beschränkt. Abb. 10.8 zeigt das
Fährschiff Aurora für Pendelverkehr Helsingborg–Helsingør. Flugzeuge können prinzipiell auf Elektroantrieb umgerüstet werden, indem die Gasturbine als Antrieb des
Gebläses durch einen Elektromotor ersetzt wird. Man würde es dem Triebwerk von außen gar nicht ansehen. Dem stehen allerdings die langen Distanzen und Reisezeiten
entgegen. Für den internationalen See- und Luftverkehr kommt der elektrische Antrieb mit Akkumulator nicht infrage. Flugzeuge werden mit Fischer–Tropsch-Kerosin
und Gasturbine fliegen. Der spezifische Energieverbrauch gegenüber dem heutigen
Primärenergieverbrauch ändert sich nicht, aber die anderen Verkehrsmittel werden
durch den Wechsel von Wärmemotor zu Elektromotor erheblich besser. Deshalb wird

Abb. 10.8: Die Fähre Aurora und ihre Schwester Tycho Brahe verkehren auf der Strecke Helsingborg–
Helsingør–Helsingborg mit bis zu 1.250 Passagieren und 240 Autos. Der Akkumulator mit 4.200 kWh
Kapazität wird innerhalb von 9 Minuten im Hafen nachgeladen (rechts). ©ForSea Helsingborg AB.

künftig das Flugzeug auch pro Personenkilometer viel mehr Energie verbrauchen als andere Verkehrsmittel.

---

i Fähre oder Flugzeug? Wenn man auf dem Deck einer großen Fähre von Kiel nach Oslo steht und aus 20 Metern Höhe das Ablegemanöver im Hafen beobachtet, fragt man sich: Welch gewaltiger Aufwand, wäre es nicht energetisch günstiger gewesen, mit einem kleinen schlanken Flugzeug zu fliegen? Als Strecke wird der Seeweg von 690 km (372 sm, Seemeilen) genommen. Für das Flugzeug fallen 60 kWh/100 Personenkilometer an, also 414 kWh pro Passagier. Die Fähre *Color Fantasy* hat eine Antriebsleistung von 31 MW und braucht für die Strecke 20 Stunden. Die Maximalgeschwindigkeit beträgt 22 kn (Seemeilen pro Stunde). Die mittlere Geschwindigkeit beträgt 372 sm / 20 h, also 18,6 kn, das sind 85 % der Maximalgeschwindigkeit. Wir vernachlässigen die geringere Effizienz bei Langsamfahrt in Hafennähe und nähern die Leistung als lineare Funktion der Geschwindigkeit. Damit beträgt die mittlere mechanische Leistung 26,2 MW und die mechanische Energie für die Überfahrt 524 MWh. Der Dieselmotor hat einen Wirkungsgrad von 48 %, so dass die Energie des verbrannten Treibstoffs 1.091 MWh beträgt. Bei 2.750 Passagieren ergibt sich 397 kWh für die Überfahrt pro Person. Somit sind Flugzeug und Fähre vergleichbar. Für eine genauere Betrachtung kann man der Fähre unvollständige Buchung und die Energie für den Hotelbetrieb anlasten und gleichzeitig den Transport von bis zu 125 Sattelschleppern (bis zu 300 MWh) gutschreiben. Die vielen Freiheitsgrade erlauben das Schönrechnen für die eine oder die andere Seite.

Im Seefrachtverkehr werden 2-Takt-Diesel eingesetzt, die bis zu 50 % Wirkungsgrad erreichen. Durch einen nachgeschalteten Dampfprozess, der turboelektrisch mit der Antriebswelle gekoppelt wird, sind sogar 55 % möglich. Diese hohen Werte im Vergleich zum PKW-Diesel haben zwei Gründe: Zum einen wird der Motor auf eine bestimmte, vom Reeder vorbestellte Reisegeschwindigkeit optimiert, und er läuft stets im Effizienzmaximum. Zum anderen spielt Komfort überhaupt keine Rolle. Die Motordrehzahl von 60 min^{-1} bis 90 min^{-1} ist auf den direkt gekoppelten Propeller angepasst. Passagierschiffe haben 4-Takt-Motoren mit zahlreicheren und kleineren Zylindern, die weniger vibrieren, schneller regelbar sind, aber schlechteren Wirkungsgrad haben.

Abb. 10.9: Der Container-Frachter Mogens Maersk ist 399 m lang, 59 m breit, hat 15,5 m Tiefgang und trägt 18.270 Standard-Container 20' (TEU). Das Schiff wird durch zwei 8-Zylinder Dieselmotoren mit zusammen 64 MW Leistung angetrieben. Eine Dampfturbine mit Turbogenerator wird vom Abgas der Dieselmotoren geheizt und speist Elektromotoren auf den Propellerwellen, sowie bei Bedarf elektrisch angeschlossene Kühlcontainer. Der energetische Wirkungsgrad ist $\eta = 0{,}55$. ©Jan van Broekhoven.

Allen Marine-Dieseln gemeinsam ist die Möglichkeit, jegliche Kohlenwasserstoffe zu verbrennen, vom Erdgas über Diesel bis hin zum Schweröl, einem Abfallprodukt der Erdölraffination. Nicht das viel gelobte LNG (flüssiges Erdgas) ist besonders sauber in der Verbrennung, sondern Schweröl ist besonders schmutzig. Diesel und Kerosin verbrennen genauso sauber wie LNG und verursachen weniger Methan-Emission. Zukünftig können Schiffe mit allem fahren, was bei der Fischer–Tropsch-Synthese übrig bleibt oder billigst herzustellen ist. Die Gas- und Dampfturbine mit Generator, Batterie und Elektromotor ist auf See teurer als der Dieselmotor, aber grundsätzlich möglich. Bereits das Kriegsschiff USS New Mexico von 1918, 190 m lang und mit 1.084 Mann Besatzung, hatte einen 20,5 MW turbolelektrischen Antrieb.

10.5 Wohnen

Gebäudeheizungen sind für 30 % der CO_2-Emissionen in Deutschland verantwortlich. Der spezifische Energieverbrauch in kWh pro Jahr und Quadratmeter Wohnfläche unterscheidet sich zwischen einem Passivhaus und einem Haus aus den 1960er Jahren um den Faktor 20. Das Einsparpotential ist riesig. Physikalisch betrachtet soll beim Heizen eine Temperaturdifferenz mit einem Minimum an Entropieproduktion aufrecht erhalten werden. Dazu ist die Diffusion von Entropie in der Heizungsanlage und in der Gebäudehülle zu minimieren.

Die Wärmedämmung von Gebäuden hat das größte Einsparpotential beim Primärenergieverbrauch ohne Einbußen beim Komfort.

Die „Wärmedämmung" ist Alltagsbegriff und physikalischer Begriff zugleich. Man verringert die Wärmeleitfähigkeit der Wände durch schlecht wärmeleitende Isolierstoffe. Der Alltagsbegriff ist etwas in Verruf geraten. Viele Menschen befürchten, bei „übermäßiger" Wärmedämmung würde sich das Wohnklima verschlechtern, man habe das Gefühl, in einer Plastiktüte zu wohnen und Schimmel könne entstehen. Diese Fehlvorstellungen kommen alle aus dem fehlenden Verständnis der Luftfeuchtigkeit. Ein Wohnhaus ist nämlich ein offenes System für Luft, Wasser und Licht, siehe Abb. 10.10.

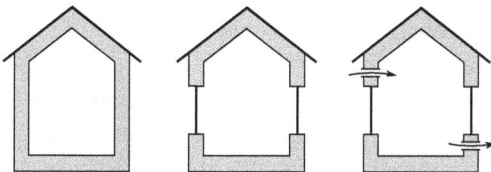

Abb. 10.10: Ein Wohnhaus ist mehr als ein thermisch isolierter Kasten (links). Es braucht Fenster (Mitte) für Licht sowie Lüftung für den kontinuierlichen oder periodischen Luftaustausch (rechts).

Die Rolle des Lichts ist offensichtlich. Beim Luftaustausch ist die Situation ganz anders. Es ist zwar klar, dass jeder geschlossene Raum belüftet werden muss, wenn Menschen darin wohnen, aber man überlässt diesen Prozess oft dem Zufall. Die Aversion gegen luftdichte Häuser ist ein Relikt aus alter Zeit. In niedersächsischen Bauernhäusern war noch bis in das 19. Jahrhundert ein offenes Herdfeuer üblich, dessen Rauch durch Ritzen oder offene Türen nach draußen zog [82]. Niemand würde so etwas heute akzeptieren. Der Einbau von Öfen mit Schornstein und die Abdichtung des Hauses mit Fenstern und Türen war ein großer Fortschritt. Der Luftaustausch blieb durch eine Vielzahl von Ritzen gewährleistet. Viele Menschen glauben bis heute, dass der technische Stand um 1900 irgendwie optimal ist.

Moderne Fenster und Türen sind so dicht, dass der Luftaustausch immer durch manuelles oder automatisches Lüften erfolgen muss. Das ist völlig unabhängig von der Wärmeleitfähigkeit der Fenster und Wände. Eine gute Wärmedämmung beeinflusst also nicht die Luftqualität und das damit verbundene subjektive Raumklima. Für den bequemen Menschen lohnt sich die Lüftungsanlage, also ein elektrisch angetriebener Austausch der Luft, der auf eine feste Rate einstellbar ist. Die Lüftungsanlage wird in der Regel mit einem Gegenstromwärmetauscher ausgestattet. Damit wird der Entropiestrom vom Luftstrom getrennt. Die Entropie der warmen Zimmerluft bleibt im Haus, während die Luft selbst ausgetauscht wird. Die energetische Effizienz solcher Gegenstromwärmetauscher liegt über 90 %.

Die Wärmedämmung im engeren Sinne bedeutet Minimierung der Wärmeleitfähigkeit der Gebäudehülle. Die wichtigste Größe ist die Wärmeleitfähigkeit λ des Materials, denn sie bestimmt die Leistung des Entropiestroms durch Wände und Dach. Eine Hauswand kann man nicht beliebig dick machen, das wäre nicht nur Materialverschwendung, sondern auch architektonischer Unsinn. Fensteröffnungen sollen als Öffnung wirken und nicht als Tunnel oder Scharte. Sinnvolle Wandstärken bewegen sich im Bereich 30 cm bis maximal 50 cm einschließlich geputzter Oberflächen. Die Wand besteht nicht nur aus Isolation, sondern auch aus einer tragenden Mauer. Massivholz und Poroton-Ziegel bilden von sich aus tragende Strukturen, alle anderen Materialien brauchen eine separate tragende Wand. Die Tab. 10.5 enthält in Spalte d_{EnEV} die erforderliche Schichtdicke, mit der die aktuelle Energieeinsparverordnung gerade noch eingehalten wird. Wie bei den Kraftwerken muss bei Dämmstoffen die energetische Amortisation beachtet werden. Es ist verständlich, dass eine Styropor-Dämmung von 15 cm Dicke, mit der die jährliche Heizenergie eines Altbaus auf ein Drittel gesenkt wird, schneller amortisiert ist als eine zweite Schicht, mit der die Dämmung von 15 cm auf 30 cm aufgerüstet wird. Selbst wenn man im zweiten Fall gar keine Heizung mehr bräuchte, wäre die Amortisationszeit in diesem Beispiel doppelt so lang; mehr Energie zum Sparen ist ja durch die erste Schicht gar nicht übrig gelassen worden. Abb. 10.11 illustriert das Prinzip. Zur Bewertung der Nachhaltigkeit einer Dämmung zählen neben dem Energiebedarf der Herstellung auch die Lebensdauer, toxische Zusatzstoffe und Weiterverwertung nach Ende der Nutzungsdauer. Nachwachsende Rohstoffe sind auf den ersten Blick sehr vorteilhaft, allerdings sind

Tab. 10.5: Dämmstoffe. Angegeben sind jeweils Bestwerte. Viele Baustoffe gibt es mit unterschiedlichen Spezifikationen mit Vorzügen für bestimmte Anwendungen. Mechanische Stabilität geht oft mit größerer Wärmeleitung einher, zum Beispiel beim Leichtlehm.

Material	λ W/m K	c_p J/kg K	ρ kg/m^3	ℓ_{24h} cm	d_{EnEV} cm	μ
Styropor	0,032	1.470	30	25	11	60
Mineralwolle	0,035	900	100	18	12	1
Holzfaser	0,040	2.100	200	9	14	10
Hanf	0,042	2.300	40	20	15	1
Kork	0,045	1.800	115	14	16	5
Porotonziegel T8	0,08	1.000	600	11	29	5
Leichtlehm mit Kork	0,08	1.000	400	13	29	5
Fichtenholz	0,14	2.700	450	10	50	50
Leichtlehm mit Blähton	0,21	1.000	700	16	75	5
Kalksandstein	1,0	1.000	1.800	22	360	15
Beton	2,1	880	2.000	32	750	100

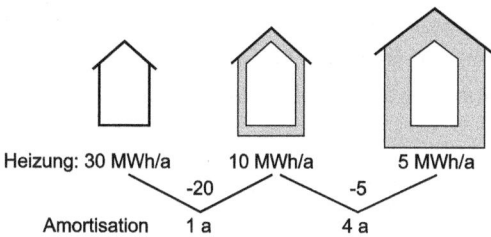

Heizung: 30 MWh/a   10 MWh/a   5 MWh/a

−20   −5

Amortisation   1 a   4 a

Abb. 10.11: Energetische Amortisation von Dämmstoffen dauert bei großen Schichtdicken länger, aber trotzdem nur wenige Jahre. Dämmen lohnt sich immer. Zahlen aus [11].

viele Produkte mit Brandschutzmitteln versetzt, und teilweise werden Kunststoffe zur mechanischen Stabilisierung hinzugefügt.

Neben der Wärmeleitfähigkeit sind zwei weitere Größen zur Charakterisierung von Baustoffen relevant, nämlich die Diffusionskonstanten für Entropie und Wasser. Aus der thermischen Diffusionskostanten a ist die Diffusionslänge ℓ_{24h} abgeleitet. Sie gibt an, wie weit eine thermische Störung innerhalb von 24 Stunden in das Material eindringt. Holzfaser sticht hier mit einem besonders guten Wert heraus. Da kann die Nacht noch so frostig oder die Mittagssonne noch so heiß sein, im Haus kommt davon nichts an. Die Wasserdampfdiffusionskonstante μ ist eine dimensionslose empirische Größe. Ein hoher Wert bedeutet geringe Leitfähigkeit für Feuchtigkeit. Bemerkenswert ist der hohe Wert für Holz. Entgegen der landläufigen Meinung und Werbeversprechen von Herstellern ist ein Holzhaus alles andere als diffusionsoffen. Es kann undicht sein und wäre dann undicht zu nennen. Aber Holz an sich ist für Wasser eine stärkere Barriere als Kalksandstein. Die Alten haben das gewusst, als sie ihre Brotkästen aus Holz gebaut haben.

Bevor wir uns weiter in Details verlieren, sehen wir uns die thermische Bilanz eines Hauses der Effizienzklasse A an. Die vorliegenden Zahlen gelten für ein Reihenhaus Baujahr 2006 und sind auf freistehende Einfamilienhäuser übertragbar. Für größere Wohngebäude sind die Verhältnisse der Beiträge etwas anders, aber die grundlegenden Überlegungen bleiben gültig. Das Wärmegutachten enthält die Energiequellen Fernwärme, interne Quellen und Sonnenlicht, sowie die Verluste Transmission, Luftwechsel und Wärmebrücken. Keiner der sechs Beiträge ist vernachlässigbar klein. In der Übergangszeit tragen interne Quellen und Sonnenlicht stärker bei als die Heizungsanlage. Gegenüber der ersten Planung des Bauträgers wurden durch den Bauherrn zwei Verbesserungen vorgenommen. Durch Verdopplung der Dämmschichten im Keller und auf dem Flachdach sinkt die Transmission um 20 % auf 1.640 kWh. Die Lüftungsanlage reduziert den Luftwechselverlust um 55 %. Auf das Jahr gerechnet spart die Lüftungsanlage 7.400 kWh Energie an Fernwärme mit einem elektrischen Aufwand von 700 kWh.

Fenster

Fenster können pauschal als Wärmewiderstand behandelt werden, aber dann bleiben wichtige Aspekte unverständlich. Die substanzielle Heizleistung des von außen einfallenden Lichts ist durch die dunkelblauen Balken in Abb. 10.12 illustriert. Wir betrachten nun Wärmeleitung und Strahlung für die einzelnen Schichten des Fensters

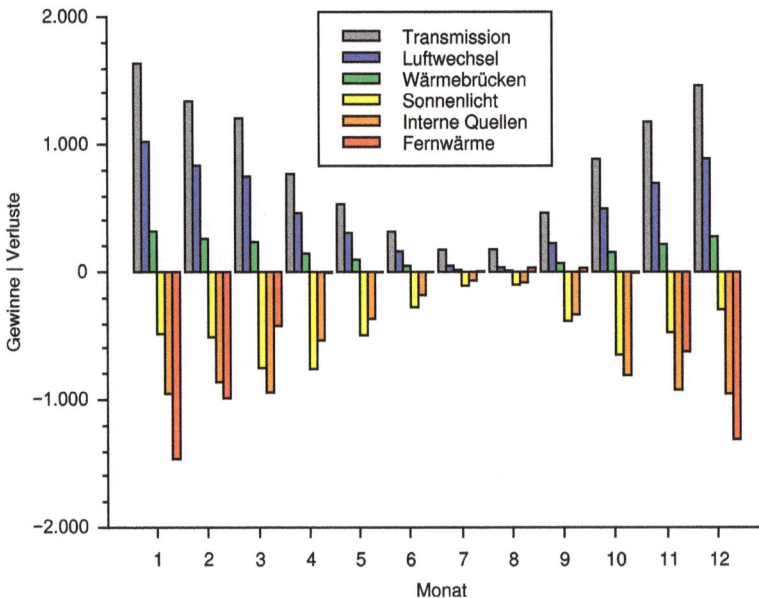

Abb. 10.12: Monatliche Energiebilanz aus einem Wärmegutachten. Die Prognose ergibt eine Heizperiode von November bis März, wie man an den roten Balken erkennt. Tatsächlich erstreckt sich die Heizperiode je nach Witterung von Anfang Oktober bis Mitte April. Der gesamte Energiebedarf an Fernwärme entspricht dem Gutachten; das ist die Hauptsache.

ohne den Eintrag des sichtbaren Lichts. Dazu wird auf die Analogie zwischen Entropiestrom und elektrischem Strom aus Abschnitt 3.6 zurückgegriffen. Diese Analogie ist für Wände und Fenster gleichermaßen anwendbar. Abb. 10.13 illustriert das Prinzip.

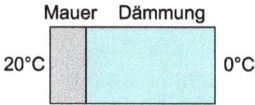

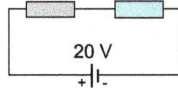

Abb. 10.13: Analogie von Entropiewiderständen und elektrischen Widerständen in Reihenschaltung.

Die Leistung P eines elektrischen Stroms durch einen Leiter der Länge l der spezifischen elektrischen Leitfähigkeit σ_Q und der Querschnittsfläche A ist

$$P = \sigma_Q \frac{A}{l} U^2. \tag{10.1}$$

Der elektrische Widerstand R_Q setzt sich aus spezifischer Leitfähigkeit und den Dimensionen des Materials zusammen, so dass

$$P = \frac{U^2}{R}. \tag{10.2}$$

Die Leistung des Entropiestroms ist

$$P = \lambda \frac{A}{l} \Delta T. \tag{10.3}$$

Wärmeleitfähigkeit λ und elektrische Leitfähigkeit σ_Q sind jeweils proportional zur Energiestromstärke P. In der Bauphysik wird der thermische Widerstand R_S nicht absolut angegeben, sondern auf die Fläche bezogen:

$$\frac{P}{A} = \frac{\Delta T}{R_S}. \tag{10.4}$$

Mindestens ebenso gebräuchlich ist der *U-Wert* als Kehrwert von R_S:

$$\frac{P}{A} = U \Delta T \tag{10.5}$$

mit

$$U = \frac{\lambda}{l}. \tag{10.6}$$

Die Definition für homogene Stoffe wirkt banal, aber der U-Wert hat große praktische Bedeutung bei der Charakterisierung zusammengesetzter Bauteile. Wärmewiderstände R_S kann man wie elektrische Widerstände in Reihe anordnen:

$$R_S = \sum_{i=1}^{n} R_{Si}. \tag{10.7}$$

Zur Berechnung des Wärmewiderstands einer Wand addiert man die einzelnen Widerstände für Innenputz, Stein, Dämmung und Außenputz. Die Temperaturen in den Grenzflächen bei konstanter Entropie- und Energiestromstärke berechnet man aus (10.4).

Es gibt einen erheblichen thermischen Kontaktwiderstand am Übergang Feststoff zu Luft. Luft ist an sich sehr beweglich. Auf kleiner Längenskala hingegen ist Luft zäh. Man sieht das beim Fall kleiner Wassertropfen oder Pflanzensamen. Luft bleibt an einer festen Oberfläche unbeweglich und wirkt wie eine isolierende Schicht. Für den Wärmewiderstand R_S dieser Schicht gibt es empirische Werte, nämlich $0{,}13\,\mathrm{m^2K/W}$ in geschlossenen Räumen und $0{,}04\,\mathrm{m^2K/W}$ an Außenwänden. Die oberflächennahe Luftschicht ist der Grund, warum sich in einem geheizten Zimmer unterschiedliche Temperaturen an Oberflächen ausbilden können. Insbesondere Außenwände und Fenster sind kälter als die Luft im Zimmer. Ohne diese Schicht wären Wände immer auf Zimmertemperatur. Abb. 10.14 zeigt die Wärmewiderstände einer Hauswand maßstäblich.

Abb. 10.14: Wärmewiderstände einer Hauswand: Innere Luftschicht (rot), Putz (grün), Kalksandstein (grau), Styropordämmung (blau), und äußere Luftschicht (rot). Bei 20 °C Innentemperatur und 0 °C Außentemperatur ist die Temperatur der inneren Wandoberfläche 19,3 °C. Ohne blaue Dämmung wäre die Temperatur 13,7 °C.

Auf der oberflächennahen Luftschicht basiert auch die Isolierwirkung von einfach verglasten Fenstern. Der Tabellenwert für einfache Fenster ist $R_S = 0{,}17\,\mathrm{m^2K/W}$, also genau die Summe der Werte für die innere und die äußere Luftschicht. Der Wärmewiderstand einer 4 mm dicken Glasscheibe von $R_S = 0{,}005\,\mathrm{m^2K/W}$ ist dabei vernachlässigt. Eine Folie oder ein Karton hätte die gleiche Isolierwirkung.

Intuitiv geht man davon aus, dass ein Fenster besser gegen Kälte isoliert, wenn man vor die Scheibe eine weitere Scheibe im eigenen Rahmen setzt. Solche Kastenfenster haben sich wohlhabende Bürger bereits im 19. Jahrhundert geleistet. Physikalisch gesprochen werden zwei Wärmewiderstände in Reihe geschaltet. Beim Mehrscheiben-Isolierglas ist diese Reihenschaltung durch zwei fest miteinander verbundene Scheiben realisiert, die als Ganzes in den Rahmen montiert werden. Da der Innenraum hermetisch abgeschlossen ist, können die Oberflächen weder verschmutzen noch beschlagen. Auch die Wärmeleitfähigkeit nimmt ab, jedenfalls theoretisch. Die beiden Scheiben werden gerade so weit auseinander gestellt, dass die beiden konvektionsfreien Schichten einander berühren und die Konvektion insgesamt unterbunden ist, siehe Abb. 10.15. Entgegen der landläufigen Meinung spielt die Unterdrückung der Konvektion im Isolierglas der 1970er bis 1990er Jahre keine nennenswerte

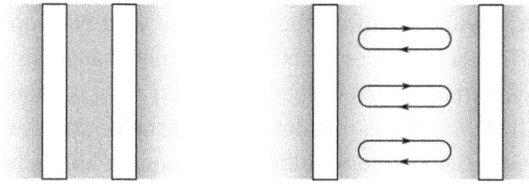

Abb. 10.15: Bei geringem Abstand zweier Glasscheiben wachsen die Grenzschichten zusammen und bilden eine konvektionsfreie Luftschicht. Bei zu großem Abstand bildet sich Konvektion aus.

Rolle. Gegenüber dem historischen Kastenfenster gibt es keinen Vorteil. Der Grund dafür ist der Entropietransport durch Strahlung im Zwischenraum. Anders als in einer undurchsichtigen Wand strahlt die warme Scheibe des Verbundsystems mehr Infrarotlicht in Richtung der kalten Scheibe, als sie von dieser empfängt. Selbst bei perfekter Unterdrückung der Wärmeleitung gäbe es einen Entropietransport durch Strahlung von der warmen zur kalten Scheibe.

Wir betrachten die Strahlungsbilanz einer einzelnen Glasscheibe mit dem Modell in Abb. 10.16. Im infraroten Spektralbereich ist Glas undurchsichtig und in Gedanken gut durch eine dünne schwarze Wand zu ersetzen. Die Temperatur T_wand der Trennwand im Strahlungsgleichgewicht folgt aus dem Stefan-Boltzmann-Gesetz:

$$T_\text{wand}^4 = \frac{T_1^4 + T_2^4}{2}. \tag{10.8}$$

Bei typischen Temperaturdifferenzen ist T_wand nahe am arithmetischen Mittel von Innen- und Außentemperatur. In Wirklichkeit kann die Umwelt nicht unbedingt als Schwarzer Strahler genähert werden, das Zimmer aber schon. Jedenfalls bekommt man mit dem Modell einen Eindruck über die Größe des Effekts. Aus Symmetriegründen nehmen wir eine Scheibe, die von beiden Seiten mit ruhender Luft umgeben ist. Dann ist auch für die Wärmeleitung die Temperatur der Scheibe das arithmetische Mittel, und die beiden Prozesse des Entropietransports sind nicht gekoppelt. Die Wärmewiderstände für Diffusion und Strahlung sind parallel geschaltet. Der empirisch gefundene Gesamtwiderstand ist $R_S = 0{,}26\,\text{m}^2\text{K/W}$. Bei Innentemperatur 20 °C und Außentemperatur 0 °C folgt aus Gl. (10.4) die Energiestromdichte 77 W/m^2. Die Energiestromdichte der Strahlung ist 52 W/m^2. Zwei Drittel der gesamten Energiestromdichte entfallen auf die Strahlung, und nur ein Drittel auf die Wärmeleitung durch oberflächennahe Luftschichten. Zur Verbesserung der Wärmedämmung von Fenstern muss man sich zuerst um die Strahlungsverluste kümmern.

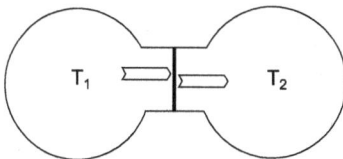

Abb. 10.16: Zwei evakuierte Hohlräume unterschiedlicher Temperatur werden durch eine dünne schwarze Wand verbunden. Die Wand hat eine Temperatur $T_2 < T_\text{wand} < T_1$. Sie empfängt mehr Leistung aus dem Hohlraum 1 als sie zurück emittiert. Aus dem Raum wird weniger Licht absorbiert als zurück emittiert wird. Im Gleichgewicht sind die Energieströme gleich.

Abhilfe schafft die Senkung der Emissivität im Infrarotbereich. Dazu wird bei Doppelfenstern die Innenfläche der inneren Scheibe des Verbunds mit einem hauchdünnen Metallfilm bedampft, der im sichtbaren Bereich weitgehend transparent ist, aber im mittleren Infrarot reflektiert. Die Strahlungsleistung der inneren Scheibe nach außen wird auf einen Bruchteil reduziert. Die äußere Scheibe bleibt dadurch kühl und strahlt ebenfalls wenig. Nun lohnt es sich doch, das Gaspolster dicker zu machen, denn die Strahlung fällt dieser Maßnahme nicht in den Rücken. Ebenfalls lohnend ist die Füllung des Zwischenraums mit Argon statt mit trockener Luft. Argon hat mit λ = 0,018 W/mK eine deutlich kleinere Wärmeleitfähigkeit als Luft mit λ = 0,026 W/mK. Abb. 10.17 illustriert die Beiträge von Strahlung und Diffusion.

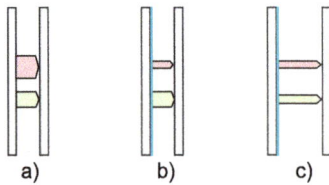

Abb. 10.17: a) Im Zwischenraum des Doppel-Isolierfensters dominiert die Strahlung (rot). b) Eine transparente Metallschicht vermindert die Reflektivität und damit die Energiestromdichte der Strahlung. c) Vergrößerung des Abstandes und Füllung mit Argon verringern die Wärmeleitung durch Diffusion (grün).

Die Dreifach-Isolierscheibe ist eine Weiterentwicklung der Zweifach-Isolierscheibe. Man hat mehrere Parameter zur Abwägung des Wärmewiderstands gegen die Herstellungskosten, nämlich die Abstände, die Art der Gasfüllung und die Anzahl und Güte der Metallbeschichtung. Das erklärt, warum hochwertige Zweifach-Isoliergläser besser sein können als billige Dreifach-Gläser. Die Reduktion der Strahlungsverluste ist bei historischen Einzel- oder Kastenfenstern technisch möglich, wird aber nicht praktiziert.

Seriöse Fensterhersteller bilanzieren die Energieströme für einfallende sichtbare Strahlung und die Verluste nach außen, also die Summe aus Diffusion und Infrarotstrahlung. Die Rahmen sind wegen der fehlenden Transmission sichtbaren Lichts die thermische Schwachstelle in Fenstern. Rahmen werden deshalb so schmal wie möglich gehalten. Das sieht auch besser aus und kostet mehr. Mit den besten Fenstern erreicht man in unseren Breitengraden eine neutrale Energiebilanz bei nördlicher Ausrichtung, d. h. das Fenster wirkt im Mittel wie ein perfekter thermischer Isolator. Das muss man wissen, bevor man sich vom Architekten winzige Fenster auf der Nordseite eines Passivhauses aufschwatzen lässt.

Heizungen

Ein Heizkörper überträgt Entropie in den beheizten Raum durch Strahlung, Konvektion und direkte Wärmeleitung in die Luft. Es wurde betont, dass die Diffusion von Entropie von hoher auf niedrige Temperatur irreversibel ist und somit eine Energieverschwendung darstellt. Die Temperatur des Heizkörpers soll deshalb möglichst wenig oberhalb der Raumtemperatur liegen. Um die erforderliche Leistung der übertragenen Entropie zu erreichen, macht man die Fläche so groß wie möglich, denn die Heizleistung ist proportional zur Fläche. In der Praxis nutzt man den Fußboden oder die Wände als beheizte Fläche. Solche Flächenheizungen haben weitere Vorteile: Neben der geringstmöglichen Entropieproduktion durch den Entropiestrom in den Raum entsteht kaum Konvektion, die als Zugluft wahrgenommen werden könnte. Schließlich sind Flächenheizungen sehr geeignet für Wärmepumpen, weil die Entropie den geringstmöglichen Temperaturunterschied hinauf gepumpt werden muss.

Dem klassischen Ofen wird nachgesagt, dass er sich durch angenehme Strahlungswärme auszeichne, was für andere Heizkörper nicht zutreffe. Tatsächlich dominiert auch bei der Fußboden- oder Wandheizung die Strahlung. In dem oben bilanzierten Haus beträgt im Januar die mittlere Dichte der Heizleistung $15\,\text{W/m}^2$. Die Energiestromdichte eines Schwarzen Strahlers bei 20 °C beträgt $419\,\text{W/m}^2$. Dieser Wert ist viel größer als die Dichte der Heizleistung, deshalb ist das Zimmer sehr nahe am Strahlungsgleichgewicht. Bei Erhöhung der Bodentemperatur durch die Fußbodenheizung fließt Entropie durch den Wärmewiderstand der Grenzschicht und stellt dort einen Temperaturunterschied her. Genau wie beim Fenster spielen Wärmeleitung in Luft und Strahlung ein Rolle, aber Konvektion käme erst bei größeren Temperaturunterschieden hinzu. Abb. 10.18 zeigt die Heizschlangen, durch die das warme Wasser fließt, sowie den Anteil der Strahlung an der gesamten Heizleistung.

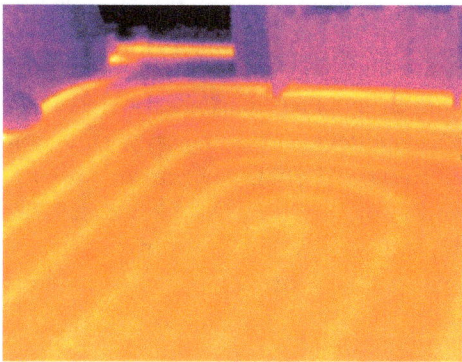

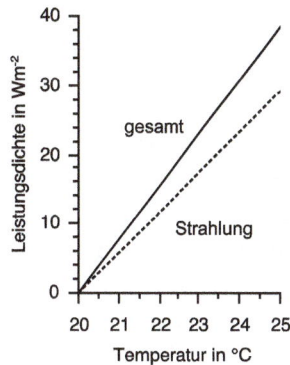

Abb. 10.18: Heizschlangen einer Fußbodenheizung im Wärmebild. Der Temperaturunterschied zwischen heißen und kalten Bereichen des Bodens beträgt maximal 0,5 K. Rechts: Leistungsdichte einer Fußbodenheizung bei 20 °C Raumtemperatur. Drei Viertel der Entropieabgabe erfolgt über Strahlung. Trotz der T^4-Abhängigkeit des Stefan-Boltzmann-Gesetzes sind die Graphen nahezu linear, denn der Temperaturunterschied ist klein gegen die absolute Temperatur.

Kraft-Wärme-Kopplung

Wir haben in Abschnitt 4.12 gezeigt, dass Wärmepumpe und Kraft-Wärme-Kopplung gleichermaßen ideale Heizungen sein können. Auch in der Praxis sind beide Heizungsprinzipien vergleichbar gut, und die Entscheidung für eine der beiden Möglichkeiten wird durch praktische Aspekte bestimmt.

In der Stadt hat die Kraft-Wärme-Kopplung den Vorteil, dass keine Entropie aus der Umwelt über einen Wärmetauscher entnommen werden muss, denn der braucht viel Platz. Die Kraft-Wärme-Kopplung kann zentral über ein Kraftwerk und ein Fernwärmenetz erfolgen oder durch dezentrale *Blockheizkraftwerke* für Stadtteile, einzelne Mietshäuser oder Einfamilienhäuser. Dezentrale Anlagen basieren wie das Kraftwerk auf einem Wärmemotor mit elektrischem Generator und gleichzeitiger Nutzung der Abwärme. Da sich die Kopplung von Gas- und Dampfprozess bei kleinen Motoren nicht lohnt, diffundiert Entropie von der Abgastemperatur um 900 K auf die Vorlauftemperatur um 340 K. Kleine KWK-Anlagen erreichen niemals den energetischen Wirkungsgrad eines GuD-Kraftwerks, sondern maximal 35 % für die elektrische Leistung. Trotzdem ist die vereinfachte KWK viel besser als die Diffusion von 1.640 K auf 340 K. Für Einfamilienhäuser gibt es eine Brennstoffzelle für Methan, mit der aus 2.510 W Erdgas 600 W thermische Leistung und 1.500 W elektrische Leistung erzielt werden [86]. Der elektrische Wirkungsgrad reicht an den GuD-Wirkungsgrad heran. Die Brennstoffzelle ist lautlos und frei von Vibration. Als stationäre Heizung hat die Brennstoffzelle eine große Zukunft.

Ein Problem der Kraft-Wärme-Kopplung ist der Bedarf an warmem Brauchwasser im Sommer bei gleichzeitigem Überangebot an Strom im Netz. Strom aus dem Generator beziehungsweise der Brennstoffzelle geht direkt in die Elektrolyse. Brennstoff wird gleichzeitig erzeugt und verbraucht, und dabei entsteht unnötig Entropie.

Die Wärmepumpe hat diesen Nachteil im Sommer nicht, aber die folgenden Punkte müssen beachtet werden. Hauswärmepumpen enthalten üblicherweise etwa 5 Liter FKW-Kältemittel. Die CO_2-Äquivalenz der Kältemittelfüllung beträgt typisch 10 Tonnen. Die Gefahr der Freisetzung von Treibhausgasen ist ohne weiteres zu umgehen, denn Hauswärmepumpen mit Propan oder CO_2 als Kältemittel sind kommerziell erhältlich. Die CO_2-Wärmepumpe hat zusätzlich den Vorteil, dass wegen des höheren Adiabatenkoeffizienten des CO_2 die Erwärmung von Trinkwasser auf die erforderlichen 60 °C effizienter ist.

⚡ Es gibt keinen technischen Grund, für Hauswärmepumpen an FKW-Kältemitteln festzuhalten.

Die Wärmepumpe benötigt ein Reservoir zur Entnahme von Entropie. Im Sommer reicht die warme Außenluft, um Trinkwasser zu erwärmen, aber im Winter ist die Außenluft bei niedrigen Temperaturen weniger gut geeignet. Gerade an sehr kalten Tagen mit hohem Heizbedarf ist die Leistungszahl klein. Man muss entweder die Wärmepumpe überdimensionieren oder ein zweites Heizsystem haben. Dieses Problem wird umgangen mit einem Wärmetauscher im Erdreich, der allerdings ein ziemlich großes Grundstück erfordert. Über dem Wärmetauscher dürfen keine Büsche und Bäume wachsen, damit es keine Schäden durch Wurzeln gibt. Wenig Platz braucht eine Bohrung in bis zu 100 Meter Tiefe, die *Erdsonde*. Die Bohrung durchstößt Grundwasserschichten; dadurch besteht die Gefahr irreversibler geologischer Schäden. Die Erdsonde birgt die Gefahr von Ewigkeitslasten und sollte deshalb nicht zur Anwendung kommen. Die Situation entspannt sich, wenn das Gebäude von vornherein eine kleine Heizleistung braucht. Zur Überbrückung einer Kälteperiode reicht dann ein Speicher entweder für warmes Wasser oder für Eis-Wasser-Gemisch, dem viel Entropie bei konstant 0 °C entzogen werden kann.

Sanierung

Die Ölkrise 1973 gab den ersten Impuls, durch Wärmedämmung den Bedarf an Heizöl zu reduzieren. Der erste Schritt der energetischen Sanierung ist der Einbau von Fenstern mit Isolierglas. Durch die Anwendung von Bauschaum wird das Gebäude ziemlich luftdicht, und der Wasserdampfgehalt in der Raumluft steigt stark an. Für die Bewohner ist das gut, denn in der Regel ist die Raumluft im Winter zu trocken. Allerdings gibt es in vielen Gebäuden Stellen mit hoher Wärmeleitfähigkeit, die *Wärmebrücken*, umgangssprachlich auch Kältebrücken genannt. Abb. 10.19 zeigt das Prinzip der Wärmebrücke durch zusammengesackte Isolation in der Außenwand.

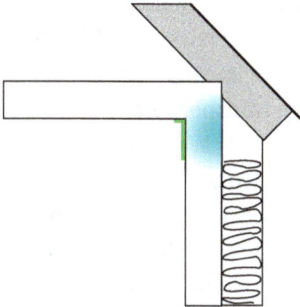

Abb. 10.19: Wärmebrücke am Übergang von Wand und Dach. Die flexible Außendämmung ist etwas zusammengesackt. Dadurch kühlt sich der blaue Bereich der Wand ab. Im grünen Bereich der Innenwand ist wegen der geringen Oberflächentemperatur die relative Luftfeuchtigkeit so hoch, dass Schimmel wächst.

Vor dem Einbau der Fenster war zwar die Wand genauso kalt, aber die Luft war trockener. Die Herstellung einer geschlossenen wärmedämmenden Hülle ohne Wärmebrücken ist essenziell. Schwierigkeiten entstehen meist in Übergängen von Wand zu Dach oder Boden und durch das Zusammensinken von weichen Dämmmaterialien.

Wärmebrücken lassen sich sehr einfach mit der Wärmebildkamera auffinden. Abb. 10.20 zeigt eine Wärmebrücke durch Zugluft. Es gibt zwei Ursachen für Wärmebrücken, nämlich schlechte Planung und Pfusch bei der Umsetzung, sei es durch Fachleute oder Laien. Die Ursache für Schimmel im Haus ist immer gleich: Der Wasserdampf wurde entweder gar nicht beachtet, falsch eingeschätzt oder es gab Fehler in der Ausführung. Eine gute, durch Messung verifizierte Luftdichtigkeit und eine lückenlose Dämmung verhindern Schimmelbildung zuverlässig.

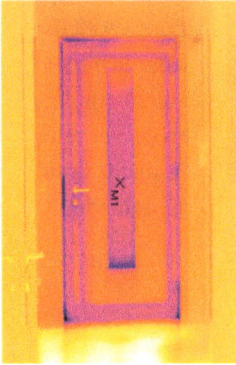

Abb. 10.20: Nachweis von Wärmebrücken an einer Haustür. Im Bereich des Schlosses und der unteren Ecken dringt kalte Luft durch Ritzen. Bei der Glasfüllung wurde offensichtlich gespart, denn die Oberfläche ist deutlich kälter als die des relativ dünnen hölzernen Türblatts. Solche kleinflächigen Mängel werden im Wärmegutachten unter Wärmebrücken subsumiert.

Möchte man die Fassade eines Gebäudes erhalten, muss die Dämmung auf der Innenseite der Wand aufgebracht werden. Da die meisten Dämmstoffe sehr durchlässig für Wasserdampf sind, besteht die Gefahr der Kondensation von Wasser auf der kalten Innenseite der Wand, ebenfalls ein Nährboden für Schimmel. Deshalb wird direkt hinter dem Wandputz eine Dampfbremse eingebaut, also eine Schicht mit geringer Durchlässigkeit für Wasserdampf. An die Dichtigkeit dieser Schicht werden besonders hohe Anforderungen gestellt. Schon ein Steckdosenausschnitt kann im ungünstigen Fall zu viel Wasser in die Wand lassen. Eine gute Lösung ist der Leichtlehm, eine Mischung aus porösen mineralischen Stoffen mit Lehm, der einen passablen Wärmewiderstand hat und gleichzeitig auf eine nasse Wand wie ein Schwamm wirkt [67], [47]. Überschüssiges flüssiges Wasser wird zurück in den Raum transportiert.

Durch Dampfbremse und gegebenenfalls durch Lehm wird der Wassereintrag in die Wand verringert, aber nicht vollständig unterbunden. Wasser, das in der kühlen Wand kondensiert, muss außen ablüften. Kunststoffgebundene Fassadenfarbe unterbindet das Ablüften und kann auf organischen Baustoffen schwere Schäden verursachen. Das Verkaufsargument lautet: Es dringt kein Wasser in die Wand ein. Das ist wahr, aber es kann auch kein Wasser herauskommen, und das ist der größere Schaden. Bei Holzfenstern ist es ähnlich. Es sind über hundert Jahre alte Fenster bis auf den heutigen Tag intakt, während moderne Holzfenster schon nach 30 Jahren verrottet sein können. Die historischen Fenster wurden mit reiner Leinölfarbe gestrichen, die eine elastische Schicht bildet und in gewissem Maße dampfdurchlässig ist. Kunstharzlacke sind für Wasser undurchlässig. Da Holz durch Feuchte- und Temperaturänderung die Form ändert, entstehen Risse im Lack, in die Wasser eindringt und durch Kapillarwirkung unter den intakten Film transportiert wird, wo es dann lange sein Unwesen treiben kann.

Das Zusammenwirken von Temperatur und Feuchtigkeit in der Bauphysik wird durch eine einfache Faustregel gegriffen:

1. Der Wärmewiderstand nimmt nach außen zu. 2. Der Dampfwiderstand nimmt ab.

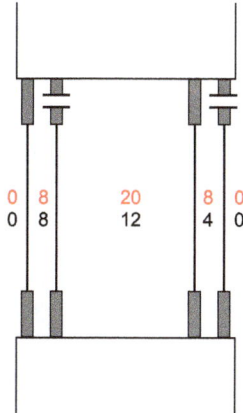

Abb. 10.21: Links: Kastenfenster mit doppelten Scheiben im profilierten Rahmen. Der Wärmewiderstand beträgt $R = 0{,}43 \, \text{m}^2\text{K/W}$. Ein Isolierglasfenster aus den 1970er Jahren ist nicht besser, obwohl es vielfach angenommen wurde. Rechts: Einseitige Belüftung im Kastenfenster. Die Temperatur in °C ist rot gedruckt, der Taupunkt schwarz. Auf der linken Seite geht die Belüftung nach innen, auf der rechten Seite nach außen. Bei Belüftung nach innen beschlagen die Außenfenster.

Die Faustregel ist universell gültig, auch für Kastenfenster in Abb. 10.21.

Bei Neubau und Sanierung muss man Energieaufwand, CO_2-Bilanz und Entsorgung berücksichtigen, denn kein Haus hält ewig. Für ein Haus mit massiven Holzwänden werden rund 50 Tonnen Holz benötigt. Der deutsche Wald braucht für vier Personen etwa 50 Jahre, bis das Holz nachgewachsen ist. Das ist unterhalb der voraussichtlichen Nutzungsdauer und somit ist ein Holzhaus nachhaltig, zumal die Entsorgung rückstandsfrei durch Verbrennung erfolgen kann. Für Steinfassaden mit Dämmung werden etwa $1 \, \text{GJ/m}^2$ benötigt, bei $500 \, \text{m}^2$ Hülle eines Einfamilienhauses sind das etwa 140 MWh. Das entspricht rund 30 Jahren Heizwärmebedarf nach Wärmeschutzverordnung. Der Abriss eines Hauses, das doppelt soviel Heizenergie verbraucht wie nötig, ist nach 30 Jahren energetisch amortisiert. Das ist eine lange Zeit, aber kürzer als die typische Nutzungsdauer. Die Behauptung, wegen der *grauen Energie* von Beton und Ziegeln sei der Erhalt eines alten Gebäudes trotz erhöhter Heizleistung immer günstiger als der Neubau, ist definitiv nicht haltbar. Davon unabhängig kann man beim Neubau den Energiebedarf durch bessere Baustoffe als Beton verringern und die Amortisationszeit verkürzen. Lehm ist ein Jahrtausende alter Baustoff mit herausragenden Eigenschaften in Bezug auf Verfügbarkeit, Energiebedarf, Wasserspeicherung, Wassertransport, Recyclingfähigkeit und Ausschluss von Gesundheitsgefahren auf der Baustelle [67]. Lehm ist lediglich etwas arbeitsaufwändiger.

Abb. 10.22 zeigt ein Beispiel für die Sanierung eines Altbaus mit konventioneller Außendämmung auf der Basis von Polystyrolschaum. Das ist nicht optimal, aber gut.

Abb. 10.22: Aufstockung eines Mehrfamilienhauses von drei auf fünf Stockwerke. Im Hintergrund ist ein baugleiches Gebäude im Ausgangszustand sichtbar. Die Außenhülle des Wohnhauses war an keiner Stelle erhaltenswert, was die Sanierung erheblich vereinfacht. Durch Vergrößern des thermischen Widerstands von Wänden und Fenstern kann bei erhöhter Wohnfläche die Heizleistung des Fernwärmeanschlusses gleich bleiben. Effektiv hat der Bauherr keine Kosten für die Heizungsanlage der zusätzlichen Wohnungen, und alle Mieter haben geringere Heizkosten.

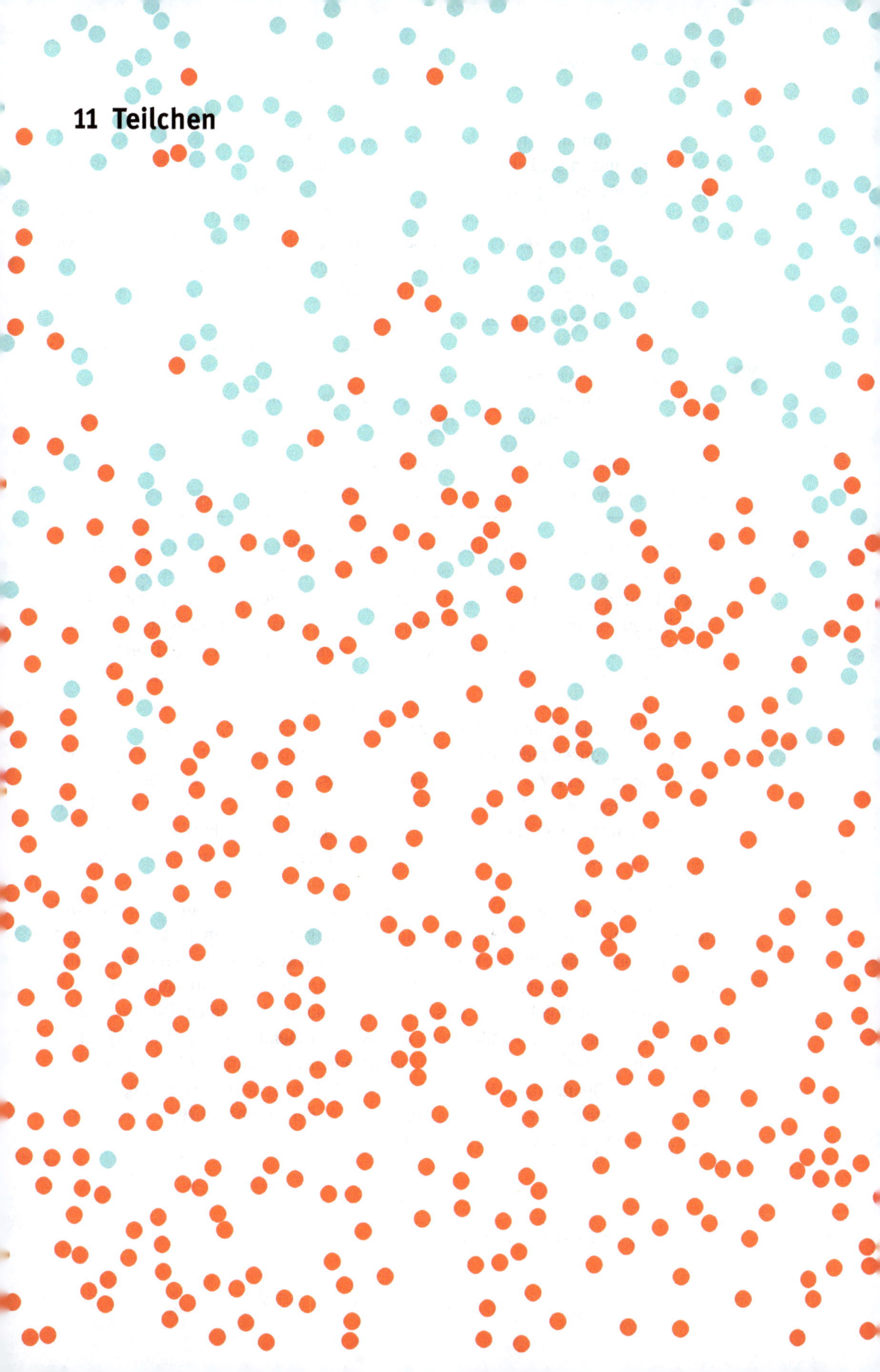

11 Teilchen

Wir kommen nun am Schluss des Buches zum Aufbau der Materie aus Atomen und Molekülen. Elementare Lehrbücher der Physik – auch Schulbücher – schlagen oft den entgegengesetzten Weg ein: Atome und Moleküle, *Teilchen* genannt, werden als Tatsache an den Anfang gestellt und modellhaft zur Erklärung herangezogen. An keiner Stelle wird gezeigt, dass es Teilchen tatsächlich gibt. Schülerinnen und Schüler lassen ihrer Phantasie freien Lauf und verbinden das angebotene Teilchenmodell mit ihrer eigenen Vorstellungswelt. Sie bilden Fehlvorstellungen, von denen die folgenden nur die Spitze des Eisbergs darstellen:

- Teilchen dehnen sich bei Erwärmung aus.
- Zwischen den Teilchen ist Luft, oder der gleiche Stoff in verdünnter Form.
- Teilchen stoßen aneinander, aber sie kommen zur Ruhe, weil ihre Energie irgendwann aufgebraucht ist.
- Durch die Stöße werden Teilchen warm und bewegen sich.

Diese Vorstellungen sind in sich widersprüchlich und verhindern, dass Physik gelernt wird.

Es wird gedacht, dass Teilchen die gleichen Eigenschaften wie makroskopische Körper haben. Das liegt auch nahe, denn werden nicht Atome als das Resultat einer wiederholten Teilung bezeichnet? Zwei Hälften eines Eisennagels sind blank, magnetisch und können rosten. Deren Hälften verhalten sich ebenso, und bei weiterer Teilung kann man das nicht mehr sehen – aber wissen, wenn man von der Idee überzeugt ist. Die Atome in Form kleinster Eisenstückchen werden dankbar angenommen, weil man sich unendlich feines Pulver auch gar nicht vorstellen kann.

Eine Vielzahl von Unterrichtskonzepten, die die Entstehung unterrichtsinduzierter Fehlvorstellungen reduzieren sollen, wurden erdacht und erprobt. Die Auseinandersetzung mit dem Modell an sich erfordert zusätzliche Unterrichtszeit, die dann nicht für Thermodynamik zur Verfügung steht. Für Details wird auf die Fachliteratur verwiesen [81], [17]. Bei didaktischer Rekonstruktion von Physikunterricht nach dem vorliegenden Konzept braucht man sich mit den Fehlvorstellungen über Teilchen nicht zu befassen.

Dieses Kapitel ist als Anhang zu verstehen und hat zwei Aufgaben: Erstens wird eine Verbindung zur vertiefenden Fachliteratur hergestellt, die in der gegenwärtigen Lehrtradition Atome und Moleküle selbstverständlich voraussetzt. Zweitens wird aufgezeigt, welche konkreten experimentellen Befunde dazu geführt haben, dass wir heute Atome und Moleküle als Tatsachen in der Natur akzeptieren. Die Nacherzählung der Historie macht deutlich, dass etliche experimentelle Befunde und Theorien zusammenkommen mussten, damit Atome allgemein anerkannt werden konnten. Insbesondere die Quantentheorie kann rückwirkend als entscheidender Beitrag gewertet werden. Die Quellenangaben sollen zum Studium der Originalarbeiten anregen, die überwiegend im Internet leicht zugänglich sind.

https://doi.org/10.1515/9783110495799-011

11.1 Chemie und Mineralogie

Die Idee, Materie bestehe aus kleinen, gleichartigen elementaren Bausteinen, kam schon in der Antike auf. Der Begriff Atom kommt vom griechischen $\acute{\alpha}\tau o\mu o\varsigma$ = *átomos* und bedeutet unteilbar. Jahrhundertelang waren Atome reine Spekulation. Erklärungen von Naturvorgängen mit Atomen waren ebenso gut oder schlecht wie Erklärungen ohne Atome. Am Ende des 18. Jahrhunderts änderte sich das. Der Chemiker Antoine Laurent de Lavoisier erkannte um 1789 durch präzises Wiegen die Erhaltung der Masse und Stoffmenge bei chemischen Reaktionen und prägte den Begriff des chemischen Elements. John Dalton (1766–1844) fand 1808 das Gesetz der multiplen Proportionen: Verschiedene Stoffe aus gleichen Elementen enthalten diese in ganzzahligen Verhältnissen. Diesen Befund kann man mit Atomen sehr gut und ohne Atome gar nicht erklären. Amendeo Avogadro (1776–1856) hatte zur gleichen Zeit die ganzzahligen Volumenverhältnisse bei Gasreaktionen erkannt, was allerdings erst Jahrzehnte später allgemein beachtet worden ist.

In der Mineralogie hat man bei der Vermessung von Winkeln der Kristallflächen ebenfalls besondere Zahlenverhältnisse gefunden. René-Just Haüy (1743–1822) deutete 1801 diese Auffälligkeit durch periodische Anordnung elementarer Klötzchen. Diese könnten Stufen mit ein, zwei oder mehreren Einheiten bilden, die exakt zu den gemessenen Winkelverhältnissen passen. Abb. 11.1 zeigt den Aufbau eines Ikosaeders aus kubischen Elementen.

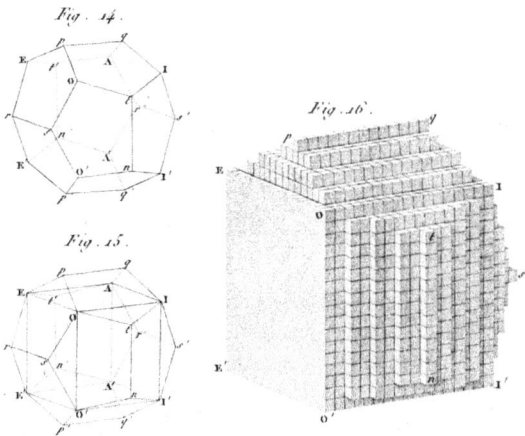

Abb. 11.1: Aus dem Atlas des Lehrbuches der Mineralogie von Haüy [39]. Die fünfseitigen Flächen des Körpers in Fig. 14 werden über die Zwischenstufe Fig. 15 durch eine kubische Anordnung von kleinen Würfeln in Fig. 16 begründet.

11.2 Von der Wärmehypothese zum Teilchenmodell

Wärme war im 18. Jahrhundert überwiegend als Wärmestoff Phlogiston gedacht worden. Lavoisier hat nach Entdeckung der Oxidationsreaktionen die Phlogiston-Hypothese bekämpft, aber trotzdem die Wärme als Reaktionspartner und sogar als ein chemisches Element mit dem Namen *calorique* akzeptiert. Carnot behandelt in seiner wegweisenden Arbeit zu Wärmemotoren von 1824 calorique als mengenartige Größe. Die Frage, was calorique (lat. *caloricum*) *eigentlich* ist, konnte außen vor bleiben.

Graf Rumford hat 1798 die Erhitzung durch Reibung beim Bohren eines Bronzeblocks quantitativ untersucht und das Ergebnis als Beweis gegen die Phlogiston-Hypothese angeführt [80]. Es könne kein Phlogiston ausgequetscht worden sein, weil man die Wärme praktisch unerschöpflich hervorbringen könne. Ein gespeichertes Phlogiston hingegen müsse irgendwann erschöpft sein. Dieser *Kanonenbohrversuch* wird oft als Schlüsselbeobachtung für die Aufklärung der Natur der Wärme dargestellt, die mehr oder weniger beiläufig gemacht worden sei. Das ist allerdings nicht haltbar, wenn man die Arbeit liest. Zum einen wird gar keine ganze Kanone gebohrt, sondern ein kleines Anhängsel eines gegossenen Kanonenrohlings. Dieses separate Bronzestück wird zur Messung der Temperaturerhöhung von einem hölzernen Kasten umgeben, um die entstehende Wärme quantitativ zu erfassen. Es handelt sich hier um ein sorgfältig geplantes wissenschaftliches Experiment. Zum anderen schließt Rumford seine Arbeit mit der Aufforderung, weiter die Gesetzmäßigkeiten zu erforschen, wenn man auch die eigentliche Natur der Wärme nicht erkennen könne:

> But, although the mechanism of heat should, in fact, be one of those mysteries of nature which are beyond the reach of human intelligence, this ougth by no means to discourage us, or even lessen our ardour, in our attempt to investigate the laws of its operation.

Mit der Entdeckung des mechanischen Wärmeäquivalents und dem Begriff Energie um 1850 wird eine feste Verbindung zwischen Wärme und Bewegung makroskopischer Körper geschaffen. Auch die Chemie hat in den fünf Jahrzehnten seit Dalton wichtige Fortschritte gemacht. Man erkannte Verwandtschaften zwischen chemischen Elementen, die schließlich 1869 im Periodensystem mündeten. Die Begriffe Atom und Molekül als Verbindung von Atomen sind zu Grundbegriffen der Chemie geworden.

Die Vorstellung, Wärme könne die Bewegung kleinster Teilchen sein, ist schon sehr alt. Um 1850 kann man aber genauer sagen, was diese Teilchen sind, nämlich die Moleküle der chemischen Substanzen. Der heute völlig unbekannte A. Krönig stellte 1856 die Hypothese auf, in Gasen bewegten sich die Atome ungehindert und stießen gelegentlich zusammen. Diese Bewegung sei ungeordnet, den Atomen gegenüber sei auch die ebenste Wand als sehr höckerig zu betrachten [51]. Die Zeit war wohl gerade reif für diese Hypothese, denn zehn Jahre zuvor war ein Manuskript von John Waterston mit der gleichen Idee noch als Unsinn zurückgewiesen worden [95]. Clausius bestätigt Krönigs Ansicht und erweitert das Modell um die Vibration und Rotation der Moleküle. Das begründet er mit Messwerten zur spezifischen Wärme [24]. Ende 1859 legt James Clerk Maxwell seine *Illustrations of the dynamical theory of gases* vor. Im ersten Teil [60] berechnet er die Geschwindigkeitsverteilung der Moleküle und findet

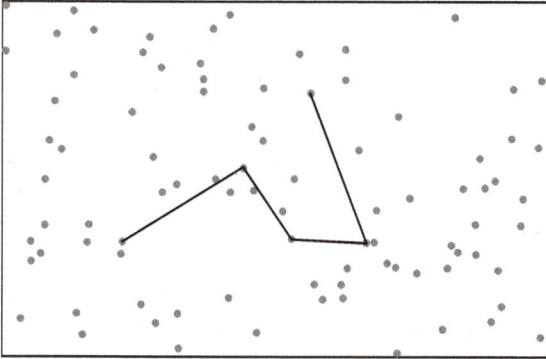

Abb. 11.2: Ein bestimmtes Teilchen bewegt sich in einem Kasten. Beim Stoß ändert es die Richtung. So entstehen unterschiedliche Abschnitte von geraden Wegen. Der Mittelwert der Weglängen ist die mittlere freie Weglänge.

eine Beziehung zwischen der mittleren Geschwindigkeit und der Viskosität von Gasen. Damit kann ein Wert für die mittlere Geschwindigkeit aus makroskopisch beobachtbaren Größen berechnet werden, ohne die Teilchendichte zu kennen. Die *mittlere freie Weglänge* bezeichnet die Distanz zwischen zwei Stößen, siehe Abb. 11.2. Sie ergibt sich ebenfalls ohne Kenntnis von Größe und Dichte der Moleküle. Im zweiten Teil [61] wird gezeigt, dass trotz der hohen Geschwindigkeit der Moleküle die Diffusion von Stoff und Wärme in Gasen recht langsam ist. Aus der Diffusionskonstante kann ebenfalls die Weglänge bestimmt werden. Für Ethen sind die Zahlen im Einklang mit der Viskositätsmessung. Das Modell schnell durcheinander flitzender Moleküle bewährt sich. In den zitierten bahnbrechenden Arbeiten wird der vollkommen elastische Stoß der Moleküle als Voraussetzung an den Anfang gestellt und auch später nie angezweifelt.

Die verbreitete Fehlvorstellung, Teilchen würden inelastisch stoßen und allmählich zur Ruhe kommen, passt nicht zu der Selbstverständlichkeit, mit der die Begründer der kinetischen Gastheorie den elastischen Stoß voraussetzen. Mutmaßlich waren sie sich stärker bewusst, mit einem Modell und nicht mit der Realität zu tun zu haben.

Grundsätzlich möchte man natürlich wissen, wie groß und zahlreich die Moleküle sind, auch wenn man keine konkrete Anwendung dafür hat. Josef Loschmidt berechnete 1866 die Werte für Luft aus dem Kondensationsverhältnis verschiedener Stoffe [57], das heißt aus dem Verhältnis der Dichte von flüssiger und gasiger Phase. Dazu nahm er an, dass die Moleküle in festen und flüssigen Stoffen im Wesentlichen dicht an dicht sitzen, denn mit der Temperatur ändere sich das Volumen kaum, auch nicht beim Phasenübergang. Das ist eine bemerkenswerte Annahme, denn die thermische Ausdehnung ist gerade bei Flüssigkeiten nicht vernachlässigbar; sie war seinerzeit sogar die Grundlage der Temperaturmessung.

Physik ist zu erkennen, ob eine geringe Abhängigkeit wesentlich oder vernachlässigbar ist.

Die freie Weglänge geht kubisch in die Berechnung ein. Loschmidt verwendete den seinerzeit aktuellsten, aber ungenauen Wert und kommt deshalb zu Zahlen mit großen Abweichungen zu heutigen Werten. Das war Pech. Mit dem ebenfalls zitierten älteren Wert von Maxwell, 63 nm, ergibt die Loschmidt'sche Berechnung den Moleküldurchmesser 0,43 nm und die Teilchendichte $2{,}1 \cdot 10^{25} \text{ m}^{-3}$. Der moderne Wert beträgt $2{,}7 \cdot 10^{25} \text{ m}^{-3}$. Die wesentlichen Zahlen des klassischen Teilchenmodells des idealen Gases sind nun bekannt. Loschmidt benutzte sein Ergebnis auch, um Arbeiten anderer Forscher zu würdigen: Faraday hat Blattgold auf einem Glasträger mit Kaliumcyanid geätzt und die optischen Eigenschaften untersucht. Die minimale Schichtdicke entsprach 3–5 Atomen. Historisch wurde bis hier hin viel gerechnet und nur zwei Messungen gemacht.

> Die Messung der Viskosität von Gasen oder die Messung der Diffusionskonstante bestimmen die wesentlichen Zahlen des Teilchenmodells der Gase.

11.3 Wärmekapazität der Gase

Die Beziehungen für den Adiabatenkoeffizienten $\kappa = c_p / c_v$ und die Wärmekapazitäten des idealen Gases $c_p = c_v + R$ waren bei Entstehung der kinetischen Gastheorie etabliert. Die Analyse der Dynamik beliebig geformter Moleküle ergab $\kappa = 4/3 = 1{,}33$, aber gemessen wurde $\kappa = 1{,}4$. Die Abweichung war für Maxwell ein Grund für intensive weitere Forschung [36], die jedoch kein befriedigendes Ergebnis brachte. Für das einatomige Gas war $\kappa = 5/3 = 1{,}67$ vorhergesagt. Kundt und Warburg bestimmten 1876 den Adiabatenkoeffizienten aus der Schallgeschwindigkeit des Quecksilberdampfes, seinerzeit das einzige bekannte einatomige Gas. Die Messungen wurden bei 300 °C an reinem Quecksilbergas durchgeführt: Eine Glanzleistung der Experimentalphysik [53]. Im Vergleich zur Messung an Luft mit dem Literaturwert $\kappa = 1{,}405$ ergab sich mit drei verschiedenen Aufbauten das erwartete $\kappa = 1{,}67 \pm 0{,}01$. Einerseits ist damit bestätigt, dass Maxwells Annahme perfekter Kugeln, die ohne Eigenrotation stoßen, sinnvoll war. Andererseits kann man mit diesem perfekt passenden Ergebnis erst recht nicht mehr über die Abweichung bei κ für Luft hinwegsehen. Rayleigh und Ramsey entdeckten 1895 das Edelgas Argon [78]. Aus der Schallgeschwindigkeit wurde der Adiabatenkoeffizient $\kappa = 1{,}66$ bestimmt, wiederum perfekt zum kinetischen Modell passend. Es wurde aufgrund dieser physikalischen Messung geschlossen, dass Argon ein einatomiges Gas ist. Chemisch war dieser Nachweis nicht möglich, da das Edelgas Argon keine Verbindungen mit anderen Elementen eingeht. Die zweite Messung an einem einatomigen Gas verstärkte die Unzufriedenheit mit dem unerwartet hohen Wert von κ für Luft. Erst die Quantentheorie konnte eine befriedigende Erklärung geben.

11.4 Unabhängige Bestimmungen der Teilchendichte

Lord Rayleigh /reɪlɪ/ berechnet 1899 die Streuung des Sonnenlichts an Luftmolekülen [77]. Der erwartete Effekt, basierend auf Maxwells Wert der Teilchendichte, erklärt einen guten Teil der Beobachtungen. Zwar könnte die Streuung andere, unbekannte Ursachen haben, aber trotzdem ist diese Arbeit aus heutiger Perspektive ein Meilenstein. Die Erklärung eines optischen Phänomens mit elektromagnetischer Theorie liefert einen ähnlichen Wert für die Teilchendichte wie hydrodynamische und thermodynamische Phänomene. Das erhöht die Glaubwürdigkeit des Teilchenmodells beträchtlich.

Beugung von monochromatischem Röntgenlicht an Einkristallen wurde 1912 durch Max Laue gezeigt. Abb. 11.3 zeigt eine Aufnahme aus moderner Zeit. Die Hypothese von Haüy über die regelmäßige Anordnung von Molekülen im Kristall ist glänzend bestätigt. Die Abstände der periodisch angeordneten Einheiten können sehr genau bestimmt werden. Unter der Annahme einer dichten Packung kommt man bei chemischen Elementen direkt auf die Größe der Atome.

Abb. 11.3: Laue-Aufnahme. Beugung eines monochromatischen Röntgenstrahls an einem Neodym–Scandium–Borat-Einkristall, $NdSc_3(BO_3)_4$.

11.5 Entropie einer Teilchenmenge

Die Größen Druck, Temperatur und Energie eines idealen Gases waren mit der Erfindung des Teilchenmodells mikroskopisch bestimmt; Viskosität und Diffusionskonstante kamen wenig später hinzu. Zur Entropie konnte lange Zeit nichts gesagt werden. Die Bestimmung der Entropie und der Beweis ihres Anwachsens war ein bedeutendes Ziel der Arbeiten von Ludwig Boltzmann. In seiner Abhandlung von 1877 zum idealen Gas betrachtete er die Besetzungswahrscheinlichkeit von verschiedenen mikroskopischen Zuständen und legte damit die Grundlage für die moderne statistische Physik.

In der frühen kinetischen Gastheorie hat man einzelne Teilchen betrachtet und zusammengezählt. Boltzmann betrachtete erstmals Gesamtheiten von verschiedenen Mikrozuständen von N Teilchen im Volumen V, die jeweils die gleiche Gesamtenergie E haben. Diese Menge von Zuständen heißt *mikrokanonisches Ensemble*. Jedes Teilchen hat zum Zeitpunkt t die Geschwindigkeit v und den Impuls p mit jeweils drei Koordinaten. Die Koordinaten der N Teilchen des Ensembles spannen den $6N$-dimensionalen Phasenraum auf. Das System kann nicht beliebige Punkte in diesem Raum einnehmen, sondern nur Punkte, die mit den Zustandsgrößen E und V vereinbar sind. Diese Menge der möglichen Punkte W nennt man statistisches Gewicht des Systems. Die Entropie ist

$$S = k_B \ln W \tag{11.1}$$

mit der Boltzmann-Konstanten k_B, dem Quotienten aus Gaskonstante R und Avogadro-Konstante N_A. Zwei Punkte sollen mit diesem Abschnitt klar gestellt werden: Erstens hat die statistische Physik einen Ausdruck für die makroskopische Zustandsgröße Entropie, zweitens erfordert die Definition gehörigen Aufwand an mathematischen Methoden.

Die Vergrößerung der Entropie durch Erhöhung der Zahl der Zustände soll anhand der freien Expansion eines Gases illustriert werden, siehe Abb. 11.4. Zunächst befindet sich das Gas in der geschlossenen linken Hälfte im thermodynamischen Gleichgewicht. Dann wird ein Loch in die Trennwand gemacht. Einzelne Teilchen fliegen zufällig durch dieses Loch in die rechte Hälfte. Das Gas kühlt sich dabei nicht ab, denn die Geschwindigkeit der Teilchen ändert sich nicht beim Flug durch das Loch. Es ist einfach nur mehr Platz da. Im Phasenraum vergrößert sich die Menge der möglichen Ortskoordinaten, ohne dass die möglichen Impulskoordinaten weniger werden; deshalb steigt die Entropie an. Das neue thermodynamische Gleichgewicht ist erreicht, wenn links und rechts die mittleren Teilchenzahlen gleich sind. Man kann auch gleich die ganze Wand wegnehmen, dann geht es schneller, aber man muss auch schneller denken.

Das Anwachsen der Entropie im Beispiel der freien Expansion ist offensichtlich. Es bleibt jedoch ein Problem: Mit einer sehr kleinen, aber von Null verschiedenen

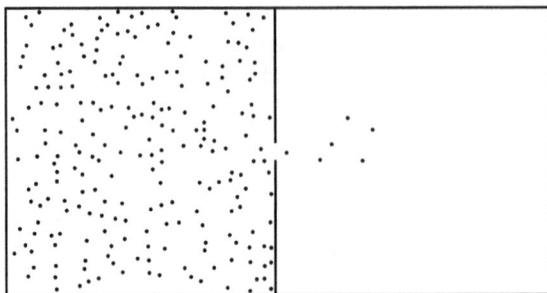

Abb. 11.4: Freie Expansion einer Teilchenmenge aus einem Kasten durch ein kleines Loch in der Wand.

Wahrscheinlichkeit könnten sich die Teilchen alle im linken Teil aufhalten, man könnte in diesem Moment schnell die Wand schließen und die Entropie hätte wieder abgenommen. Dieses Gedankenexperiment ist eine Form des Maxwell'schen Dämons, und Boltzmann hat ihn nicht beseitigen können.

Albert Einstein konstatiert 1902 [28]:

> So groß die Errungenschaften der kinetischen Theorie der Wärme auf dem Gebiete der Gastheorie gewesen sind, so ist doch bis jetzt die Mechanik nicht imstande gewesen, eine hinreichende Grundlage für die allgemeine Wärmetheorie zu liefern, weil es bis jetzt nicht gelungen ist, die Sätze über das Wärmegleichgewicht und den zweiten Hauptsatz unter alleiniger Benutzung der mechanischen Gleichungen und der Wahrscheinlichkeitsrechnung herzuleiten, obwohl Maxwells und Boltzmanns Theorien diesem Ziel bereits nahe gekommen sind.

11.6 Energetiker versus Atomisten

Im letzten Quartal des 19. Jahrhunderts entwickelt sich parallel zur statistischen Physik die klassische Thermodynamik. Josiah Gibbs erweitert den Energieerhaltungssatz für Phasengemische und führt das chemische Potential ein. Dadurch wird die Thermodynamik zur Grundlage der physikalischen Chemie. Die Gibbs'sche Fundamentalform als allgemeine Form des Energieerhaltungssatzes haben wir in Kapitel 6.17 vorgestellt. Wer mehr möchte, studiere die theoretische Thermodynamik.

Die van-der-Waals-Gleichung haben wir in Abschnitt 2.5 als gut funktionierende Näherungsfunktion für die Zustände realer Gase kennen gelernt. Van der Waals hat die Gleichung nicht empirisch gefunden, sondern aus der kinetischen Gastheorie hergeleitet, indem er das Teilchenvolumen und die Anziehung zwischen den Teilchen berücksichtigt hat. Die Form der Gleichung ist Resultat dieser Überlegungen. Der Koeffizient b steht für das Volumen der Teilchen, der Koeffizient a für die anziehende Kraft zwischen den Molekülen. Das Teilchenvolumen b, das aus dem Kritischen Punkt berechnet wird, passt zu Werten, die auf ganz anderem Wege gewonnen wurden. Die kinetische Gastheorie ermöglicht nunmehr eine gemeinsame Behandlung der flüssigen und gasigen Phase eines Stoffs, was vorher nicht möglich war.

Trotz solcher Erfolge ist kritisch anzumerken, dass die kinetische Gastheorie wenig mehr als plausible Werte für Teilchengröße und Weglänge hervorgebracht hat. Diese Werte sind seinerzeit in erster Linie für das Teilchenmodell selbst nützlich, und sonst zu nichts. Deshalb standen Ende des 19. Jahrhunderts etliche Physiker, Chemiker und Naturphilosophen dem Teilchenmodell kritisch gegenüber. Diese *Energetiker* argumentierten, die Energie sei ein allgemeineres und einfacheres Konzept als die mechanische Betrachtung von fiktiven Teilchen, die noch nie ein Mensch gesehen habe. Dem standen die *Atomisten* gegenüber, die Atome und Moleküle als reale Objekte mit Ort und Bahn auffassten. Die Hauptvertreter Ostwald und Boltzmann haben sich fachlich auf das Schärfste bekämpft und waren doch Freunde [29].

Gibbs, der Vollender der klassischen Thermodynamik, war übrigens in beiden Gebieten gleichermaßen zuhause. Seine *Elementary Principles in Statistical Mechanics* betiteln eine legendäre Monographie, die bis heute als gedrucktes Buch im Handel ist.

11.7 Quantenphysik

Das bekannteste unter den Rätseln, die weder die klassische Thermodynamik noch die Boltzmann'sche statistische Mechanik lösen konnten, war das Spektrum des thermischen Strahlers. Max Planck fand 1900 eine perfekt passende mathematische Beschreibung der Messungen, zu der er eine Begründung suchte. Die statistische Analyse von optischen Resonatoren mit verschiedenen Frequenzen v_i ergab eine Passung nur unter der Annahme, dass Energie nicht kontinuierlich, sondern nur in Stufen der Größe $E_i = hv_i$ übertragen wird. Die nächsten 25 Jahre war die Physik hauptsächlich damit beschäftigt, dieses Rätsel aufzuklären. Die Quantentheorie entstand.

Mit den Energiequanten kann man die perfekte Elastizität der stoßenden Teilchen verstehen. Die Atome können grundsätzlich Energie absorbieren, aber nur in Quanten, die viel größer sind als die kinetische Energie in Gasen bei Raumtemperatur. Effektiv bleiben die Atome im Grundzustand und nehmen überhaupt keine Energie auf. In sehr heißen Gasen können Stöße tatsächlich inelastisch sein. Die absorbierte Energie wird meist als Licht wieder abgegeben. Das wird in Gasentladungslampen ausgenutzt.

Die spezifische Wärmekapazität der Gase $\hat{C}_V$ bei moderaten Temperaturen wird durch die Quantisierung von Energie und Drehimpuls erklärt. Abb. 11.5 zeigt Werte für verschiedene Substanzen. Klassisch erwartet man für die zweiatomigen Gase $\hat{C}_V/R = 3$, aber gemessen wird nur $\hat{C}_V/R = 2{,}5$. Der Rotationsfreiheitsgrad entlang der Verbindungsachse wird wegen des winzigen Trägheitsmoments nicht angeregt. Beim Wasserstoff ist sogar das Trägheitsmoment der beiden senkrechten Drehrich-

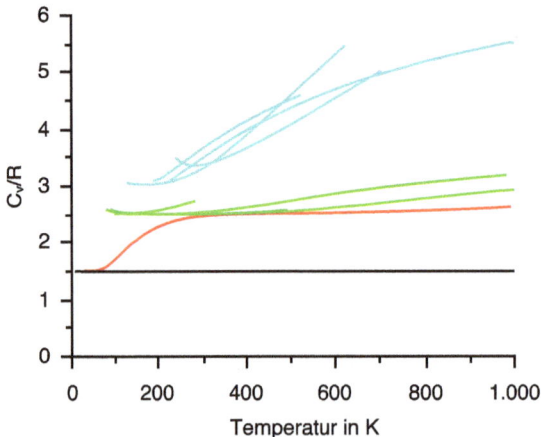

Abb. 11.5: Spezifische Wärmekapazität $\hat{C}_V$ von Gasen in Einheiten der Gaskonstanten R. Der schwarze Graph der Edelgase mit konstantem Wert 3/2, die grünen Graphen der zweiatomigen Gase F_2, CO, N_2 und O_2 mit Werten nahe 5/2 und die blauen Graphen der mehratomigen Moleküle NH_3, CO_2, N_2O und CH_4. Der rot eingezeichnete Wasserstoff verhält sich bei tiefen Temperaturen wie ein Edelgas, bei höheren erwartungsgemäß zweiatomig.

tungen so klein, dass die Rotationen bei kryogenen Temperaturen eingefroren sind. Erst oberhalb 160 K trägt die Rotation der Wasserstoffmoleküle zur Wärmekapazität bei. Die quantitative Beschreibung mit Drehimpuls-Quantisierung erfolgt im Rahmen der Quantentheorie. Die mehratomigen Moleküle haben größere Trägheitsmomente in allen Raumrichtungen. Ferner sind Schwingungen leichter anregbar, weil verzerrende Schwingungen kleinere Frequenzen haben als atmende. Abb. 11.6 zeigt die Schwingungsmoden des linearen CO_2-Moleküls.

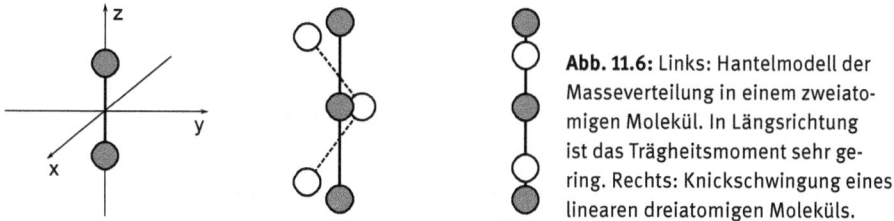

Abb. 11.6: Links: Hantelmodell der Masseverteilung in einem zweiatomigen Molekül. In Längsrichtung ist das Trägheitsmoment sehr gering. Rechts: Knickschwingung eines linearen dreiatomigen Moleküls.

Im 20. Jahrhundert ließ sich die Quantenphysik problemlos mit der Boltzmann'schen statistischen Mechanik verbinden, und die härtesten Nüsse der Experimentalphysik wurden geknackt: Das Strahlungsgesetz, Halbleiter, Ferromagnetismus, Supraleitung, und vieles mehr. Auch die Beobachtung, dass die Abgastemperatur einer Gasturbine immer höher als naiv berechnet ist, weil der Adiabatenkoeffizient mit höherer Temperatur sinkt, kann man mit der Quantisierung von Molekülschwingungen und -rotationen erklären.

11.8 Didaktischer Rückblick

In universitären Kursen zur Theoretischen Physik wird seit jeher die Quantentheorie vor der Statistischen Physik gelesen, weil letztere auf erstere zurückgreift. Das ist konsistent mit der historischen Entwicklung und mit den Bedürfnissen der Fachdisziplinen, die statistische Physik anwenden. Die Anerkennung bahnbrechender Arbeiten von Clausius, Maxwell, Boltzmann und Gibbs ist durch die Benennung grundlegender Größen, Gesetze, Konstanten etc. gewährleistet.

In der Schule ist das alles nicht möglich. Man bespricht effektiv das Teilchenmodell für Gase von A. Krönig, 1857. Die wesentliche Neuerung Maxwells von 1859, nämlich die Bestimmung der freien Weglänge aus der Viskosität von Gasen, ist schon weit jenseits des Erwartungshorizonts von Physikunterricht in der Schule, ebenso wie die van-der-Waals-Gleichung oder die quantitative Analyse der Brown'schen Bewegung. Aus der Physik heraus kann man sagen: Die traditionellen Unterrichtsinhalte haben nichts mit dem zu tun, was die kinetische Gastheorie zur Physik beigetragen hat. Hinzu kommen die oben genannten Befunde zu Fehlvorstellungen. Sie bedeuten, dass Schülerinnen und Schüler nicht einmal das 1857er Modell ordentlich begreifen.

> Mit dem Teilchenmodell können Schüler nichts über Wärme lernen und aus den Phänomenen der Wärme nichts über Teilchen.

Selbstverständlich können und sollen sie trotzdem etwas über Atome und Moleküle lernen, nur muss der Kontext angemessen sein.

11.9 Moderne Auffassung von Atomen

Heute kann man einzelne Atome präparieren und manipulieren, man kann elektrischen Strom hindurch schicken, ihr Leuchten wie eine Taschenlampe an- und ausschalten und man kann sie sogar wie Schrödingers Katze eingehen lassen. Forschungsergebnisse werden in der Tagespresse berichtet und reich illustriert.

> ⚡ Die Existenz der Atome gilt heute als Allgemeinbildung.

Die Bilder, die Menschen sich von den Atomen machen, sind stark von dem beeinflusst, was ihnen an Bildern angeboten wird. Die beiden folgenden Beispiele zeigen, wie unterschiedlich Atome aussehen können. Es ist sehr wichtig, mit Schülerinnen und Schülern das Zustandekommen solcher Bilder im Detail zu klären, damit sich keine naiven mechanistischen Vorstellungen bilden. Dazu wird das Konzept von Buck et al. empfohlen [17].

Mit dem Rastertunnelmikroskop [13] kann man Oberflächen von Festkörpern abtasten und erhält nach Bearbeitung der elektrischen Signale überzeugende Bilder der räumlichen Anordnung. Abb. 11.7 zeigt Kupferatome. Das Bild ist mit einem Forschungsinstrument aufgenommen, aber man kann es auch in der Schule machen [70]. Die Bilder der Festkörper unterscheiden sich grundlegend von den Bildern der Gasteilchen. Mit speziellen Detektoren für einzelne Moleküle kann man deren antizipierte Flugbahn untersuchen. Abb. 11.8 zeigt ein Messergebnis. Einzelne C_{60}-Moleküle interferieren beim Durchgang durch einen Doppelspalt. Sie verhalten sich wie Licht. In einem C_{60}-Kristall kann man den Molekülen einen bestimmten Durchmesser zuordnen. In diesem Versuch wirken die einzelnen Moleküle mit einem viel größeren Durchmesser, der mindestens der Abstand der Doppelspalte ist. Die Bilder der Rastertunnelmikroskopie sind im Einklang mit der naiven Vorstellung, Atome seien winzige Kugeln. Das Doppelspaltexperiment ist im Widerspruch dazu. Das kommt davon, wenn man die Bilder als eine Momentaufnahme der Realität versteht und sich nicht weiter mit der Funktion des Rastertunnelmikroskops befasst. Tatsächlich beruht das Mikroskop nämlich auf dem lichtartigen Verhalten der Materie auf atomarer Skala, konkret auf dem *Tunneleffekt*, einer quantenphysikalischen Angelegenheit ohne klassisch-mechanische Analogie. Eine mechanische Vorstellung von der atomaren Welt ist auch hier fehl am Platz.

Abb. 11.7: Links: Aufnahme mit dem Rastertunnelmikroskop der (111)-Oberfläche eines Kupfer-Einkristalls in 560.000-facher Vergrößerung. Die Terrassen sind monoatomare Stufen mit der Stufenhöhe 208 pm. Auf der mittleren Terrasse ist eine Schraubenversetzung zu sehen, ein Defekt im periodischen Aufbau des Kristalls. Rechts: In 18 Millionen-facher Vergrößerung erkennt man einzelne Atome im hexagonalen Gitter mit einer Periodizität von 270 pm. Das Rastertunnelmikroskop misst die Atome als 10 pm hohe Erhöhungen. ©M. Alexander Schneider (FAU Erlangen).

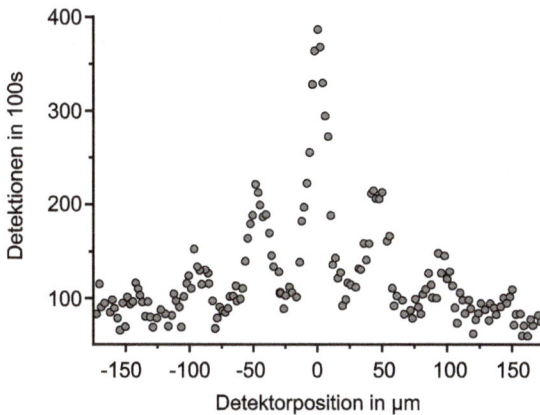

Abb. 11.8: Einzelne Moleküle verhalten sich wie Licht. Ein Doppelspalt befindet sich zwischen Detektor und einer Quelle geschwindigkeitsselektierter C_{60}-Moleküle. Es wird ein Interferenzmuster beobachtet [69].

> Unter *Teilchen* versteht man in der Atomphysik die quantisierte elementare Stoffmenge. Der Begriff ist grundsätzlich verschieden vom Massepunkt der Mechanik, der auch Teilchen genannt wird.

Ein Stoff kann nicht in beliebiger Menge existieren, sondern immer nur in Vielfachen der elementaren Stoffmenge. Dieses Vielfache wird Teilchenzahl genannt. Die Stoffmenge 1 mol hat exakt die Teilchenzahl 602.214.076.000.000.000.000.000. Wie andere Grundgrößen der Physik war die Avogadro-Konstante $N_A = 6{,}02214078 \cdot 10^{23} \, \text{mol}^{-1}$ ein Messwert in einem historischen Einheiten-System, bis sie in dem seit 2019 gültigen SI-System exakt festgelegt wurde [19].

Die Masseeinheit Kilogramm ist über die Planck'sche Konstante h definiert:

$$1\,\mathrm{kg} = \left(\frac{h}{6{,}62607015 \cdot 10^{-34}} \right) \mathrm{m}^{-2}\mathrm{s}. \tag{11.2}$$

Die Realisierung eines Kilogramms erfolgt über eine Silicium-Kugel, die eine möglichst genau bestimmte Zahl von Atomen hat. Die Gitterkonstante des Silicium-Kristalls wird durch Röntgenbeugung bestimmt, die äußeren Maße durch optische Interferometrie. Die Neudefinition der Masseneinheit über die Planck'sche Konstante h unterstreicht die Bedeutung der Quantenphysik, die deshalb auch in der Schule aufgewertet werden sollte – da ist das klassische mechanische Teilchenmodell nur hinderlich.

Albert Einstein hat den Nobelpreis für seine Arbeit zum Photoeffekt bekommen, mit der er dem zaghaften Entstehen der Quantenphysik entscheidenden Vorschub gab. In der Schule ist der Photoeffekt die übliche Methode zur Bestimmung der Konstanten h [66]. Überhaupt genießt Einstein hohes Ansehen. Deshalb wollen wir mit einem Zitat aus seinen autobiographischen Notizen von 1949 schließen:

> Eine Theorie ist desto eindrucksvoller, je größer die Einfachheit ihrer Prämissen ist, je verschiedenartigere Dinge sie verknüpft und je weiter ihr Anwendungsbereich ist. Deshalb der tiefe Eindruck, den die klassische Thermodynamik auf mich machte. Es ist die einzige physikalische Theorie allgemeinen Inhalts, von der ich überzeugt bin, dass sie im Rahmen der Anwendbarkeit ihrer Grundbegriffe niemals umgestoßen werden wird (zur besonderen Beachtung der grundsätzlichen Skeptiker).

Literatur

[1]   ARBEITSGEMEINSCHAFT ENERGIEBILANZEN E. V., Königin-Luise-Straße 5, 14195 Berlin. www.ag-energiebilanzen.de.

[2]   ARRHENIUS, S.: On the influence of carbonic acid in the air upon the temperature of the ground. In: *Philosophical Magazine and Journal of Science Series 5* 41 (1896), S. 237–276.

[3]   ARRHENIUS, S.: *Lehrbuch der Elektrochemie.* Leipzig: Quandt & Händel, 1901.

[4]   ASTROMEDIA GmbH, Dortmunder Str. 98-100, 45731 Waltrop. www.astromedia.de.

[5]   AURUBIS AG: *Kupferstr. 23, 44532 Lünen.* 2020.

[6]   BACKHAUS, U.: *Die Entropie als Größe zur Beschreibung der Unumkehrbarkeit von Vorgängen,* Universität Osnabrück, Dissertation, 1982.

[7]   BAEHR, H. D.; STEPHAN, K.: *Wärme- und Stoffübertragung.* Springer Vieweg, 2016.

[8]   BAKAN, S.; RASCHKE, E.: Der natürliche Treibhauseffekt. In: *Promet* 28 Nr. 3/4 (2012), S. 85–94.

[9]   BASTIN, J.-F. et al.: The global tree restoration potential. In: *Science* 365 (2019), S. 76–79.

[10]   BAUMGARTEN, C. et al.: *Daten zur Umwelt: Umwelt und Landwirtschaft.* Dessau: Umweltbundesamt, 2018.

[11]   BECKER, N.; PICHLMEIER, F.: *Ressourceneffizienz der Dämmstoffe im Hochbau.* Berlin: VDI Zentrum Ressourceneffizienz GmbH, 2016.

[12]   BERGMANN; SCHÄFER: *Lehrbuch der Experimentalphysik, Band 3: Optik.* Berlin: Walter de Gruyter, 1987.

[13]   BINNIG, G.; ROHRER, H.; GERBER, CH.; WEIBEL, E.: Surface studies by scanning tunneling microscopy. In: *Physical Review Letters* 49 Nr. 1 (1982), S. 57–61.

[14]   BÖTTCHER, H.-J.: *Böttger. Vom Gold- zum Porzellanmacher.* Dresden: Dresdener Buchverlag, 2014.

[15]   BUCHHOLZ, M.: *Energie. Wie verschwendet man etwas, das nicht weniger werden kann?* Berlin und Heidelberg: Springer-Verlag, 2016.

[16]   BUCK, P.: Wie viele Wasserarten gibt es? In: P. Buck und E.-M. Kranich (Hrsg.): *Auf der Suche nach dem erlebbaren Zusammenhang.* Weinheim und Basel: Beltz Verlag, 1995, S. 46–49.

[17]   BUCK, P.; REHM, M.; SEILNACHT, T.: *Der Sprung zu den Atomen.* Bern: Seilnacht, 2004.

[18]   BUNDESMINISTERIUM FÜR ERNÄHRUNG UND LANDWIRTSCHAFT (Hrsg.): *Waldbericht der Bundesregierung.* Bonn, 2017.

[19]   BUREAU INTERNATIONAL DES POIDS ET MESURES: *Le Système international d'unités.* Sèvres, 2019.

[20]   CALLENDAR, H. L.: The caloric theory of heat and Carnot's principle. In: *Proceedings of the Physical Society of London* 23 (1911), S. 153–189.

[21]   VON CARLOWITZ, H. C.: *Sylvicultura Oeconomica oder haußwirthliche Nachricht und Naturmäßige Anweisung zur Wilden Baum-Zucht.* Leipzig: Joh. Fried. Braun, 1713 Facsimile unter http://digital.slub-dresden.de/werkansicht/dlf/85039/1/0/, abgerufen am 10.6.2020.

[22]   CARNOT, S.: *Réflexions sur la puissance motrice du feu et sur les machines propres à développer cette puissance.* Paris: Blanchard, 1824.

[23]   CARNOT, S.: *Betrachtungen über die bewegende Kraft des Feuers.* (Ostwalds Klassiker der exakten Wissenschaften 37) Frankfurt am Main: Deutsch, 2003.

[24]   CLAUSIUS, R.: Ueber die Art der Bewegung, welche wir Wärme nennen. In: *Annalen der Physik* 176 Nr. 3 (1857), S. 353–380.

[25]   COLBECK, S. C.: Pressure melting and ice skating. In: *American Journal of Physics* 63 Nr. 10 (1995), S. 888–890.

[26]   COOPERSMITH, J.: *Energy, the Subtle Concept.* New York: Oxford University Press, 2010.

https://doi.org/10.1515/9783110495799-012

[27]   DIRECTORATE-GENERAL FOR ENERGY (Hrsg.): *The role of gas storage in internal market and in ensuring security of supply*. European Commission, 2014.

[28]   EINSTEIN, A.: Kinetische Theorie des Wärmegleichgewichtes und des zweiten Hauptsatzes der Thermodynamik. In: *Annalen der Physik* 314 Nr. 10 (1902), S. 417–433.

[29]   FASOL-BOLTZMANN, I. M. (Hrsg.): *Ludwig Boltzmann: (1844–1906); zum hundertsten Todestag*. Wien: Springer, 2006.

[30]   FISCHER, F.; TROPSCH, H.: Über die direkte Synthese von Erdöl-Kohlenwasserstoffen bei gewöhnlichem Druck (Erste Mitteilung). In: *Berichte der deutschen chemischen Gesellschaft (A and B Series)* 59 Nr. 4 (1926), S. 830–831.

[31]   FLAMMERSFELD, A.: Messung von C_p/C_v von Gasen mit ungedämpften Schwingungen. In: *Zeitschrift für Naturforschung* 27a (1972), S. 540–541.

[32]   FORSTER, P. et al.: *Climate Change 2007: The Physical Science Basis. Contribution of Working Group i to the Fourth Assessment Report of the Intergovernmental Panel on Climate Change*. Cambridge University Press, 2007.

[33]   FULCHIGNONI, M. et al.: In situ measurements of the physical characteristics of Titan's environment. In: *Nature* 438 Nr. 7079 (2005), S. 785–791.

[34]   FUTTERLIEB, S.; GRAM, Ø.; LÜMMEN, N.: *The Critical Point*. https://www.youtube.com/watch?v=RmaJVxafesU (2016), abgerufen am 10.6.2020.

[35]   GANS, F.; MILLER, L. M.; KLEIDON, A.: The problem of the second wind turbine – a note on a common but flawed wind power estimation method. In: *Earth System Dynamics* 3 Nr. 1 (2012), S. 79–86.

[36]   GARBER, E.: Maxwell's kinetik theory 1857–70. In: FLOOD, R. et al. (Hrsg.): *James Clerk Maxwell. Perspective of His Life and Work*. Oxford: Oxford University Press, 2014, S. 139–153.

[37]   GLEYZES, S.; KUHR, S.; GUERLIN, C.; BERNU, J.; DELÉGLISE, S.; HOFF, U. B.; BRUNE, M.; RAIMOND, J.-M.; HAROCHE, S.: Quantum jumps of light recording the birth and death of a photon in a cavity. In: *Nature* 446 (2007), S. 297–300.

[38]   GÜTTE, S.: Feinmechanikermeister, Heegeseeweg 5, 16837 Luhme-Heimland. www.stirlingshop.de.

[39]   HAÜY, R. J.: *Traité de Minéralogie*. Tome cinquième. Paris: Louis, 1801.

[40]   HEERING, P.: Historische Experimente in neuem Licht betrachtet. Teil 2: James Prescott Joules Bestimmung des mechanischen Wärmeäquivalents. In: *MNU-Journal* 66 Nr. 3 (2013), S. 132–136.

[41]   HEERING, P. et al.: *Historical Didactical Video on Joule's Paddlewheel Experiment* (2013). https://www.youtube.com/watch?v=MBrTDKc9YZ0&feature=youtu.be, abgerufen am 10.6.2020.

[42]   HELLMANN, S.; KLUGE, M.; SCHIENER, A.: *Restauration und Funktion eines Philips Kryogenerators, mit Planung, Aufbau und Funktion eines luftgekühlten R134-Kaltwassersatzes*. Maintal, Europäische Studienakademie Kälte-Klima-Lüftung, Diplomarbeit, 2010.

[43]   HERRMANN, F.: *Thermodynamik. Karlsruher Physikkurs Hochschulskripten*. Karlsruhe, 2015. www.physikdidaktik.uni-karlsruhe.de.

[44]   HERSCHEL, W.: Experiments on the refrangibility of the invisible rays of the sun. In: *Philosophical Transactions of the Royal Society of London* 90 (1800), Nr. 284–292.

[45]   INGERSOLL, A. P.: Venus: Express dispatches. In: *Nature* 450 (2007), S. 617–618.

[46]   JOB, G.; RÜFFLER, R.: *Physikalische Chemie*. Wiesbaden: Vieweg+Teubner, 2011.

[47]   KAISER, C.: *Ökologische Altbausanierung*. Berlin: VDE Verlag GmbH, 2012.

[48]   KLAFKI, W.: *Neue Studien zur Bildungstheorie und Didaktik*. Weinheim und Basel: Beltz, 1996.

[49]   KLEIDON, A.: *Thermodynamic Foundations of the Earth System*. Cambridge: Cambridge University Press, 2016.

[50]   VON KLITZING, K.; DORDA, G.; PEPPER, M.: New method for high-accuracy determination of the fine-structure constant based on quantized hall resistance. In: *Physical Review Letters* 45 Nr. 6 (1980), S. 494–497.

[51]   KRÖNIG, A.: Grundzüge einer Theorie der Gase. In: *Annalen der Physik* 175 Nr. 10 (1856), S. 315–322.

[52]   KÜKELHAUS, H.: *Werde Tischler*. Zug: Klett und Balmer, 1994.

[53]   KUNDT, A.; WARBURG, E.: Ueber die specifische Wärme des Quecksilbergases. In: *Annalen der Physik* 233 Nr. 3 (1876), S. 353–369.

[54]   KURZWEIL, P.: *Brennstoffzellentechnik*. Wiesbaden: Springer Vieweg, 2016.

[55]   LIBARKIN, J. C.; ASGHAR, A.; CROCKETT, C.; SADLER, P.: Invisible misconceptions: Student understanding of ultraviolet and infrared radiation. In: *Astronomy Education Review* 10 Nr. 1 (2011), S. 010105–12.

[56]   LIU, J.; GOTTSCHALL, T.; SKOKOV, K. P.; MOORE, J. D.; GUTFLEISCH, O.: Giant magnetocaloric effect driven by structural transitions. In: *Nature Materials* 11 Nr. 7 (2012), S. 620–626.

[57]   LOSCHMIDT, J.: Zur Grösse der Luftmolecüle. In: *Sitzungsberichte der kaiserlichen Akademie der Wissenschaften Wien* 52 II (1866), S. 395–413.

[58]   VON MACKENSEN, M.: *Klang, Helligkeit und Wärme*. Kassel: Bildungswerk Beruf und Umwelt, 1992.

[59]   VON MACKENSEN, M.; OHLENDORF, H.-C.; SOMMER, W.; FLORIAN, S. (Hrsg.), *Kraftmaschinen und Telefon*. Kassel: Pädagogische Forschungsstelle, 2004.

[60]   MAXWELL, J. C.: Illustrations of the dynamical theory of gases. – Part I. On the motions and collisions of perfectly elastic spheres. In: *The London, Edinburgh, and Dublin Philosophical Magazine and Journal of Science* 19 Nr. 124 (1860), S. 19–32.

[61]   MAXWELL, J. C.: Illustrations of the dynamical theory of gases. – Part II. On the process of diffusion of two or more kinds of moving particles among one another. In: *The London, Edinburgh, and Dublin Philosophical Magazine and Journal of Science* 20 Nr. 130 (1860), S. 21–37.

[62]   MEMMLER, M. et al.: *Emissionsbilanz erneuerbarer Energieträger - Bestimmung der vermiedenen Emissionen im Jahr 2013*. Dessau-Roßlau: Umweltbundesamt, 2013.

[63]   MEYN, J.-P.: *Grundlegende Experimentiertechnik im Physikunterricht*. München: Oldenbourg, 2013.

[64]   MILLER, L. M.; KLEIDON, A.: Wind speed reductions by large-scale wind turbine deployments lower turbine efficiencies and set low generation limits. In: *Proceedings of the National Academy of Sciences* 113 Nr. 48 (2016), S. 13570–13575.

[65]   MILLIKAN, R. A.: The isolation of an ion, a precision measurement of its charge, and the correction of Stokes's law. In: *Physical Review* 32 (1911), S. 349–397.

[66]   MILLIKAN, R. A.: A direct photoelectric determination of Planck's "*h*". In: *Physical Review* 7 Nr. 3 (1916), S. 355–388.

[67]   MINKE, G.: *Handbuch Lehmbau*. Staufen: Ökobuch, 2012.

[68]   MÜLLER, R.; WODZINSKI, R.; HOPF, M. (Hrsg.): *Schülervorstellungen in der Physik*. Köln: Aulis, 2004.

[69]   NAIRZ, O.; ARNDT, M.; ZEILINGER, A.: Quantum interference experiments with large molecules. In: *American Journal of Physics* 71 Nr. 4 (2003), S. 319–325.

[70]   NANOSURF GMBH: Rheinstraße 5, 63225 Langen. www.nanosurf.com.

[71]   PACHAURI, R. K.; MEYER, L. A. (Hrsg.): *Climate Change 2014, Synthesis Report*. Genf: Intergovernmental Panel on Climate Change, 2014.

[72]   PEPER-BIENZEISLER, R.; BRÖLL, L.; PÖHLS, C.; JANSEN, W.: Untersuchungen zur Zitronenbatterie. In: *CHEMKON* 20 (2013), S. 111–118.

[73]   PETIT, J. R. et al.: Climate and atmospheric history of the past 420,000 years from the Vostok ice core, Antarctica. In: *Nature* 399 Nr. 6735 (1999), S. 429–436.

[74]   PLOTZ, T.: *Lernprozesse zu nicht-sichtbarer Strahlung - Empirische Untersuchungen in der Sekundarstufe 2*, Universität Wien, Dissertation, 2017.

[75]   QUASCHNING, V.: *Regenerative Energiesysteme: Technologie – Berechnung – Simulation*. München: Hanser, 2019.

[76]   RADEBAUGH, R.: Cryocoolers: the state of the art and recent developments. In: *Journal of Physics: Condensed Matter* 21 Nr. 16 (2009), 164219.

[77]   RAYLEIGH, L.: On the transmission of light through an atmosphere containing small particles in suspension, and on the origin of the blue of the sky. In: *The London, Edinburgh, and Dublin Philosophical Magazine and Journal of Science* 47 Nr. 287 (1899), S. 375–384.

[78]   RAYLEIGH, L.; RAMSAY, W.: Argon, a new constituent of the atmosphere. In: *Philosophical Transactions of the Royal Society of London. A* 186 (1895), S. 187–241.

[79]   ROMARE, M.; DAHLLÖF, L.: *The Life Cycle Energy Consumption and Greenhouse Gas Emissions from Lithium-Ion Batteries*. Stockholm: IVL Swedish Environmental Research Institute, 2017.

[80]   RUMFORD, B. C.: An inquiry concerning the source of the heat which is excited by friction. In: *Philosophical Transactions of the Royal Society of London* 88 (1798), S. 80–102.

[81]   SCHECKER, H.; WILHELM, T.; HOPF, M.; DUIT, R. (Hrsg.): *Schülervorstellungen und Physikunterricht*. Berlin: Springer Spektrum, 2018.

[82]   SCHÜRMANN, T.: *Erbstücke. Zeugnisse ländlicher Wohnkultur im Elbe-Weser-Gebiet*. Stade: Landschaftsverband der ehemaligen Herzogtümer Bremen und Verden e.V., 2002.

[83]   SEYDEL, C. G.: *Thermodynamische Auslegung und Potentialstudien von Heavy-Duty Gasturbinen für kombinierte Gas- und Dampfkraftwerke*, Universität zu Köln, Dissertation, 2014.

[84]   SIBUM, H. O.: Reworking the mechanical value of heat: Instruments of precision and gestures of accuracy in early Victorian England. In: *Studies in History and Philosophy of Science* 26 (1995), S. 73–106.

[85]   SOLARE ENERGIESYSTEME ISE, Heidenhofstr. 2, 79110 Freiburg. www.energy-charts.de.

[86]   SOLIDPOWER GMBH: *BlueGEN BG-15 Broschüre*. www.solidpower.com. Borsigstraße 80, 52525 Heinsberg: SOLIDpower GmbH, 2019.

[87]   STATISTISCHES BUNDESAMT (Hrsg.): *Statistisches Jahrbuch*. Wiesbaden: Statistisches Bundesamt (Destatis), 2018.

[88]   STEFAN, J.: Über die Beziehung zwischen der Wärmestrahlung und der Temperatur. In: *Sitzungsberichte der Math. Nat. wiss. Classe der Kaiserlichen Akademie der Wissenschaften* 79 II (1879), S. 391–428.

[89]   STEMPEL, U. E.: *Experimente mit dem Stirlingmotor*. Poing: Franzis, 2010.

[90]   STERNER, M.; STADLER, I. (Hrsg.): *Energiespeicher – Bedarf, Technologien, Integration*. Berlin: Springer Vieweg, 2017.

[91]   THOMSON, W.: On an absolute thermometric scale founded on Carnot's theory of the motive power of heat and calculated from Regnault's observations. In: *Mathematical and Physical Papers, Vol. 1*. Cambridge University Press, 1882, S. 100–106.

[92]   UNGER, G.: *Vom Bilden physikalischer Begriffe. Teil 1: Die Grundbegriffe von Mechanik und Wärmelehre*. Stuttgart: Verlag Freies Geistesleben, 1959.

[93]   DE WAELE, A. T. A. M.: Basic operation of cryocoolers and related thermal machines. In: *Journal of Low Temperature Physics* 164 Nr. 5 (2011), S. 179.

[94]   WALKER, G.; SENFT, J. R.: *Free Piston Stirling Engines*. Berlin und Heidelberg: Springer, 1985.

[95]   WATERSTON, J. J.; RAYLEIGH, L.: On the physics of media that are composed of free and perfectly elastic molecules in a state of motion. In: *Philosophical Transactions of the Royal Society of London. A* 183 (1892), S. 1–79.

[96]   WERDICH, M.; KÜBLER, K.: *Stirling-Maschinen*. Staufen: Ökobuch, 2007.

[97]   WOHLLEBEN, P.: *Das geheime Leben der Bäume*. München: Ludwig Verlag, 2016.

[98]   WÜRFEL, P.; WÜRFEL, U.: *Physics of Solar Cells*. Weinheim: WILEY-VCH Verlag, 2016.

[99]   ZEO-TECH: Zeolith Technologie GmbH, Ohmstrasse 3, 85716 Unterschleissheim. www.zeo-tech.de, 2020.

[100] ZUCKER, F.; GRÄBNER, A.; STRUNZ, A.; MEYN, J.-P.: Quantitative analysis of a wind energy conversion model. In: *European Journal of Physics* 36 Nr. 2 (2015), 025014.

Bildnachweis

Jan van Broekhoven: 10.9
Claudia Buerhop-Lutz, ZAE Bayern: 8.19
Gareth Bull, Cardiff, Wales: Titelbild Kapitel 2
Anna Donhauser: 1.6, 1.12, 2.1, 3.15, 3.16, 4.27, 6.2, 6.3
Feingerätebau K. Fischer GmbH, Drebach: 2.16
W. Golletz, Universität Oldenburg: 6.5
Sascha Hellmann et al. [42]: 4.37
ForSea Helsingborg AB: 10.8
René Just Haüy [39]: 11.1
Intergovernmental Panel on Climate Change [71]: 7.19
E. Kolmhofer und H. Raab, Johannes-Kepler-Observatorium, Linz: 7.11
F. Lancelot, Airbus S. A. S: 4.26
Linn High Therm GmbH, 92275 Eschenfelden: 7.6
Ian Mantel: Titelbild Kapitel 8
Daniel Meier-Gerber, EnBW: 8.11
Birte Meyn: Titelbild Kapitel 3
Malte Meyn: Titelbild Kapitel 11
NASA, Washington D.C., USA: Titelbild Kapitel 7
M. Alexander Schneider, FAU Erlangen: 11.7
Christopher Schnerr: Titelbild Kapitel 4
Siemens AG: 4.21, 4.23, 4.25, 4.32, 4.33, 4.34, 6.1
Vattenfall GmbH, Berlin: Titelbild Kapitel 9
Wikimedia Commons: 8.20
Thomas Zühmer, GDKE/Rheinisches Landesmuseum Trier: Titelbild Kapitel 6
Alle übrigen Bilder sind vom Autor gemacht.

https://doi.org/10.1515/9783110495799-013

Stichwortverzeichnis